高等学校计算机公共课程"十三五"规划教材

信息技术导论

商书元　主　编

耿增民　刘正东

　　　　　　　　副主编

杜剑侠　姜　延

U0310341

中国铁道出版社有限公司

CHINA RAILWAY PUBLISHING HOUSE CO., LTD.

内 容 简 介

本书根据教育部大学计算机课程教学指导委员会建议的教学内容，由长期从事计算机公共课教学、科研的具有丰富实践经验的一线教师编写而成。全书采用"理论与实践"相结合的模式，将课堂教学内容与实验教学内容有机地结合起来，通过讲述信息技术领域的最新知识，使学生提升学习本课程的兴趣，加深对理论知识的理解，提升信息理论素养，培养计算思维能力，从而能够更好地应用计算机及相关工具。

本书共分 9 章，主要内容包括：计算机与信息社会、数制与信息编码、计算机系统组成、程序设计与算法、办公自动化、多媒体应用基础、网络应用基础、大数据及处理技术、信息安全，且每章后面附有小结和习题，帮助学生巩固所学知识。

本书适合作为高等学校信息技术、计算机基础课程的教材，也可作为高职高专学生的学习用书，以及计算机爱好者的参考用书。

图书在版编目（CIP）数据

信息技术导论/商书元主编. —北京：中国铁道
出版社，2016.9（2020.8 重印）
高等学校计算机公共课程"十三五"规划教材
ISBN 978-7-113-22186-7

Ⅰ．①信… Ⅱ．①商… Ⅲ．①电子计算机－高等学校－
教材 Ⅳ．①TP3

中国版本图书馆 CIP 数据核字（2016）第 197331 号

书　　名：信息技术导论
作　　者：商书元

策　　划：王占清　　　　　　　　　　　读者热线：（010）63549508
责任编辑：王占清　彭立辉
封面设计：白　雪
责任校对：王　杰
责任印制：樊启鹏

出版发行：中国铁道出版社有限公司（100054，北京市西城区右安门西街 8 号）
网　　址：http://www.tdpress.com/51eds/
印　　刷：三河市航远印刷有限公司
版　　次：2016 年 9 月第 1 版　　　　2020 年 8 月第 8 次印刷
开　　本：787 mm×1 092 mm　1/16　印张：22　字数：514 千
书　　号：ISBN 978-7-113-22186-7
定　　价：49.80 元

大学计算机基础课程的教学改革经历了 3 次大的调整，20 世纪 90 年代到 2006 年经历了文化基础、技术基础和应用基础 3 个层次的转变；2006—2015 年形成了"1+X"的课程方案和"4个领域×3个层次"的知识体系；2015 年开始，强调"宽专融"课程体系，鼓励开设通识型课程、技术性课程与交叉型课程，以计算思维为切入点进行大学计算机基础课程教学内容的提升。这 3 次调整说明了计算机教学始终走在改革的路上，也使我们不得不总是面对新的挑战。尤其是大数据时代的到来，不但云计算、物联网、数据挖掘等新技术风起云涌，而且出现了 MOOC、SPOC、翻转课堂、线上线下教学融合等新的教学模式。所有这些，迫使我们必须以全新的眼光来对待计算机基础课程的教学。

正是在这样的背景下，我们编写了这部《信息技术导论》教材。本书是编者多年一线教学中大量经验的结晶，内容覆盖了信息技术的方方面面，从信息概念、计算机基础等最基本的内容到大数据、信息安全等目前的热点领域，内容比较全面，符合教育部大学计算机课程教学指导委员会的要求，很多内容在同类教材中比较鲜见。在编写过程中，力争内容新颖、概念明确、叙述详尽、案例丰富。每章都有小结和习题，供学生自我学习和检测，便于学生巩固和拓展书中所学知识。教材配有大量多媒体教学资源（http://eol.bift.edu.cn）。

由于目前各高等学校普遍存在计算机教学课时压缩、学生基础参差不齐、重操作轻理论、学生兴趣点不一、开展计算思维教育有难度等问题，实际教学中的内容选择和实验编排需要量体裁衣，各个学校可以根据自己的实际情况和教学课时进行选讲。本书建议采用 62 课时，若课时不足，可以采用翻转课堂的教学模式，线上学生按照案例进行操作学习，线下老师以理论和答疑为主，教材内容和案例的选择根据实际需求进行取舍。

多年的教学经验告诉我们，计算机基础教学要以培养学生的计算思维能力为主，一味地强调具体软件（如 Microsoft Office）操作，将使教学变成无本之木，无水之源。软件的更新、升级换代很快，应该让学生知道什么软件能完成什么计算任务，带着任务去找软件。现在的软件界面设计友好，交互功能强，学生完全可以自行完成操作。而什么是计算机能够解决的，什么单靠计算机是无法解决的，以及对算法的初步了解是需要重点讲解的，这正是计算机教学需要回归计算思维能力培养的原因所在。

本书共分 9 章，主要内容包括：计算机与信息社会、数制与信息编码、计算机系统组成、程序设计与算法、办公自动化——Microsoft Office、多媒体应用基础、网络应用基础、大数据及其处理技术、信息安全。

本书由商书元任主编，耿增民、刘正东、杜剑侠、姜延任副主编。各章编写分工：张巨俭、刘正东编写第 1 章，杜剑侠编写第 2 章，杜剑侠、王颖、邵熙雯编写第 3 章，刘正东编写第 4

章，杜剑侠、姜延编写第 5 章（邵熙雯、王颖、马凯进行了软件图片升级和更新），姜延编写第 6 章（陈春丽编写了部分等例），耿增民编写第 7、8 章，商书元、耿增民编写第 9 章。全书由商书元策划、统稿、定稿，研究生徐凌、陈迪参加了部分章节的编校工作，教研室其他教师提出了许多宝贵建议，并参与了修改工作，在此一并表示感谢。

计算机技术发展日新月异，由于我们的水平所限，加之时间仓促，书中疏漏与不妥之处在所难免，敬请广大读者批评指正，联系邮箱：jsj@bift.edu.cn。

编　者

2016 年 6 月

CONTENTS

目　录

目录

目录

第1章

→计算机与信息社会

数字化、网络化与信息化是 21 世纪的时代特征；一个国家、一个民族如果没有信息化就没有现代化，没有现代化就没有创新能力，没有创新能力的国家在全球化的竞争中就会出局；信息是资本、财富和竞争优势；信息对于一个国家、一个民族乃至个人都是十分重要的。计算机作为处理信息的工具，它能自动、高速、精确地对信息进行存储、传送和加工处理。信息技术的发展与计算机的广泛应用是分不开的。计算机的广泛应用推动了社会发展与进步，对人类社会的生产和生活产生了极其深刻的影响。可以说，计算机文化已融化到了社会的各个领域之中，成为了人类文化中不可缺少的一部分。在进入信息时代的今天，学习计算机知识、掌握计算机的应用已成为人们的迫切需求。

1.1　信息与信息社会

早在 2 700 多年前，我们的祖先发明了传递信息的方式——烽火、驿差。烽火俗称"狼烟"，是用干狼粪作为燃料来焚烧的一种工具，主要用来传送军情；驿差，传送的消息（公文、文件）绝对十分准确。到了近代，科学更是发达。19 世纪 30 年代，莫尔斯发明了电报。后来，贝尔又发明了电话，这使信息传递得更快了。人类进入 20 世纪 50 年代，计算机出现并逐步普及，信息对全社会的影响变得越来越重要。信息时代已经来临，知识经济已经运转。那么，什么是信息，何谓信息技术，如何把握信息化大趋势，信息社会又会是什么样子呢？

1.1.1　信息

20 世纪 70 年代，未来学家托夫勒在《第三次浪潮》一书中预言，人类在经历了农业社会、工业社会之后，将进入信息社会。他同时指出，农业社会的经济形态是自给自足的农业经济，工业社会的经济形态是工业化大生产的工业经济，而信息社会的经济形态将是服务经济、体验经济。信息技术的发展与应用程度，已经证明了托夫勒预言的正确性。计算机技术的发展把人类推进到信息社会，同时也将人类社会淹没在信息的海洋中。

什么是信息（Information）？信息就是对各种事物的存在方式、运动状态和相互联系特征的一种表达和陈述，是自然界、人类社会和人类思维活动普遍存在的一切物质和事物的属性，它存在于人们的周围。

信息是一种消息，通常以文字、声音或图像的形式来表现。在软件开发过程中，所管理的很多文档中针对不同的数据条目通常附有相关的说明，这些说明起到的就是信息的作用。信息是反映客观世界中各种事物的特征和变化，并可借某种载体加以传递的有用知识。

信息按其内容分为自然信息和社会信息。自然信息是自然界一切事物存在方式及其运动

变化状态的反应；社会信息按其性质又可分为政治信息、经济信息、军事信息、文化信息、科学技术信息、社会生活信息等。信息按其表现形态一般可分为数据、文本、声音和图像。

信息的基本特征如下：

① 依附性：信息的表示、传播和存储必须依附于某种载体，语言、文字、声音、图像和视频等都是信息的载体。而纸张、胶片、磁带、磁盘、光盘，甚至于人的大脑等则是承载信息的媒介。

② 感知性：信息能够通过人的感觉器官被接受和识别。其感知的方式和识别的手段因信息载体的不同而各异：物体、色彩、文字等信息由视觉器官感知，音响、声音中的信息由听觉器官识别，天气冷热的信息则由触觉器官感知。

③ 可传递性：在生活中，我们可以采用语言、纸条、网络等几种方式进行信息的传递，由此可见，信息具有可传递性。信息传递可以是面对面的直接交流，也可以通过电报、电话、书信、传真来沟通，还可以通过报纸、杂志、广播、电视、网络等来实现。

④ 可加工性：人们对信息进行整理、归纳、去粗取精、去伪存真，从而获得更有价值的信息。例如，天气预报的产生，一般要经过多个环节：首先要对大气进行探测，获得第一手大气资料；然后进行一定范围内的探测资料交换、收集、汇总；最后由专家对各种气象资料进行综合分析、计算、研究得出结果。

⑤ 可共享性：信息可以被不同的个体或群体接收和利用，它并不会因为接收者的增加而损耗，也不会因为使用次数的增加而损耗。例如，电视节目可以被许多人同时收看，但电视节目的内容不会因此而损失。信息可共享的特点使得信息资源能够发挥最大效用，同时能使信息资源生生不息。

⑥ 时效性：信息作为对事物存在方式和运动状态的反映，随着客观事物的变化而变化。股市行情、气象信息、交通信息等瞬息万变，可谓机不可失、时不再来。例如，2004 年 12 月 26 日，印度洋发生里氏 9.0 级强烈地震并引发海啸。由于没有及时获取和发布相关信息，缺乏完善的灾害预警系统，这场突如其来的灾难给印尼、斯里兰卡、泰国、印度、马尔代夫等国造成巨大的人员伤亡和财产损失。可见，信息的时效性多么重要。

⑦ 可伪性：由于人们在认知能力上存在差异，对于同一信息，不同的人可能会有不同的理解，形成"认知伪信息"；或者由于传递过程中的失误，产生"传递伪信息"。例如，我们可以做个实验，若干同学组成一个组，将纸条给第一位同学看后，用悄悄话往下传，传到最后一个人时，会产生信息的失真；也有人出于某种目的，故意采用篡改、捏造、欺骗、夸大、假冒等手段，制造"人为伪信息"。伪信息会给社会信息带来污染，具有极大的危害性。

1.1.2　信息技术

信息技术（Information Technology，IT）是研究信息的获取、传输和处理的技术，由计算机技术、通信技术、传感技术及控制技术结合而成，有时也叫作"现代信息技术"。也就是说，信息技术是利用计算机进行信息处理，利用现代电子通信技术从事信息采集、存储、加工、利用以及相关产品制造、技术开发、信息服务的新学科。

传感技术（Sensing Technology）的任务是延长人的感觉器官收集信息的功能。目前，传感技术已经发展了一大批敏感元件，除了普通的照相机能够收集可见光波的信息、微音器能够收集声波信息之外，现在已经有了红外、紫外等光波波段的敏感元件，帮助人们提取那些人眼所见不到的重要信息。还有超声和次声传感器，可以帮助人们获得那些人耳听不到的信息。

通信技术（Telecommunication Technology）的任务是延长人的神经系统传递信息的功能。通信技术的发展速度之快是惊人的。从传统的电话、电报、收音机、电视，到如今的移动式电话（手机）、传真、卫星通信，这些新的、人人可用的现代通信方式使数据和信息的传递效率得到很大的提高，从而使过去必须由专业的电信部门来完成的工作转由行政、业务部门的工作人员直接方便地来完成。通信技术成为办公自动化的支撑技术。

计算机技术（Computer Technology）是延长人的思维器官处理信息和决策的功能，它与现代通信技术一起构成了信息技术的核心内容。计算机虽然体积越来越小，但功能却越来越强。例如，电子出版社系统的应用改变了传统印刷、出版业；光盘的使用使人类的信息存储能力得到了很大程度的延伸，出现了电子图书这新一代电子出版物；多媒体技术的发展使音乐创作、动画制作等成为普通人可以涉足的领域。

控制技术（Control Technology）也称自动化控制技术，广泛用于工业、农业、军事、科学研究、交通运输、商业、医疗、服务和家庭等方面。采用自动化控制不仅可以把人从繁重的体力劳动、部分脑力劳动以及恶劣、危险的工作环境中解放出来，而且能扩展人的器官功能，极大地提高劳动生产率，增强人类认识世界和改造世界的能力。控制技术的应用主要包括：过程自动化、机械制造自动化和管理自动化。

信息技术的基本内容与人的信息器官相对应，是人的信息器官的扩展，它们形成一个完整的系统。通信技术和计算机技术是核心，传感技术是核心与外部世界的接口。没有计算机和通信技术，信息技术就失去了基本的意义；没有传感技术，信息技术就失去了基本的作用。

现代信息技术已是一门综合性很强的高新技术，它以通信、电子、计算机、自动化和光电等技术为基础，是产生、存储、转换和加工图像、文字和声音及数字信息的一切现代技术的总称。

1.1.3　信息化

信息化的概念起源于 20 世纪 60 年代的日本，首先是由一位日本学者提出来的，而后被译成英文传播到西方，西方社会普遍使用"信息化"的概念是 20 世纪 70 年代后期才开始的。

关于信息化的表述，在中国学术界和政府内部做过较长时间的研讨。例如，有人认为，信息化就是计算机、通信和网络技术的现代化；有人认为，信息化就是从物质生产占主导地位的社会向信息产业占主导地位的社会转变的发展过程；有人认为，信息化就是从工业社会向信息社会演进的过程等。

1997 年召开的首届全国信息化工作会议，对信息化和国家信息化定义为："信息化是指培育、发展以智能化工具为代表的新的生产力并使之造福于社会的历史过程。国家信息化就是在国家统一规划和组织下，在农业、工业、科学技术、国防及社会生活各个方面应用现代信息技术，深入开发、广泛利用信息资源，加速实现国家现代化进程。实现信息化就要构筑和完善 6 个要素（开发利用信息资源、建设国家信息网络、推进信息技术应用、发展信息技术和产业、培育信息化人才、制定和完善信息化政策）的国家信息化体系。

1.1.4　信息社会

信息社会也称信息化社会，是脱离工业化社会以后，信息将起主要作用的社会。

在农业社会和工业社会中，物质和能源是主要资源，人们所从事的是大规模的物质生产。而在信息社会中，信息成为比物质和能源更为重要的资源，以开发和利用信息资源为目的信息经济活动迅速扩大，逐渐取代工业生产活动而成为国民经济活动的主要内容。

信息经济在国民经济中占据主导地位，并构成社会信息化的物质基础。以计算机、微电子和通信技术为主的信息技术革命是社会信息化的动力源泉。

信息技术在资料生产、科研教育、医疗保健、企业和政府管理以及家庭中的广泛应用，对经济和社会发展产生了巨大而深刻的影响，从根本上改变了人们的生活方式、行为方式和价值观念。

造就和支撑信息社会的基础是：计算机技术及其系统与网络；信息高速公路；以反映人类生活和客观世界存在的各种数据库为核心的各种载体形式的信息资源；掌握和主宰信息技术的专家人才和具有信息文化素质的用户人才。

信息社会的主要内容包括：

① 知识和信息是构成社会存在与发展的最重要的资源和财富。

② 信息、知识和智力将成为社会发展的决定力量。

③ 以信息技术为核心的信息产业，作为现代产业群体中的支柱产业，将是经济增长的动力源泉。

④ 社会生活的一切活动速率将加快，每一个社会个体对社会的参与和了解明显增加。

⑤ 社会中的大多数劳动者必须学会先进的计算机技术、网络技术、声像技术、数据存储检索技术和人工智能技术，数字化生存是社会的现实。

⑥ 信息技术将渗透到人们工作和生活的每一个角落，人与人之间联系、沟通是共时性的、双向互动的。

1.1.5 数据与数据管理

1. 数据

数据是用来记录信息的可识别的符号，是信息的具体表现形式。数据用型和值来表示。数据的型是指数据内容存储在媒体上的具体形式（如学生姓名、住址）；值是指所描述的客观事物的本体特性（如张三、北京市昌平区）。数据一般是指信息的一种符号化表示方法，也就是说，用一定的符号表示信息，而采用什么符号完全是人为规定的。例如，为了便于用计算机处理信息，就得把信息转换为计算机能够识别的符号，即采用0和1两个符号编码来表示各种各样的信息。所以，数据的概念包括两方面的含义：一方面是数据的内容是信息；另一方面是数据的表现形式是符号。

数据在数据处理领域中涵盖的内容非常广泛，这里的"符号"不仅仅指数字、字母、文字等常见符号，还包括图形、图像、声音等多媒体数据。

2. 数据处理与数据管理

数据处理是指将数据转换成信息的过程，这一过程主要是指对所输入的数据进行加工整理，包括对数据的收集、存储、加工、分类、检索和传播等一系列活动，其根本目的就是从大量的、已知的数据出发，根据事物之间的固有联系和规律，采用分析、推理、归纳等手段，提取出对人们有价值、有意义的信息，作为某种判断、决策的依据。

例如，网上购物系统中顾客、订单、货物价格、销售数量、库存情况等数据，通过处理可以统计计算出各种货物销售量、销售额、销售排名等信息，这些信息是制订进货计划、销售策略的依据。

数据处理的工作分为以下 3 个方面：

① 数据收集。其主要任务是收集信息，将信息用数据表示并按类别组织保存。数据管理的目的是快速、准确地提供必要的、可能被使用和处理的数据。

② 数据加工。其主要任务是对数据进行变换、抽取和运算。通过数据加工得到更加有用的数据，以指导或控制人的行为或事务的变化趋势。

③ 数据传播。通过数据传播，信息在空间或时间上以各种形式传递。在数据传播过程中，数据的结构性质和内容不发生改变。数据传播会使更多的人得到信息，并且更加理解信息的意义，从而使信息的作用充分发挥。

数据管理包括对数据的分类、组织、编码、存储、查询和维护。随着信息技术应用范围的不断扩大，人们将面临大量的数据处理工作。在数据处理中，最基本的工作是数据管理工作。数据管理是数据处理的基础和核心。一般情况下，数据管理工作应包括以下 3 个方面的内容：

① 组织和保存数据。为了使数据能够长期地被保存，数据管理工作需要将得到的数据合理地分类组织，并存储在计算机硬盘、光盘、闪存盘等物理载体上。

② 进行数据维护。数据管理工作要根据需要随时地进行增、删、改数据的操作，即增加新数据、修改原数据和删除无效数据的操作。

③ 提供数据查询和数据统计功能。数据管理工作要提供数据查询和数据统计功能，以便快速准确地得到需要的数据，满足各种使用要求。

计算机技术的发展为科学有效地进行数据管理提供了先进的工具和手段，用计算机管理数据已经渗透到了社会的各个领域，数据管理已成为计算机应用的一个重要分支。

1.1.6　数字化生存

信息化不仅使人类社会经济形态发生巨大变革，也引起人类社会生活的重大变化。信息资源日益成为生产要素、无形资产和社会财富；信息网络更加普及并日趋融合；信息化与经济全球化相互交织，推动着全球产业分工深化和经济结构调整，重塑着全球经济竞争格局；互联网加剧了各种思想文化的相互激荡，成为信息传播和知识扩散的新载体；电子政务在提高行政效率、改善政府效能、扩大民主参与等方面的作用日益显著；信息安全的重要性与日俱增，成为各国面临的共同挑战。信息化在当今社会中的作用以及对社会的冲击，使得人类社会迎来一个崭新的社会生活时代——数字化生存时代。数字化生存时代的社会生活可以用下面的变化来描述：

① 电子商务：电子商务是运用数字信息技术，对企业的各项活动进行持续优化的过程。电子商务涵盖的范围很广，一般可分为企业对企业（Business to Business）、企业对消费者（Business to Consumer）和消费者对消费者（Consumer to Consumer）3 种模式。随着国内 Internet 使用人数的增加，利用 Internet 进行网络购物并以银行卡付款的消费方式已日渐流行，市场份额迅速增长，电子商务网站层出不穷，网上购物成为一种时尚。

② 网上学校：学校围墙将消失，可以通过教育网络在家中到大学读书，还可在网上请

第1章　计算机与信息社会

教知名学者和教授;可以通过互联网共享全球教育资源,不用出国就能网上留学;利用 Internet 可以真正实现全民教育和终身教育。

③ 网上会议:科学家、企业家、行政系统管理人员通过网络参加电视会议,进行远程研究、沟通协调、发布命令等。

④ 电子银行:商业银行等银行业金融机构利用面向社会公众开放的通信通道或开放型公众网络,以及银行为特定自助服务设施或客户建立的专用网络,向客户提供的银行服务。电子银行业务主要包括利用计算机和互联网开展的网上银行业务,利用电话等声讯设备和电信网络开展的电话银行业务,利用移动电话和无线网络开展的手机银行业务,以及其他利用电子服务设备和网络、由客户通过自助服务方式完成金融交易的业务,如自助终端、ATM、POS 等。

⑤ 网上广告:人们可以在网上看到所需要的任何商品信息,而且可以货比三家,直到找到满意的商品为止。

⑥ 网上娱乐和休闲:在网上可以博览群书,也可以发表自己的见解;可以听音乐,也可以看电影;可以聊天,也可以玩游戏;可以足不出户浏览世界名山大川。

⑦ 民主实现新通道:通过网络,政府可以实现信息公开;中国青年报社通过益派市场咨询公司对 2 874 人进行的调查显示,67.1%的公众认为互联网的影响越来越大,已经"成为官方了解民生、体察民意的重要途径",61.7%的公众认为政府重视与民众的沟通与交往,是"民主政治的积极实践"。互联网以其便利性和互动性,正日益成为被广泛接受的民意通道。

⑧ 数字化校园与智慧校园:数字化校园是以数字化信息和网络为基础,在计算机和网络技术上建立起来的对教学、科研、管理、技术服务、生活服务等校园信息的收集、处理、整合、存储、传输和应用,使数字资源得到充分优化利用的一种虚拟教育环境。通过实现从环境(如设备、教室等)、资源(如图书、讲义、课件等)到应用(如教、学、管理、服务、办公等)的全部数字化,在传统校园基础上构建一个数字空间,以拓展现实校园的时间和空间维度,提升传统校园的运行效率,扩展传统校园的业务功能,最终实现教育过程的全面信息化,从而达到提高管理水平和效率的目的。

⑨ 数字城市:数字城市以计算机技术、多媒体技术和大规模存储技术为基础,以宽带网络为纽带,运用遥感、全球定位系统、地理信息系统、遥测、仿真-虚拟等技术,对城市进行多分辨率、多尺度、多时空和多种类的三维描述,即利用信息技术手段把城市的过去、现状和未来的全部内容在网络上进行数字化虚拟实现。

1.2　计算机的发展

1.2.1　计算机的发展历程

在美国硅谷中心的山景城有一个计算机博物馆,里面的展板上写着"计算机 2 000 年的历史"。真正的电子计算机事实上是 1946 年诞生的,可是为什么这里却说计算机已经有了 2 000 年的历史了呢?因为计算机的出现并不是短短几年间技术突破的结果,而是靠着上千年来无数代人长期的努力和技术积累实现的。

1. 古代的计算机——算盘

人类试图用机器来计算的梦想在几千年前就有了,计算机最早的雏形是算盘。一般认为算盘是中国人发明的，不过更准确地讲，是中国人首先发明了实用的算盘，因为类似的算盘更早出现在美索不达米亚地区，只是它们远不如中国的算盘使用那么方便。

硅谷计算机博物馆把中国的算盘作为世界上最早的计算机，只不过它不是自动计算，而是要靠手工操作。算盘上的算筹是数据，口诀是计算规则，只要牢记计算规则，哪怕对数学一无所知，也可以完成大量的计算。

2. 机械计算机

算盘的口诀多达上百条，操作完全是手工，因此工作久了不仅会劳累，还很容易出错。于是有人开始想办法利用机器替代算盘，这就导致了机械计算机的发明。

最早的机械计算机是由法国数学家帕斯卡（Pascal）在1642年发明的，或许称之为计算器更合理一些。虽然它具备了计算机的雏形，但是距离计算机的功能差距还比较大，因此，后面都称之为帕斯卡计算器。

帕斯卡的机械计算器通过一些齿轮的转动来完成基本的四则运算。这款机械计算器操作很简单，其速度并不会比手工操作快很多，但它却是人类在计算工具上的一大进步。因为使用它，只需要输入数字，不必牢记珠算口诀，而且齿轮的进位是自动的，这就避免了拨打数字和手动进位可能引起的错误，也就是说，只要输入正确，答案就不会错。

帕斯卡计算器在计算机发展史上占有重要的地位，虽然仍有诸多不足，但它毕竟是历史上第一个自动的计算机器，因此帕斯卡被当作计算机工程的先驱。20世纪70年代，一门通用的编程语言被命名为Pascal，以此纪念帕斯卡。

3. 改进帕斯卡计算器

著名的数学家莱布尼茨花了足足40年时间来改进帕斯卡计算器，莱布尼茨发明了一种转轮——莱布尼茨转轮，利用这种转轮，工程师们在接下来的两百年中设计了各种各样的机械计算器。到了19世纪末，虽然人类在制造可计算的机器方面有了进步，但是所有这些计算机都只能进行一步运算，而不能通过编程自动完成一系列的计算。为了能让计算机执行程序，就需要理论上的突破。

4. 理论的基石：二进制和布尔代数

世界上有很多重大的科技进步，都始于工程上的改进，依靠的是经验，这种经验积累到一定程度后，相关的理论才得以建立起来。这些理论早期一般不会引人注意，直到某一天，一些既懂理论又善于改进产品的工程师利用这些理论发明了新一代产品时，人们常常才会回过头来追忆这些提出理论的先行者，给他们在文明史补上浓重的一笔。人类在计算技术上的进步也是遵循了这个规律，先有一些初级的机械计算器，然后有了初级理论，最后应用这些理论发明更高级的计算机。在计算机科学的发展史上，莱布尼茨和布尔就是这样的理论先行者。

莱布尼茨对计算技术最大的贡献不在于改进了帕斯卡计算器，而是在1679年发明了二进制。莱布尼茨是在研究哲学而非数学问题时受到启发，研究出二进制的。莱布尼茨用二进制进行加减乘除四则运算，发现二进制可以像十进制一样完成所有的数学运算。

莱布尼茨虽然发明了二进制，并改进了帕斯卡计算器，但是他并没有将二者结合起来。因为当时的机械计算器不需要编程，在这个前提下，十进制的方便程度是优于二进制的。因此二进制在发明后长达半个世纪的时间里没有发挥什么作用。

二进制的最大好处在于它比十进制更容易用电路实现。但是，将二进制这一数学工具对应于由开关控制的电路，中间还需一座桥梁，这座桥梁在 19 世纪被英国一个叫作乔治·布尔的中学数学老师建成了。

布尔的研究工作完全是出于个人兴趣，他喜欢阅读数学论著，思考数学问题。1854 年，布尔完成了在近代数学史上颇有影响力的著作《思维规律》，在书中他第一次向人们展示了如何用数学的方法解决逻辑问题。在此之前，人们普遍认为数学和逻辑分属不同的学科。

布尔代数运算的元素只有两个：真（T）和假（F），基本运算也只有与、或、非 3 种，第 2 章将详细介绍 3 种运算的规则。

在布尔代数提出之后 80 多年里，它也没有什么像样的应用，直到 1938 年香农（Shanno）在其论文中指出用布尔代数实现开关电路，才使得布尔代数成为数字电路的基础。布尔代数的神奇之处在于它可以把一系列控制计算机操作的指令变成算术和逻辑运算，这样就有可能让计算机接受指令序列（即程序）的控制。有了程序的控制，计算机就可以计算任何数学问题。

所以，二进制和布尔代数奠定了可编程计算机的数学基础。

5. 计算机的理论模型——图灵机

1936 年，英籍美国数学家图灵发表了论文《论数字计算在决断难题中的应用》，文中给"可计算性"下了一个严格的数学定义，并提出了一个对于计算可采用的通用机器的概念，这就是著名的图灵机（Turing Machine）设想，为现代计算机奠定了理论基础。1950 年，图灵又发表了论文《机器能思考吗》，他将这个数学模型建立在人们进行计算过程的行为上，并将这些行为抽象到实际机器模型中。图灵因此项成果获得了"人工智能之父"的美誉。

美国计算机协会（ACM）为了纪念图灵在计算机领域的卓越贡献，专门设立了"图灵奖"作为计算机领域的最高奖项。

6. 电子计算机的诞生

在第二次世界大战期间，出于战争的需要，美国军方在宾夕法尼亚大学成立了研究小组，开始了世界上第一台电子计算机的研制工作。经过 3 年的紧张工作，1946 年 2 月 14 日，世界上第一台名为 ENIAC（Electronic Numerical Integrator and Calculator，埃尼阿克）的数字电子计算机诞生，如图 1-1 所示。该机的组成元件是电子管，占地约 170 m^2，重达 30 t，功率为 150 kW，每秒只能进行 5 000 次加法运算，但它比当时的台式手摇计算机的速度提高了 8 400 倍。

图 1-1　第一台电子计算机

ENIAC 存在两大缺点：没有真正的存储器；控制不是自动进行的，需要通过人工布线的方式进行，耗时长，故障率高。为了解决这个问题，中途加入该小组的美籍匈牙利科学家冯·诺依曼（John von Neumann）提出了新的思想，这个思想被称为冯·诺依曼的体系结构。主要内容如下。

① 采用二进制。

② 存储程序：事先将需要解决的问题编制成程序，存储在计算机内，由计算机逐条取得指令，自动执行。

③ 五大功能部件：计算机必须具备五大功能部件：运算器、控制器、存储器、输入设备及输出设备。

直至今天，无论什么规模的计算机，其基本结构仍遵循冯·诺依曼体系结构。

7. 电子计算机的发展

自从 1946 年第一代电子计算机诞生开始，随着计算机主要元器件的改进，尤其是大规模集成电路的出现，使得计算机的性能不断提高，而同时价格却不断降低，最终使得计算机这样一个庞大的、昂贵的、只有专业人员才能操作的设备进入到千家万户，成为普通家庭的必备电器。根据计算机采用的主要元器件的不同，一般将计算机的发展划分为 4 代。

（1）第一代——电子管计算机

第一代是电子管计算机（约 1946—1957 年）。这一代计算机采用电子管作为主要元器件，因此体积庞大，成本很高，能耗高，运算速度只能达到每秒几千次到几万次。

（2）第二代——晶体管计算机

第二代是晶体管计算机（约 1958—1963 年）。这一代计算机采用晶体管作为主要元器件，运算速度一般为每秒几万次到几十万次、几百万次。与第一代计算机相比，这一代计算机体积缩小了，成本降低了，不仅在军事与尖端技术方面得到了广泛的应用，而且在工程设计、数据处理、事务管理以及工业控制等方面也得到了应用。

（3）第三代——中小规模集成电路计算机

第三代是中小规模集成电路计算机（约 1964—1973 年）。这一代计算机采用半导体中小规模集成电路作为主要元器件，体积和耗电显著减少，计算速度和存储容量有了较大提高，可靠性也大大增强。在这一时期，设计计算机的基本思想是标准化、模块化、系列化，解决了软件兼容问题。此时，计算机应用进入到了许多技术领域。

（4）第四代——大规模、超大规模集成电路计算机

第四代是大规模、超大规模集成电路计算机（约从 1974 年至今）。计算机沿着两个方向飞速发展：一方面利用大规模集成电路制造多种逻辑芯片，组装出大型、巨型计算机，速度向每秒百亿次、千亿次及更高速度发展；另一方面利用大规模、超大规模集成电路技术，将运算器、控制器等部件集中在一个很小的集成电路芯片上，从而出现了 CPU。将 CPU、半导体存储芯片及外围设备（简称外设）接口电路组装在一起就构成了微型计算机。微型计算机体积小、功耗低、成本低，其性能价格比优于其他类型的计算机，因此得到了广泛的应用并迅速普及。

1.2.2　计算机的应用领域

计算机的应用领域十分广泛，传统的应用领域包括：

1. 科学计算

利用计算机进行科学计算，不仅可以节省大量的时间、人力和物力，而且可以提高计算精度，是发展现代尖端技术必不可少的重要工具。

2. 多媒体信息处理

多媒体计算机系统集多媒体采集、传输、存储、处理和显示控制技术于一体。这自然会与传统的电视广播网和电信网的功能逐步融合，即向"三网合一"的方向发展。

3. 人工智能

人工智能是计算机应用的一个重要领域和前沿学科,其目的是使计算机具有"推理"和"学习"的功能。"自然语言理解"是人工智能的一个分支。现代计算机技术已发展到通过语言方式命令计算机完成特定的操作。"专家系统"是人工智能的又一个重要分支,它是使计算机具有某一方面的专门知识,利用这些知识来处理所遇到的问题,如人机对弈、模拟医生开处方等。"机器人"是人工智能的前沿领域,可以代替人进行危险作业、流水线生产安装等工作。

4. 信息管理

信息管理是目前计算机应用最广泛的领域。所谓信息管理,就是利用计算机来加工、管理和操作任何形式的数据资料。例如,生产管理、企业管理、办公自动化、信息情报检索等。

5. 计算机网络

计算机网络是指利用现代通信技术和计算机技术,把分布在不同地点的计算机互连起来,按照网络协议互相通信,以便共享软、硬件资源。目前,计算机网络技术已成为计算机系统集成的支柱技术。网络的发展将改变人类传统的生活方式,网络在交通、金融、企业管理、教育、邮电、商业等各领域中将得到更广泛的应用。

6. 计算机辅助系统

计算机用于计算机辅助设计(CAD)、计算机辅助制造(CAM)、计算机辅助测试(CAT)和计算机辅助教学(CAI)等方面,统称为计算机辅助系统。

CAD 是指利用计算机来帮助设计人员进行工程设计,提高设计工作的自动化程度,节省人力和物力。CAM 是指利用计算机来进行生产设备的管理、控制和操作,提高产品质量,降低生产成本。CAT 是指利用计算机进行复杂而大量的测试工作。CAI 是指利用计算机辅助教学的自动系统。

上面只是罗列了计算机早期的一些应用领域,但事实上计算机的功能早已超越了这些领域。它的存在形式也不止常见的台式机、笔记本式计算机、智能手机,也可以是一个大机柜、一块电路板或者一颗小小的芯片。计算机存在于我们的城市,存在于我们家中的每一个角落,而且从城市的交通指挥,到飞机、火车和汽车等交通工具;从商场、银行的收款机、结算系统到办公和家用的各种电器,或多或少都由计算机在控制。而今,当我们谈论计算机的应用领域时,或许需要换一种说法:还有哪些领域是计算机没有涉及的?计算机已经成为人们生活中不可或缺的一部分。

1.2.3 计算机的分类

计算机及相关技术的迅速发展带动计算机类型也不断分化,形成了各种不同种类的计算机。

1. 按照结构原理分类

按照计算机的结构原理可分为模拟计算机、数字计算机和混合式计算机。
① 电子数字计算机:所有信息以二进制数表示。
② 电子模拟计算机:内部信息形式为连续变化的模拟电压,基本运算部件为运算放大器。
③ 混合式电子计算机:既有数字量又能表示模拟量,设计比较困难。

2. 按用途分类

按计算机用途可分为专用计算机和通用计算机。

① 通用计算机：适用于各种应用场合功能齐全、通用性好的计算机。

② 专用计算机：为解决某种特定问题专门设计的计算机，如工业控制机、银行专用机、超级市场收银机（POS）等。

3. 按运算速度、字长、存储容量分类

较为普遍的是按照计算机的运算速度、字长、存储容量等综合性能指标分类，可分为巨型计算机、大中型计算机、小型计算机、微型计算机、工作站。

（1）巨型计算机（Giant Computer）

巨型计算机（简称巨型机）又称超级计算机（Super Computer），是指运算速度超过每秒1亿次的高性能计算机，它是目前功能最强、速度最快、软硬件配套齐备、价格最贵的计算机，主要用于解决诸如气象、太空、能源、医药等尖端科学研究和战略武器研制中的复杂计算。它们安装在国家高级研究机关中，可供几百个用户同时使用。

运算速度快是巨型机最突出的特点。例如，美国 Cray 公司研制的 Cray 系列机中，Cray-Y-MP 运算速度为每秒 20 ~ 40 亿次，我国自主生产研制的银河Ⅲ巨型机为每秒 130 亿次，IBM 公司的 GF-11 可达每秒 115 亿次，日本富士通研制了每秒可进行 3 000 亿次科技运算的计算机。最近，由国防科学技术大学研制，部署在国家超级计算机天津中心的"天河一号"，运算速度可以达到每秒 2 570 万亿次。世界上只有少数几个国家能生产这种机器，它的研制开发是一个国家综合国力和国防实力的体现。

（2）大中型计算机（Large-Scale Computer and Medium-Scale Computer）

大中型计算机（简称大中型机）也有很高的运算速度和很大的存储量并允许相当多的用户同时使用。当然，在量级上都不及巨型机，结构上也较巨型机简单些，价格相对巨型机便宜，因此使用的范围较巨型机普遍，是事务处理、商业处理、信息管理、大型数据库和数据通信的主要支柱。大中型机通常都像一个家族一样形成系列，如 IBM370 系列、DEC 公司生产的 VAX8000 系列、日本富士通公司的 M-780 系列。同一系列的不同型号的计算机可以执行同一个软件，称为软件兼容。

（3）小型计算机（Minicomputer）

小型计算机（简称小型机）规模和运算速度比大中型机要差，但仍能支持十几个用户同时使用。小型机具有体积小、价格低、性能价格比高等优点，适合中小企业、事业单位用于工业控制、数据采集、分析计算、企业管理以及科学计算等，也可做巨型机或大中型机的辅助机。典型的小型机如美国 DEC 公司的 PDP 系列计算机、IBM 公司的 AS/400 系列计算机、我国的 DJS-130 计算机等。

（4）微型计算机（Microcomputer）

微型计算机（简称微机），是当今使用最普及、产量最大的一类计算机，其体积小、功耗低、成本少、灵活性大，性能价格比明显地优于其他类型计算机，因而得到了广泛应用。微型计算机可以按结构和性能划分为单片机、单板机、个人计算机等几种类型。

① 单片机（Single Chip Computer）：把 CPU、一定容量的存储器以及输入/输出接口电路等集成在一个芯片上，就构成了单片机。可见单片机仅是一片特殊的、具有计算机功能的集成电路芯片。单片机体积小、功耗低、使用方便，但存储容量较小，一般用作专用机或用来控制高级仪表、家用电器等。

② 单板机（Single Board Computer）：把 CPU、存储器、输入/输出接口电路安装在一块印制电路板上，就成为单板计算机。一般在这块板上还有简易键盘、液晶和数码管显示器以及外存储器接口等。单板机价格低廉且易于扩展，广泛用于工业控制、微型机教学和实验，或作为计算机控制网络的前端执行机。

③ 个人计算机（Personal Computer，PC）：供单个用户使用的微型机一般称为个人计算机（PC），是目前用得最多的一种微型计算机。PC 配置有一个紧凑的机箱、显示器、键盘、打印机以及各种接口，可分为台式计算机和便携式计算机。

④ 工作站：工作站（Workstation）是介于 PC 和小型机之间的高档微型计算机，通常配备有大屏幕显示器和大容量存储器，具有较高的运算速度和较强的网络通信能力，有大型机或小型机的多任务和多用户功能，同时兼有微型计算机操作便利和人机界面友好的特点。工作站的独到之处是具有很强的图形交互能力，因此在工程设计领域得到广泛使用。SUN、HP、SGI 等公司都是著名的工作站生产厂家。

1.2.4　计算机的发展趋势

计算机技术是世界上发展最快的科学技术之一，产品不断升级换代。当前计算机正朝着多极化、智能化、网络化、多媒体化等方向发展，计算机本身的性能越来越强，应用范围也越来越广泛，从而使计算机成为人们工作、学习和生活中必不可少的工具。

1.　计算机技术的发展特点

（1）多极化

如今，个人计算机已遍及全球，但由于计算机应用的不断深入，对巨型机、大型机的需求也稳步增长，巨型机、大型机、小型机、微型机各有自己的应用领域，形成了一种多极化的形势。例如，巨型计算机主要应用于天文、气象、地质、核反应、航天飞机和卫星轨道计算等尖端科学技术领域和国防事业领域，它标志一个国家计算机技术的发展水平。目前，运算速度为每秒几百亿次到上万亿次的巨型计算机已经投入运行，并正在研制更高速的巨型机。

（2）智能化

智能化使计算机具有模拟人的感觉和思维过程的能力，使计算机成为智能计算机。这也是目前正在研制的新一代计算机要实现的目标。智能化的研究包括模式识别、图像识别、自然语言的生成和理解、博弈、定理自动证明、自动程序设计、专家系统、学习系统和智能机器人等。目前，已研制出多种具有人的部分智能的机器人。

（3）网络化

网络化是计算机发展的又一个重要趋势。从单机走向联网是计算机应用发展的必然结果。所谓计算机网络化，是指用现代通信技术和计算机技术把分布在不同地点的计算机互连起来，组成一个规模大、功能强、可以互相通信的网络结构。网络化的目的是使网络中的软件、硬件和数据等资源能被网络上的用户共享。目前，大到世界范围的通信网，小到实验室内部的局域网已经很普及，因特网（Internet）已经连接包括我国在内的 150 多个国家和地区。由于计算机网络实现了多种资源的共享和处理，提高了资源的使用效率，因而深受广大用户的欢迎，得到了越来越广泛的应用。

（4）多媒体化

多媒体计算机是当前计算机领域中最引人注目的高新技术之一。多媒体计算机就是利用计算机技术、通信技术和大众传播技术来综合处理多种媒体信息的计算机，这些信息包括文本、视频图像、图形、声音、文字等。多媒体技术使多种信息建立了有机联系，并集成为一个具有人机交互性的系统。多媒体计算机将真正改善人机界面，使计算机朝着人类接收和处理信息的最自然的方式发展。

2. 未来的计算机

许多科学家认为以半导体材料为基础的集成技术日益走向它的物理极限，要解决这个矛盾，必须开发新的材料，采用新的技术。于是人们努力探索新的计算材料和计算技术，致力于研制新一代的计算机，如生物计算机、量子计算机等。现在许多国家正在研制新一代计算机，称之为第五代计算机。第五代计算机将从根本上突破传统的冯·诺依曼结构，采用崭新的计算机设计思想，是微电子技术、光学技术、超导技术、电子仿生技术等多学科相结合的产物。

（1）高速计算机

计算机运行速度的快慢与芯片之间信号传输的速度直接相关，然而，目前普遍使用的硅二氧化物在传输信号的过程中会吸收一部分信号，从而延长了信息传输的时间。保利技术公司研制的"空气胶滞体"导线几乎不吸收任何信号，因而能够更迅速地传输各种信息。此外，它还可以降低电耗，而且不需要对计算机的芯片进行任何改造，只需换上"空气胶滞体"导线，就可以成倍地提高计算机的运行速度。不过，这种"空气胶滞体"导线也有不足之处，主要是其散热效果较差，不能及时将计算机中电路产生的热量散发出去。为了解决这个问题，保利技术公司的科研小组研究出计算机芯片冷却技术，它在计算机电路中内置了许多装着液体的微型小管，用来吸收电路散发出的热量。当电路发热时，热量将微型管内的液体汽化，当这些汽化物扩散到管子的另一端之后，又重新凝结，流到管子底部。据悉，美国宇航局（NASA）将对该项技术进行太空失重状态下的实验，如果实验成功，这种新技术将被广泛应用于未来的计算机中，使计算机的运算速度得以大大提高。

（2）生物计算机

生物计算机于 20 世纪 80 年代中期开始研制，其最大的特点是采用了生物芯片，它由生物工程技术产生的蛋白质分子构成。科学家们在生物计算机研究领域已经有了新的进展，预计在不久的将来，就能制造出分子元件，即通过在分子水平上的物理化学作用对信息进行检测、处理、传输和存储。目前，科学家们已经在超微技术领域取得了某些突破，制造出了微型机器人。科学家们的长远目标是让这种微型机器人成为一部微小的生物计算机，它们不仅小巧玲珑，而且可以像微生物那样自我复制和繁殖，可以钻进人体中杀死病毒，对损伤的血管、心脏、肾脏等内部器官进行修复，或者使引起癌变的 DNA 突变发生逆转，从而使人们延年益寿。

（3）光学计算机

所谓光学计算机，就是利用光作为信息的传输媒体。与电子相比，光子具有许多独特的优点，它的速度永远等于光速，具有电子所不具备的频率及偏振特征。此外，光信号的传输根本不需要导线，光学计算机的智能水平也将远远超过电子计算机的智能水平，是人们梦寐以求的理想计算机。最显著的研究成果是由法国、德国、英国、意大利等国的 60 多名科学家联合研发成功的世界上的第一台光脑。该台光脑的运算速度比目前速度最快的超级计算机快1 000 多倍，并且准确性极高。

（4）量子计算机

在人类刚进入 21 世纪之际，量子力学梅开二度，科学家们根据量子力学理论，在研制量子计算机的道路上取得了新的突破。美国科学家宣布，他们已成功地实现了 4 量子位逻辑门，取得了 4 个锂离子的量子缠结状态。这一成果意味着量子计算机如同含苞待放的蓓蕾，必将开出绚丽的花朵。

3. 智能手机

智能手机（smart phone）是指"像个人计算机一样，具有独立的操作系统，可以由用户自行安装软件、游戏等第三方服务商提供的程序，通过此类程序来不断对手机的功能进行扩充，并可以通过移动通信网络来实现无线网络接入的一类手机的总称"。目前，全球多数手机厂商都有智能手机产品，如图 1-2 所示。

图 1-2　智能手机

智能手机一般具有如下特点：

① 具备无线接入互联网的能力，即需要支持 GSM 网络下的 GPRS 或者 CDMA 网络的 CDMA 1X 或 3G、4G 网络。

② 具有 PDA 的功能，包括 PIM（个人信息管理）、日程记事、任务安排、多媒体应用、浏览网页等。

③ 具有开放性的操作系统，可以安装更多的应用程序。

④ 人性化，可以根据个人需要扩展机器功能。

⑤ 功能强大，扩展性能强，第三方软件支持多。

智能手机是一种在手机内安装了相应开放式操作系统的手机。因为可以安装第三方软件，所以智能手机有丰富的功能。通常使用的操作系统有 Symbian、Windows Mobile、iOS、Linux（含 Android、Maemo 和 WebOS）、Palm OS 和 BlackBerry OS 等。它们之间的应用软件互不兼容。

（1）Symbian

Symbian（塞班）是一个实时性、多任务的纯 32 位操作系统，具有功耗低、内存占用少等特点，非常适合手机等移动设备使用，经过不断完善，在智能型手机市场取得了成功。但 Symbian S60、Symbian3、UIQ 等系统近两年遭遇到显著的发展瓶颈。

（2）Android

Android（安卓）是基于 Linux 平台的开源手机操作系统，该平台由操作系统、中间件、用户界面和应用软件组成，宣称是首个为移动终端打造的真正开放和完整的移动软件，市场上占有率越来越高。在 Android 发展的过程中，摩托罗拉付出的是核心代码，Google 付出的是公关和品牌效应，当然还有它的 Google App，但是 Google 掌握了 Android Market 以及通过 Android Google Apps 获得的大量用户。

（3）Windows Mobile

作为软件巨头微软的掌上操作系统，在与桌面 PC 和 Office 办公的兼容性方面具有先天的优势，而且 Windows Mobile 具有强大的多媒体性能，办公娱乐两不误，让它成为最有潜力的操作系统之一。以商务用机为主，较新版本为 Windows Phone 7，几乎对旧有的 Windows Mobile 系统全面升级，其市场应用越来越广泛。

（4）iOS

iOS 是（又称 Mac OS）由苹果公司为 iPhone 开发的操作系统，它主要供 iPhone、iPod Touch 以及 iPad 使用。该系统的界面设计及人机操作系统非常优秀，软件极其丰富。苹果完美的工业设计配以 iOS 系统的优秀操作感受，仅靠仅有的几款机型，已经赢得可观的市场份额。

（5）MeeGo

MeeGo 是诺基亚和英特尔联合推出的一个免费手机操作系统，中文昵称"米狗"，该操作系统可在智能手机、笔记本式计算机和电视等多种电子设备上运行，并有助于这些设备实现无缝集成。该操作系统基于 Linux 的平台，融合了诺基亚的 Maemo 和英特尔的 Moblin 平台。

（6）BlackBerry OS

BlackBerry OS 是 RIM 公司独立开发的与黑莓手机配套的系统，推出后很快在全世界得到欢迎，在此系统基础上，黑莓手机在智能手机市场上广受好评。

4. 平板计算机

平板计算机（Tablet Personal Computer，又称 Tablet PC、Flat Pc、Tablet、Slates）（见图 1-3），是一种小型、方便携带的个人计算机，以触摸屏作为基本的输入设备。它拥有的触摸屏（也称为数位板技术）允许用户通过触控笔或数字笔来进行作业。用户可以通过内置的手写识别、屏幕上的软键盘、语音识别或者一个真正的键盘（如果该机型配备）进行输入。

多数平板计算机使用 Wacom 数位板，该数位板能快速地将触控笔的位置"告诉"计算机。使用这种数位板的平板计算机会在其屏幕表面产生一个微弱的磁场，该磁场只能和触控笔内的装置发生作用。所以用户可以放心地将手放到屏幕上，因为只有触控笔才会影响到屏幕。

图 1-3 平板计算机

苹果公司的平板计算机 iPad 由首席执行官史蒂夫·乔布斯于 2010 年 1 月 27 日在美国旧金山欧巴布也那艺术中心发布。iPad 的成功让各 IT 厂商将目光聚焦在了"平板计算机"上。除了苹果公司运行 Mac OS 的 iPad 平板计算机之外，还有基于其他操作系统的平板计算机产品。

很多平板计算机运行 Windows XP Tablet PC Edition。从 Windows Vista 系统开始，Windows 系统在家庭高级版（Home Premium）、商业版（Business）、旗舰版（Ultimate）中均加入了对平板计算机的支持，甚至还专门为之设计了名为"墨球"的自带游戏。

小结

人类已经进入信息时代，信息就是对各种事物的存在方式、运动状态和相互联系特征的一种表达和陈述。信息技术是研究信息的获取、传输和处理的技术，由计算机技术、通信技术、微电子技术结合而成，有时也叫作"现代信息技术"。信息化就是计算机、通信和网络技术的现代化。信息社会也称信息化社会，是脱离工业化社会以后，信息将起主要作用的社会。

计算机是 20 世纪人类最伟大的发明之一，通常所说的计算机是指电子数字计算机。微型计算机简称计算机或 PC。计算机作为处理信息的工具，它能自动、高速、精确地对信息进行存储、传送和加工处理。信息技术的发展与计算机的广泛应用是分不开的。计算机的广泛应用推动了社会的发展与进步，对人类社会的生产和生活产生了极其深刻的影响。当前计算机正朝着巨型化、微型化、智能化、网络化等方向发展，计算机本身的性能越来越优越，应用范围也越来越广泛，从而使计算机成为人们工作、学习和生活中必不可少的工具。

习题

一、填空题

1. 人类已经进入信息时代，信息就是对各种事物的_____、_____和_____特征的一种表达和陈述。

2. 信息技术是研究信息的获取、传输和处理的技术，由_____、_____、_____、_____结合而成。

3. 信息社会也称信息化社会，是脱离_____社会以后，_____将起主要作用的社会。

4. 世界上第一台电子计算机的名字是_____。

二、简答题

1. 信息及信息的主要特征是什么？

2. 信息社会的主要内容是什么？

3. 计算机的主要应用领域有哪些？

数制与信息编码

计算机诞生之初，其使命是"计算"，故称计算机。随着计算机技术、网络通信技术、微电子技术等的发展，计算机的性能越来越强，其解决问题的领域也由当初的数值计算，扩展到非数值数据，应用领域遍及各行各业。而今的计算机处理的数据不仅包括数值数据，还包括字符（西文字符、中文字符）、音频、图像、图形、视频、动画等。

如果说计算机可以完成诸如"120+30=150"之类的数值计算人们很容易理解，可是如果说计算机可以计算出"红色+绿色=黄色"就很难想象了，因为颜色是无法做数学计算的。同样，声音、图片、视频等也没有办法进行计算。那么作为计算机的使用者，你是否对此感到好奇呢？是否想知道对于那么多不能进行计算的信息，计算机是如何进行计算、处理的呢？

其实，计算机是个非常简单的机器，它能做的事情只有一件事：计算。而今无论多么复杂的计算机能做的计算只有两类：算术运算和逻辑运算。算术运算包括加、减、乘、除等；逻辑运算包括与、或、非等运算。而能进行计算的数据必须是数字形式的，并且二进制是计算机的基石，所以在计算机中所有不是数字的信息必须变成数字信息，而且是二进制的数字信息。接下来，本章就揭秘计算机如何将所有信息都变成二进制的数字信息，并进行处理的。将各种现实生活中的信息用计算机能处理的方式表示出来，这个过程称之为信息编码。

或许有的人认为是否了解这些过程对于人们使用计算机没有影响，无须了解。那么请看图 2-1 ~ 图 2-4，你是否见到过？是否熟悉？

图 2-1 ~ 图 2-3 是常用的图像编辑工具（Photoshop）中的参数设置，如果不了解图像的编码原理，则无法自如地使用图像编辑工具中琳琅满目的参数以及诸多功能。图 2-4 是网络配置工具的参数设置，如果不了解二进制、网络地址理论知识，则无法正确配置一台计算机的网络参数，无法与其他计算机、其他网络进行通信。图 2-5 是音频处理软件的参数设置，如果不了解声音的编码原理，则无法通过设置这些参数对音频文件进行加工处理。事实上，所有现实生活中的数据（如数值数据、西文字符、汉字、声音、图像、动画、视频等）都需要经过信息编码，才能输入到计算机，并被计算机加工处理。

所以，如果不了解信息编码知识，就无法在更高层次上使用计算机应用软件。信息编码知识的缺失将会制约人们使用计算机的能力。因此，本章无论对于想追求计算机终极奥秘的学生，还是只是想利用计算机进行应用的学生来讲都是必须要学习的。

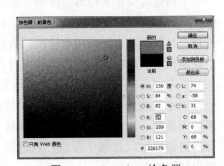

图 2-1　Photoshop 拾色器

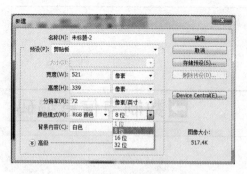

图 2-2　Photoshop "新建" 对话框

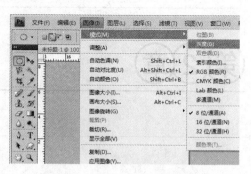

图 2-3　Photoshop 模式菜单

图 2-4　网络属性设置对话框

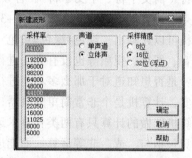

图 2-5　音频编辑参数设置

2.1　计算机中的数制

众所周知，无论一座小房子，还是一座宏伟壮观的建筑，都是通过一块块最基本的元素（砖块、石块等）堆积起来的。如果将功能丰富、高深莫测的计算机比喻为一座"建筑"，那么它的基本元素是什么呢？答案是：0 和 1。

无论功能多么强大的计算机，最基本的元素都是 0 和 1，因为在计算机中采用的是二进制。

下面通过类比来理解二进制。在日常生活以及数学领域中，人们习惯采用十进制进行计数；时间上，1 小时有 60 分钟，1 分钟有 60 秒，采用六十进制；每年有 12 个月，采用十二进制；每周有 7 天，采用七进制；诸如此类，人们在现实生活中可以发现很多进制。为了能更好地理解二进制，首先要理解不同进制之间的相同和不同之处。

所谓"进制"，其实是"进位计数制"的简称，后面也简称"数制"。数制的本质是用一组固定的数码符号和一套统一的规则来表示数值的方法。本章将重点讨论日常生活中使用的十进制、计算机中使用的二进制。此外，在使用计算机过程中有时为了表示方便，还有八进制和十六进制（注意：八进制和十六进制只是为了书写方便而引入的，并不是计算机中使用的）。

2.1.1 数制的本质特征

数制的本质特征有以下几点：

① 使用一组固定的单一数字符号来表示数目的大小。例如：

- 十进制数有 0~9 共 10 个阿拉伯数字符号。
- 二进制数有 0、1 两个数字符号。
- 八进制数有 0~7 共 8 个数字符号。
- 十六进制数有 0~9、A~F 共 16 个数字符号。

② 有统一的规则：以 N 为基数，逢 N 进一。例如：

- 十进制是以 10 为基数，逢十进一。
- 二进制是以 2 为基数，逢二进一。
- 八进制以 8 为基数，逢八进一。
- 十六进制以 16 为基数，逢十六进一。

③ 权值大小不同。例如：50 和 500 中 "5"，虽然符号相同，但是含义却不同，前者表示 5 个 10，后者表示 5 个 100，为什么会不同呢？因为这两个 5 分别在不同的位置上，所以大小就会不同。处在不同位置上的数字符号，它所代表的数值大小也不同，为了形象地表示这种位置差异，我们引入一个术语 "权"。

权的规则：如图 2-6 所示，若有一个 r 进制数，那么其基为 r。从小数点左侧第一位开始定义权，其权为 r^0。从这一位开始向左，权的幂逐渐增一，依此为 r^1、r^2、…、r^n；从这一位开始向右，权的幂逐渐减一，依此为 r^{-1}、r^{-2}、…、r^{-n}。

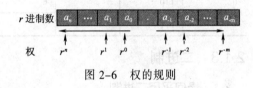

图 2-6　权的规则

那么这样一个 r 进制数，到底多大呢？如何衡量？为了衡量不同进制数的大小，通常将它们转换成十进制再比较大小。所以一个 r 进制数的大小可以表示为：

$$\sum_{i=-m}^{n}(a_i \times r^i)$$

- 十进制数 101.1 的大小为：$1 \times 10^2 + 0 \times 10^1 + 1 \times 10^0 + 1 \times 10^{-1}$。
- 二进制数 101.1 的大小为：$1 \times 2^2 + 0 \times 2^1 + 1 \times 2^0 + 1 \times 2^{-1}$。
- 八进制数 101.1 的大小为：$1 \times 8^2 + 0 \times 8^1 + 1 \times 8^0 + 1 \times 8^{-1}$。
- 十六进制数 101.1 的大小为：$1 \times 16^2 + 0 \times 16^1 + 1 \times 16^0 + 1 \times 16^{-1}$。

因此，一个 r 进制数的大小为：将每个数位上的符号乘以权，然后相加得到的和。

2.1.2 数制的表示

为了区分不同的数制，并便于书写，数制通常有两种表示方法：下标法和后缀法。

1. 下标法

将数制的基数以下标的形式写在数的右下方，例如：

① 十进制数 101.1 可记为：$(101.1)_{10}$。

② 二进制数 101.1 可记为：$(101.1)_2$。

③ 八进制数 101.1 可记为：$(101.1)_8$。

④ 十六进制数 101.1 可记为：(101.1)₁₆。

2. 后缀法

将代表数制的一个字母写在数的后面。例如：二、八、十和十六进制分别用字母 B、O、D、H 代表，分别取其英文单词（Binary、Octal、Decimal、Hexadecimal）的首字母。

例如，上面各个进制数可依次记为 101.1D、101.1B、101.1O、101.1H。

当没有后缀或者下标时，默认数制为十进制。例如，101.1，表示十进制数。

十进制数 0~15 对应的二进制、八进制和十六进制数如表 2-1 所示。

表 2-1　进制对应表

十 进 制	二 进 制	八 进 制	十六进制	十 进 制	二 进 制	八 进 制	十六进制
0	0	0	0	8	1000	10	8
1	1	1	1	9	1001	11	9
2	10	2	2	10	1010	12	A
3	11	3	3	11	1011	13	B
4	100	4	4	12	1100	14	C
5	101	5	5	13	1101	15	D
6	110	6	6	14	1110	16	E
7	111	7	7	15	1111	17	F

2.1.3　二进制

1. 缘何采用二进制

根据数制的知识，我们知道：100D = 1100100B，显然用二进制表示后，数变得更复杂了，那么为什么计算机中还要采用二进制，而不是十进制呢？主要基于如下几个原因：

（1）可行性

二进制数的实现最容易。计算机设计的初衷是要实现能自动运算的机器，因此运算必须能通过机械装置自动实现，这就需要用到电子元器件。由于二进制数只有 0、1 两个基本符号，正好与很多电子器件的物理现象一致，例如，电平的高与低、晶体管的导通与截止等，所以找到能表示二进制数的电子元器件非常容易。

（2）可靠性

二进制数只有两个状态，数字的转移和处理不易出错。而十进制有十种状态，相对而言，出错概率要远远高于二进制，因此二进制更可靠。

（3）简易性

二进制的运算法则少，运算简单，使得计算机运算器的硬件结构大大简化（十进制加法有 55 条法则，而二进制加法只有 3 条法则）。

（4）逻辑性

二进制的 1、0 两个代码，正好可以代表逻辑代数的"真""假"，用二进制表示 2 个逻辑很自然。

2. 二进制的运算法则

电子计算机具有强大的运算能力，但无论多么复杂的运算最终都通过两种运算实现，那就是：算术运算和逻辑运算。

（1）二进制数的算术运算

二进制数的算术运算包括：加、减、乘、除四则运算，下面分别予以介绍。

① 二进制数的加法。根据"逢二进一"规则，二进制数加法的法则为：

$0 + 0 = 0$

$0 + 1 = 1 + 0 = 1$

$1 + 1 = 0$ （进位为 1）

例如：1110 和 1011 相加过程如下：

```
    1 1 1 0
+   1 0 1 1
───────────
  1 1 0 0 1
```

② 二进制数的减法。根据"借一有二"的规则，二进制数减法的法则为：

$0 - 0 = 0$

$1 - 1 = 0$

$1 - 0 = 1$

$0 - 1 = 1$ （借位为 1）

例如：1101 减去 1011 的过程如下：

```
  1 1 0 1
- 1 0 1 1
───────────
  0 0 1 0
```

③ 二进制数的乘法。二进制数乘法过程可仿照十进制数乘法进行。但由于二进制数只有 0 或 1 两种可能的乘数位，导致二进制乘法更为简单。二进制数乘法的法则为：

$0 \times 0 = 0$

$0 \times 1 = 1 \times 0 = 0$

$1 \times 1 = 1$

例如，1001 和 1010 相乘的过程如下：

```
          1 0 0 1
       ×) 1 0 1 0
    ─────────────────
          0 0 0 0
        1 0 0 1
      0 0 0 0
    1 0 0 1
    ─────────────────
    1 0 1 1 0 1 0
```

④ 二进制数的除法：二进制数除法与十进制数除法很类似。

例如，$100110 \div 110$ 的过程如下：

$$
\begin{array}{r}
0\ 0\ 0\ 1\ 1\ 0 \quad 商 \\
1\ 1\ 0\ )\overline{1\ 0\ 0\ 1\ 1\ 0} \\
1\ 1\ 0 \\
\hline
0\ 1\ 1\ 1 \\
1\ 1\ 0 \\
\hline
1\ 0 \quad 余数
\end{array}
$$

所以，100110 ÷ 110 = 110 余 10。

（2）二进制数的逻辑运算

二进制数的逻辑运算主要包括 "或"运算、"与"运算、"非"运算。

① 逻辑"或"运算：常用符号"∨"来表示。运算规则如下：

$$0 \vee 0 = 0$$
$$0 \vee 1 = 1$$
$$1 \vee 0 = 1$$
$$1 \vee 1 = 1$$

可见，两个相"或"的逻辑变量中，只要有一个为1，"或"运算的结果就为1。仅当两个变量都为0时，或运算的结果才为0。

② 逻辑"与"运算：常用符号"∧"表示。运算规则如下：

$$0 \wedge 1 = 0$$
$$1 \wedge 0 = 0$$
$$1 \wedge 1 = 1$$

可见，两个相"与"的逻辑变量中，只要有一个为0，"与"运算的结果就为0。仅当两个变量都为1时，"与"运算的结果才为1。

③ 逻辑"非"运算：又称为逻辑否定，实际上就是将原逻辑变量的状态求反。运算规则如下：

$$\overline{0} = 1$$
$$\overline{1} = 0$$

可见，在变量的上方加一横线表示"非"。逻辑变量为0时，"非"运算的结果为1。逻辑变量为1时，"非"运算的结果为0。

2.1.4 数制转换

1. 二进制、八进制、十六进制数转换成十进制

方法：按权展开求和。

例如：

$$(110.101)_B = 1 \times 2^2 + 1 \times 2^1 + 0 \times 2^0 + 1 \times 2^{-1} + 0 \times 2^{-2} + 1 \times 2^{-3} = (6.625)_D$$

$$(73.56)_O = 7 \times 8^1 + 3 \times 8^0 + 5 \times 8^{-1} + 6 \times 8^{-2} = (59.71875)_D$$

$$(2B.3C)_H = 2 \times 16^1 + 11 \times 16^0 + 3 \times 16^{-1} + 12 \times 16^{-2} = (43.234375)_D$$

2. 十进制转换成二进制

十进制转换成二进制时，整数部分的转换与小数部分的转换是不同的。

① 整数部分：除 2 取余法。将十进制数反复除以 2，直到商是 0 为止，并将每次相除之后所得的余数按次序记下来，第一次相除所得余数是 K_0，最后一次相除所得的余数是 K_{n-1}，则 $K_{n-1}K_{n-2}\cdots K_2K_1$ 即为转换所得的二进制数。

【案例 2-1】将十进制数 $(123)_{10}$ 转换成二进制数。

解：

$$
\begin{array}{r|l}
2 & 123 \\
2 & 61 \quad\cdots\cdots 余 1\ (K_0) \\
2 & 30 \quad\cdots\cdots 余 1\ (K_1) \\
2 & 15 \quad\cdots\cdots 余 0\ (K_2) \\
2 & 7 \quad\cdots\cdots 余 1\ (K_3) \\
2 & 3 \quad\cdots\cdots 余 1\ (K_4) \\
2 & 1 \quad\cdots\cdots 余 1\ (K_5) \\
& 0 \quad\cdots\cdots 余 1\ (K_6) \\
\end{array}
$$

（低位）↑

（高位）

$$(123)_{10} = (1111011)_2$$

② 小数部分：乘 2 取整法。将十进制数的纯小数（不包括乘后所得的整数部分）反复乘以 2，直到乘积的小数部分为 0 或小数点后的位数达到精度要求为止。第一次乘以 2 所得的结果是 K_1，最后一次乘以 2 所得的结果是 K_m，则所得二进制数为 $0.K_1K_2\cdots K_m$。

【案例 2-2】将十进制数 $(0.2541)_{10}$ 转换成二进制。

解：

取整数部分

$$0.2541 \times 2 = 0.5082 \quad\cdots\cdots 0 = (K_{-1})$$
$$0.5082 \times 2 = 1.0164 \quad\cdots\cdots 1 = (K_{-2})$$
$$0.0164 \times 2 = 0.0328 \quad\cdots\cdots 0 = (K_{-3})$$
$$0.0328 \times 2 = 0.0656 \quad\cdots\cdots 0 = (K_{-4})$$

（高位）

↓（低位）

$$(0.2541)_{10} = (0.0100)_2$$

【案例 2-3】将十进制数 $(123.125)_{10}$ 转换成二进制数。

解：对于这种既有整数又有小数的十进制数，可以将其整数部分和小数部分分别转换为二进制，然后再组合起来，就是所求的二进制数。

$$(123)_{10} = (1111011)_2$$
$$(0.125)_{10} = (0.001)_2$$
$$(123.125)_{10} = (1111011.001)_2$$

十进制转换为八进制、十六进制的方法与十进制转换为二进制的方法类似。例如：

- 十进制整数→八进制方法："除 8 取余"。
- 十进制整数→十六进制方法："除 16 取余"。

- 十进制小数→八进制小数方法:"乘 8 取整"。
- 十进制小数→十六进制小数方法:"乘 16 取整"。

3. 二进制、八进制、十六进制之间的转换

二进制数转换为八进制数的方法:以小数点为界,分别向左或右将每 3 位二进制数合成为 1 位八进制数即可。如果不足 3 位,可用 0 补足。八进制数转换为二进制数,将每 1 位八进制数展成 3 位二进制数即可。

例如:

$$(1100101.1101)_B=(001\ 100\ 101.110\ 100)_B=(145.64)_O$$
$$(423.45)_O=(100\ 010\ 011.100\ 101)_B$$

二进制数转换十六进制数的方法:以小数点为界,分别向左或右将每 4 位二进制数合成 1 位十六进制数即可。如果不足 4 位,可用 0 补足。十六进制数转换为二进制数,将每 1 位十六进制数展成 4 位二进制数即可。

例如:

$$(10101001011.01101)_B=(0101\ 0100\ 1011.0110\ 1000)_B=(54B.68)_H$$
$$(ACD.EF)_H=(1010\ 1100\ 1101.1110\ 1111)_B$$

2.1.5 数据的存储单位

从静态的角度看,信息编码后的数据都以二进制的形式存放于计算机中,数据在计算机中存储的基本单位是二进制位。但是使用时,也就是存取数据时却不是以"位"为单位的。就像书籍,无论多厚的书籍都是由字构成的,但是人们阅读时基本单位却不是字,而是以句子、甚至以段落为单位。同理,计算机在存取数据时是以"字节"为基本单位。

此外,当人们衡量一个存储设备的容量或者一个文件的大小时,也是以字节为基本单位的。除了位和字节,还有一个计算机经常用到的数据单位:字。

① 位(bit):是计算机中存储数据的最小单位,指二进制数中的一个位数,其值为"0"或"1"。位的单位称为"比特",经常用 b 来表示。

② 字节(Byte):是计算机中存取数据的基本单位,也被认为是计算机中最小的信息单位,计算机存储容量的大小是以字节的多少来衡量的。一个字节等于 8 位,即 1 Byte=8 bit。字节经常用 B 表示。

由于 B 还是太小了,因此在表示容量或者文件大小时,经常会出现非常大的数字。为了表达方便,又引入了 KB、MB、GB、TB 等单位。这些单位之间的关系如下:

$$1\ KB=1\ 024\ B=2^{10}\ B$$
$$1\ MB=1\ 024\ KB=2^{20}\ B$$
$$1\ GB=1\ 024\ MB=2^{30}\ B$$
$$1\ TB=1\ 024\ GB=2^{40}\ B$$

③ 字(Word):是计算机存储、传送、处理数据的信息单位,是指计算机一次存取、加工、运算和传送的数据长度,一个字通常由一个字节或若干字节组成(一般为字节的整数倍)。一个字包含的二进制位数叫作"字长"。由于字长是指计算机一次所能处理的实际位数的多少,

所以它能极大地影响计算机处理数据的速率，是衡量计算机性能的一个重要标志。通常有 8 位机、16 位机、32 位机、64 位机等。

2.2　数值数据编码

所谓数值数据，是指数据本身有大小含义，比如年龄是 20 岁，身高是 1.75m 等，这样的数据称之为数值数据。而没有大小含义的数据，像一幅图像、一个音频或者一个字符等，都没有大小含义，称之为非数值数据。这两种数据的编码方法是不同的。

前面讨论了数制，知道了一个十进制如何转换成二进制并存储在计算机中。但是表示一个十进制数时，一般不仅仅有数位，还有正号和负号，还有小数点，那么这些非数位的部分如何表示呢？

2.2.1　符号位的表示

由于符号只有正和负两种，所以，很自然地考虑到用 0 表示正号，1 表示负号，将符号位置于数据的最左侧。这样的处理过程称之为"符号位数字化"。为了区分符号位数字化前后的数据，分别引入两个术语"真值"和"机器码"。符号位数字化之前的数据称为真值，之后的数据称为机器码。例如：

+77 D = 01001101B

–77 D =11001101B

2.2.2　符号位的运算

机器码解决了用 0 和 1 表示符号的问题。但是当数值数据进行运算时，符号位怎么办呢？如果让符号位和数值位一起参加运算，很多情况下会得到错误的结果，例如：（假设处理器字长为 4 位）

（+4）+（–5）= –1

若用机器码运算

（0100）+（1101）=（1）0001　（真值为+1）

【说明】由于字长为 4 位，所以最高位的 1 溢出了，也就是丢掉了。

显然符号位直接参与运算，结果出错了。那么怎么防止这种错误的发生呢？为了解决这个问题，又引入了 3 种编码：原码、反码和补码。

原码：真值经过符号位数字化后，即得原码。

对于正数而言，其原码 = 反码 = 补码。

对于负数而言，其反码与补码的计算方法如下：

反码：符号位不变，其余位取反；

补码：反码+1。

现在利用补码进行上面的运算：

（+4）补码 = 0100

（–5）补码 = 1011

（0100）+（1011）=（1111）补码 =（1110）反码 =（1001）原码 =（–1）真值

显然采用补码后，符号位像数值位一样参加运算，运算结果也是正确的。科学家经过严谨的数学证明发现，引入补码后，可以得到两个好处：

① 符号位可以像数值位一样参加运算，结果不会出错。

② 所有的减法都可以用加法实现，简化了电路。

2.2.3 小数点的表示

数值数据中的小数点该如何表示呢？由于计算机中采用二进制，只有 0 和 1，可是无论使用 0 还是使用 1，都无法将小数点和数值位分开，因为小数点的位置是不固定的。为了解决小数点的表示，引入了定点数和浮点数。

1. 定点数

顾名思义，定点数是指小数点固定的数。

由于小数点在数值数据中的位置不固定，所以考虑让小数点固定下来，这样由于小数点的位置固定了，也就不需表示了。可是什么样的数小数点的位置固定呢？整数和纯小数。

显然，整数的小数点默认在数的最右侧，而纯小数的小数点默认在数的最左侧，如图 2-7 所示。

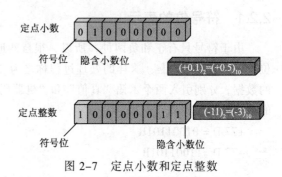

图 2-7　定点小数和定点整数

2. 浮点数

对于既不是整数也不是纯小数的数值如何表示呢？我们采用定点整数+定点小数的形式来表示，用这种方式表示的数，由于小数点位置不固定，故称之为"浮点数"。

一个十进制数 N 可以写成：

$$N = 10^e \times M$$

同理，一个二进制数 N 可以写成：

$$N = 2^e \times M$$

其中，M 为一个纯小数（用定点小数表示），e 为一个整数（用定点整数表示），因此，浮点数的一般表示形式，如图 2-8 所示。

一个浮点数一般会由 4 部分构成：阶符+阶码+数符+尾数。例如，浮点数 $(-5.25)_{10}$ 的表示如图 2-9 所示。

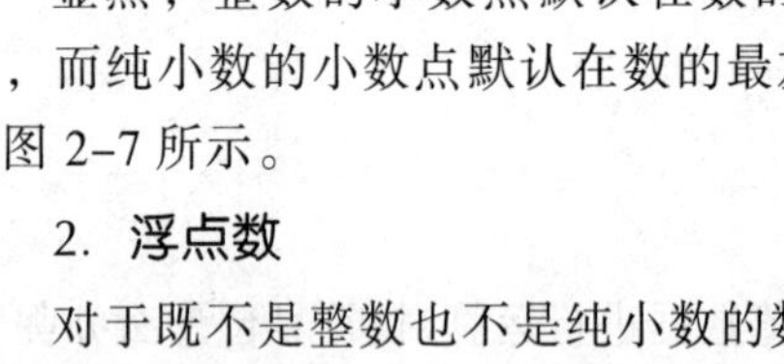

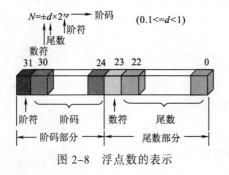

图 2-8　浮点数的表示

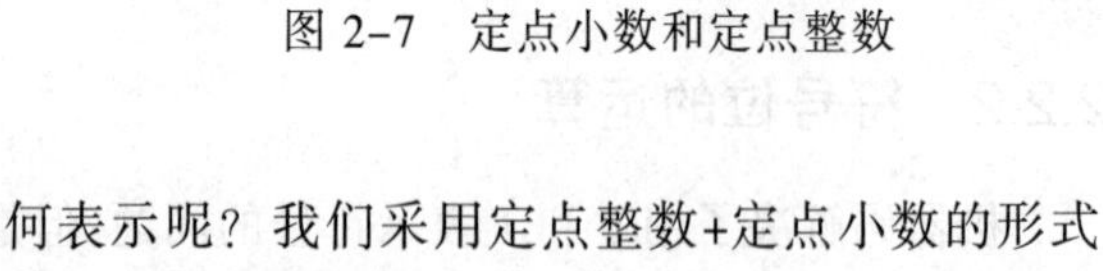

$$(-5.25)_{10} = (-101.01)_2 = -0.10101 \times 2^3$$

阶码部分=+3　　　　尾数部分=-0.10101

图 2-9　浮点数的表示

2.3　非数值数据编码

没有大小含义的数据，称之为非数值数据。目前计算机中主要的非数值数据包括：西文字符、汉字、音频、图像、视频等。

显然，在二进制中，如果只用1个二进制位，可以表示0和1两种情况。

如果用2个二进制位，则可以表示00、01、10、11四种情况。

采用归纳法，可以证得：

若有 N 个二进制位，则可以表示 2^N 种情况。也就是说，如果用 N 个二进制位表示数据，就可以表示 2^N 个数据。

现在的问题是如果已经目前有 M 个数据需要表示，那么需要多少个二进制位呢？

显然这是上面运算的逆运算，也就是：

$N = \log_2 M$

假如有8个符号需要表示，那么需要用3个二进制位进行表示。

但是事实上，计算机中存取数据的基本单位是字节，1个字节是8个二进制位，因此即使只需3个二进制位，也必须用1个字节。所有非数值数据编码的基本原理本质上都是一样的，但是在表示不同类型的数据时，根据数据的特点，编码方法又有些不同。

2.3.1　西文字符编码

目前使用最广泛的西文字符集及其编码是 ASCII（American Standard Code for Information Interchange，美国信息交换标准代码），它同时也被国际标准化组织（International Organization for Standardization, ISO ）批准为国际标准。ASCII 码有两种版本，即标准的 ASCII 码和扩展的 ASCII 码，即7位码和8位码两种版本。除了 ASCII 码外，Unicode 码在 Internet 和 Windows 中也有广泛的应用。

1. 标准 ASCII 码

标准 ASCII 码共收集了128个字符，包括94个可见符号和34个控制符号。

根据前面非数值数据编码方法，表示128个字符，需要用到 $\log_2 128 = 7$ 个二进制位，因此用一个字节（8位）表示一个字符，但是最高位并未使用，被置为0。

94个可见符号包括10个阿拉伯数字、26个大写英文字母、26个小写英文字母、32个标点及运算符号。128个字符按照一定的顺序排列在一起，构成了 ASCII 表。表中每个字符都对应一个数值，称为该字符的 ASCII 码值。

ASCII 码中每一个字符所对应的二进制数，称为该字符的 ASCII 码值，其范围是 0 ~ 127。例如，数字字符0的 ASCII 码值是 0110000B，即十进制数48；大写字母 A 的 ASCII 码值是 1000001B，即十进制数65等。

ASCII 码值的大小规律是：（a ~ z）>（A ~ Z）>（0 ~ 9）>空格>控制符。标准 ASCII 码字符集如表2-2所示。

表 2-2　标准 ASCII 码字符集

$d_3d_2d_1d_0$ ＼ $d_6d_5d_4$	000	001	010	011	100	101	110	111
0000	NUL	DLE	SP	0	@	P	`	p
0001	SOH	DC1	!	1	A	Q	a	q
0010	STX	DC2	"	2	B	R	b	r
0011	ETX	DC3	#	3	C	S	c	s
0100	EOT	DC4	$	4	D	T	d	t
0101	ENQ	NAK	%	5	E	U	e	u
0110	ACK	SYN	&	6	F	V	f	v
0111	BEL	ETB	'	7	G	W	g	w
1000	BS	CAN	(	8	H	X	h	x
1001	HT	EM	)	9	I	Y	i	y
1010	LF	SUB	*	:	J	Z	j	z
1011	VT	ESC	+	;	K	[	k	{
1100	FF	FS	,	<	L	\	l		
1101	CR	GS	−	=	M	]	m	}
1110	SO	RS	.	>	N	↑	n	~
1111	SI	US	/	?	O	→	o	DEL

2. 扩展 ASCII 码

扩展 ASCII 码是将标准 ASCII 码最高位置为 1，用完整的 8 位二进制数的编码形式表示一个字符，总共可以表示 256 个字符。其中，扩展部分的 ASCII 码值范围为 128～255，共 128 个字符，通常被定义为一些图形符号。

3. Unicode

Unicode 是统一字符集，也称大字符集。采用 16 位编码方案，可表示 65 000 多个不同的字符。如此之大，足以涵盖世界所有通用语言的所有字母和数千种符号。

2.3.2　汉字编码

英文基本符号比较少，编码比较容易，因此，在计算机系统中，输入、内部处理、存储和输出都可以使用 ASCII 码完成。汉字字符繁多，编码比英文困难，因此在不同的场合要使用不同的编码。根据汉字输入、处理、输出的过程，通常有 5 种类型的编码，即国标码、机内码、输入码、输出码、地址码。

1. 国标码

根据前面所述非数值数据编码的原则，首先要统计出需要表示的数据个数，然后计算需要多少个二进制位，再逐一编码。西文字符的编码是这样的，汉字的编码也是这样的。所不同的是西文字符数量少，128 个字符足以。可是汉字量实在太大了，仅常用汉字就达到了 6 000 多字。

我国在 1980 对常用的 6 763 个汉字进行了编码，称作《信息交换用汉字编码字符集　基

信息技术导论

28

本集》（GB 2312—1980），简称"国标码"。国标码中，所有收集的汉字被分成 94 个区，每个区 94 个位，因此，通过区号和位号两个维度方可定位到一个汉字。因此，在国标码中，汉字由区号和位号两部分组成。

要想表示 94 个区，需要用到 $\lceil \log_2 94 \rceil = 7$ 个二进制位，因此需要用一个字节（8 位）表示。同理，也需要一个字节（8 位）表示位号。

因此，国标码用两个字节表示一个汉字，每个字节只使用低 7 位，高位为 0，分别表示一个汉字所在的区号和位号。

2. 机内码

国标码用两个字节表示一个汉字，每个字节均用低 7 位，高位为 0。而 ASCII 码是用一个字节表示，也是用低 7 位，高位为 0。现在问题来了，当遇到两个字节时，到底是表示一个汉字还是两个西文字符呢？

为了将西文字符和汉字分开，我们在国标码的基础上进行了调整，得到了机内码。

机内码是在计算机内部处理汉字时使用的编码。方法是将国标码两字节的最高位由 0 改为 1，其余 7 位不变。

如"保"字的国标码为 3123H，前字节为 00110001B，后字节为 00100011B，高位改成 1 后得到 10110001B 和 10100011B，转换成十六进制就得到"保"的内码为 B1A3H。

将每个字节的最高位由 0 变为 1，等于在国标码两个字节的基础上分别加了 10000000B = 80H。因此国标码转变成机内码时，其实是做了一个二进制的加法运算。书写上，习惯这样表达：国标码+8080H = 机内码。

例如，"保"字的国标码为 3123H，其机内码 = 3123H +8080H = B1A3H。

3. 输入码

无论是国标码还是机内码，对于汉字的输入和输出而言都不方便。因为汉字符号太多，用人脑去记忆 7 000 个字符的国标码或者机内码都是不现实的一件事，可是计算机为了将每个汉字表示出来，又必须采用这么多编码。为了解决输入和输出问题，又产生了输入码和输出码。

输入码又称汉字外码，指的是从键盘将汉字输入到计算机时使用的编码。输入码的要求有两个：方便使用，而且输入速度要快。为了达到这两个目的，出现了若干种输入码，大体可以分为 3 类：数字编码、拼音编码和字形编码。此外，语音和图像识别技术的发展也为汉字输入码提供了新的方向。

（1）数字编码

常用的数字编码是国标区位码。区位码的特点是编码方法简单，码与字一一对应，无重码。但因记忆困难，虽然 Windows 操作系统中自带有中文区位码输入法，但很少有人使用。

（2）拼音编码

拼音编码是按照汉字的拼音来输入汉字的。这种方法简单易学，但是由于汉字同音字太多，输入后一般要进行选择，输入速度较慢。智能 ABC 输入法就是拼音编码，其他常用的拼音编码还有清华紫光、微软拼音、搜狗拼音等。对拼音编码的改进主要围绕在降低重码率上，目前拼音编码的效率不断提高，成了汉字输入码的主要选择。

（3）字形编码

字形编码是以汉字的形状确定的编码。汉字都有一定的偏旁和部首，字形编码将这些偏

第 2 章 数制与信息编码

旁部首用字母或数字进行编码。字形编码的重码率低，输入速度快，但是要熟记偏旁部首的编码，还要合理地将汉字拆分为一定的偏旁部首，所以字形码比较难学。典型的字形编码是五笔字型。早期，拼音编码重码率高的时候，拼音编码的效率远远低于字形编码，而今随着拼音编码效率的提高，需要大量记忆和拆分技巧的字形编码逐渐失去了用户。

（4）语音和图像识别技术

随着语音和图像识别技术的发展，通过语音和图像识别技术输入汉字已经实现。这种方式更直接、自然，但是准确度有待提高是这种输入方式的主要问题。目前已经有多种语音识别系统和多种手写体、印刷体的汉字识别系统面世，相信随着技术的发展还有更完美的产品推出。

4. 输出码（字形码）

国标码和机内码解决的是汉字在计算机内部的表示和存储问题，输入码解决的是如何通过输入设备输入汉字的问题。无论输入码，还是国标码、机内码都不适合作为汉字的输出。汉字输出是给人观看的，我们无法想象如果输出的都是拼音，或者输出的都是二进制表示的机内码是怎样的景象，人们无法阅读这样的输出结果。因此，还需要设置输出码，以符合人自然阅读的方式作为汉字的输出。由于汉字是方块字，因此为每个汉字设置了字形码，记录每个汉字的字形，用作输出之用。

汉字的字形码是汉字字库中存储的汉字字形的数字化信息，用于汉字的显示和打印。汉字字库是汉字字形库的简称，是汉字字形数字化后以二进制文件形式存储在存储器而形成的汉字字形库。汉字字形库可以用点阵或矢量来表示，目前大多采用点阵方式。例如，汉字"大"的字形码如图 2-10 所示。

字形点阵主要有 16×16 点阵、24×24 点阵、32×32 点阵、48×48 点阵、128×128 点阵及 256×256 点阵等。点阵数越大，字形质量越高。但因点阵中每个点的信息要用 1 位二进制位来表示，所以，随着点阵数的增大，字形码占用的字节数也相应增大。例如，16×16 点阵的字形码，每个汉字占用的存储空间为 32B（16×16/8=32B）；而 24×24 点阵的字形码则需要 72B（24×24/8=72B）存储空间。

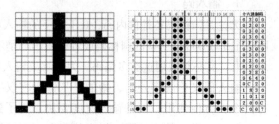

图 2-10　汉字"大"的 24×24 字形点阵

5. 地址码

汉字在计算机内部是以机内码的形式存放的，但是输出时却需要输出字形码，那么如何通过机内码找到字形码呢？这就需要地址码。

地址码是指汉字库中存储汉字字形信息的逻辑地址码。它与机内码有着简单的对应关系，以简化内码到地址码的转换。

综上所述，汉字的输入、处理和输出是个非常复杂的过程，涉及多种编码，整个过程如图 2-11 所示。首先，借助于输入码输入汉字；在机器内部，将输入码转换成相应的机内码进行存储；输出时，根据机内码计算出地址码，然后根据地址码，取出字形码，再输出到输出设备上（显示器或者打印机等）。

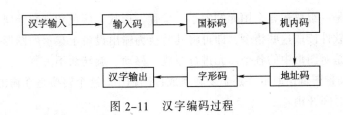

图 2-11　汉字编码过程

2.3.3　图形与图像的编码

图形图像的编码有两种方式：位图和矢量图。

1. 位图编码原理

位图编码是指将整副图像分解为若干点，称为像素（Pixel），记录每个像素点的颜色值，就等于保存了整副图像，如图 2-12 所示。可以想象一下十字绣或者夜晚彩色的霓虹灯做出的图案，这就是位图的编码原理。由于位图是由若干像素点构成的二维阵列，因此，位图也称点阵图。这样位图的编码就转变为每个像素点颜色的表示。

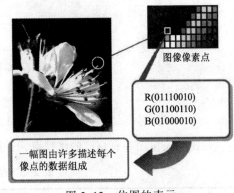

图 2-12　位图的表示

根据非数值数据编码原理，首先需要统计共有多少种颜色需要表示，假设共有 N 种颜色，则需要 $\log_2 N$ 个二进制位。例如要表示 256 种颜色，那么每个像素点需要 $\log_2 256 = 8$ 个二进制位，即一个字节。目前，常用的颜色编码方式有 1 位、8 位 16 位、24 位、32 位等。表示每种颜色需要的二进制的位数，称为颜色深度。显然颜色深度越大，颜色越丰富，图像越逼真，但同时也意味着需要更多的存储空间。位图文件还有一些术语：图像大小、分辨率等。

图像大小是指一幅图像包含的像素点的规模，用两个维度衡量：行和列。例如，一幅图像的分辨率为 1 024×768 像素，那么意味着有 768 行，每行有 1 024 个像素。这幅图像共有 1 024×768 个像素点。如果颜色深度为 32 位（4B），那么存储这样一幅图像就需要 1 024×768×4B = 3 MB。显然图像大小和颜色深度决定着图像文件的大小。

图像大小有时也会用物理单位进行表示，比如英寸、厘米等。那么此时图像文件的大小则不仅和图像大小有关，还和另一个术语"图像分辨率"有关。

图像分辨率是指每个单位距离上有多少个像素点，常用 PPI(Pixel/Inch)。显然图像分辨率越高，图像越逼真，但是也同时意味着需要更多的存储空间。

原始状态下的位图对存储空间的需求是很惊人的。为了解决这个问题，又诞生了很多图像的压缩算法。比如，通常看到的图像文件以 jpg 文件居多，jpg 其实是一系列压缩算法，它在保持逼真度和压缩比方面具有较高的性价比，是比较常用的一种压缩算法。图像压缩算法有很多种，因此图像文件的格式也非常丰富，具体请参见第 6 章。

2. 矢量图编码原理

矢量图编码是指以记录图形的外部轮廓的方式对图形进行编码，如图 2-13 所示。矢量图文件中存储的是一组描述各个图元的大小、位置、形状、颜色和维数等属性的指令集合，通过相应的绘图软件读取这些指令，即可将其转换为输出设备上显示的图形。因此，矢量图文件的最大优点是对图形中的各个图元进行缩放、移动、旋转而不失真，而且它占用的存储空间小。但是，矢量图输出时最终还是要转换成位图输出，这个转换是在输出时实时计算的，因此需要一定的时间开销。

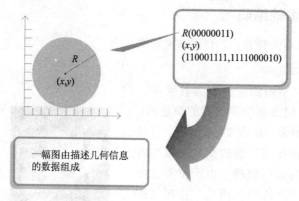

图 2-13　矢量图的表示

位图、矢量图各有自己的优缺点，适用于不同的场合，具体如表 2-3 所示。

表 2-3　位图和矢量图的比较

位　　图	矢　量　图
记录每个像素点，逼真度高	只抽象出轮廓特征，逼真度低
可以表示任意形状的图像	只适合于表示形状比较简单的图像
直接输出，效率高	输出时，首先经过计算再输出，因此效率低
需要存储每个像素点信息，需要较高的存储空间	无须保存每个像素点信息，存储空间要求低
当放大到一定程度时，像素点也会变大，会出现锯齿，影响视觉效果	无论放大还是缩小，都是实时计算再输出，不会出现锯齿效果

2.3.4　数字音频编码

前面无论数值、还是西文字符、汉字、图像都是看得见的，很容易理解这些数据的编码原理。那么声音又是如何存到计算机中，如何通过扬声器（俗称音箱）输出的呢？

声音本质上是一种波，是模拟数据、连续数据。而计算机中存储的不是 0 就是 1，不存在介于 0 和 1 之间的状态，是离散的数据。所以，将声音数据保存到计算机中，需要经过一个模拟数据至离散数据（也称数字数据）的转换。

声音来自机械振动，并通过周围的弹性介质以波的形式向周围传播。最简单的声音表现为正弦波。表述一个正弦波需要 3 个参数：

① 频率——振动的快慢，它决定声音的高低。人耳能听到的范围为 20 Hz ~ 20 kHz。

② 振幅——振动的大小，决定声音的强弱。振幅越大，声音越强，传播越远。

③ 相位——振动开始的时间。一个正弦波相位不能对听觉产生影响。

复杂的声波由许多具有不同振幅和频率、
相位的正弦波组成。声波具有周期性和一定的
幅度，波形中两个相邻的波峰（或波谷）之间
的距离称为振动周期，波形相对基线的最大位
移称为振幅。周期性表现为频率，控制音调的
高低。频率越高，声音就越尖，反之就越沉。
幅度控制的就是声音的音量，幅度越大，声音

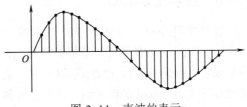

图 2-14　声波的表示

越响，反之就越弱。声波在时间上和幅度上都是连续变化的模拟信号，可以用模拟波形来表
示，如图 2-14 所示。

对声音波形信息数字化的方法就是对声音信号采样、量化和编码，其过程如图 2-15
所示。

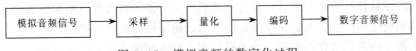

图 2-15　模拟音频的数字化过程

声音波形信息采样是每隔一定时间间隔对模拟波形取一个幅度值，把时间上的连续信号
变成时间上的离散信号。该时间间隔为采样周期，其倒数为采样频率。采样频率即每秒的采
样次数。采样频率越高，数字化的音频质量越高，但数据量也越大。根据 Harry Nyquist 采样
定律，采样频率高于输入的声音信号中最高频率的两倍就可以从采样中恢复原始波形。这就
是在实际采样中采取 40.1 kHz 作为高质量声音的采样标准的原因。

声音波形信息量化是将每个采样点得到
的幅度值以数字存储。量化位数（采样精度）
表示存放采样点振幅的二进制位数，它决定了
模拟信号数字化以后的动态范围。例如，采用
3 位二进制进行量化编码，如表 2-4 所示。一
般来讲，量化位数越多，采样精度越高，音质
越细腻，但信息的存储量也越大。量化位数主
要有 8 位和 16 位两种。8 位的声音从最低到
最高只有 2^8（即 256 个）级别，16 位声音有 2^{16}
（即 65 536 个）级别。专业级别使用 24 位甚至
32 位。

表 2-4　声音采样点的量化和编码

电压范围/V	量化（十进制）	编码（二进制）
0.5 ~ 0.7	3	011
0.3 ~ 0.5	2	010
0.1 ~ 0.3	1	001
−0.1 ~ 0.1	0	000
−0.3 ~ −0.1	−1	111
−0.5 ~ −0.3	−2	110
−0.7 ~ −0.5	−3	101
−0.9 ~ −0.7	−4	100

声音波形信息编码是将采样和量化后的
数字数据以一定的格式记录下来，主要解决
数据表示的有效性问题，如图 2-16 所示。但
是，原始编码的音频文件也会非常大，所以，
通常都需要经过压缩算法进行处理。常见的
压缩算法是 MP3，具体音频的压缩算法详见
第 6 章。

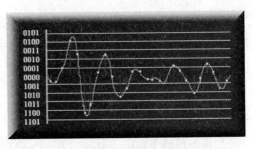

图 2-16　数字化编码后的音频

2.3.5 数字视频编码

视频文件是由一系列的静态图像按一定的顺序排列组成的，每一幅图像画面称为帧（Frame）。电影、电视通过快速播放每帧画面，再加上人眼的视觉滞留效应便产生了连续运动的效果。当帧速率达到 12 帧/秒以上时，就可以产生连续的视频显示效果。如果再把音频信号也加进来，便可以实现视频、音频信号的同时播放。数字视频也存在数据量大的问题，为存储和传递数字视频信号带来了一些困难。所以，视频信息编码本质上是图像编码和音频编码，但是由于帧数非常多，因此视频信息编码后的数据量更是惊人，不经压缩几乎无法存储。常用的视频压缩算法是 MPEG，有关视频压缩算法详见第 6 章。

2.4　物联网信息编码

互联网的迅猛普及使得几乎每一台计算机都连为一体，数据的共享和传输极大方便。计算机和互联网提供的便利让人们又生出新的需求，除了计算机可以联网，其他物品是否也可以呢？如果每个物品也给它一个唯一的编码，那么只需要用可以读取这个编码的设备一扫描就可以获得这个物品的一切信息，这个设想称为"物联网"。目前物联网已经实现了，在物联网中为了给每种商品一个唯一的编码，又诞生了两种新的信息编码方法：一维条形码和二维条形码。

2.4.1　一维条形码

一维码条形码（1-Dimensional Bar Code）是指将宽度不等的若干个黑条和空白按照一定的编码规则排列，如图 2-17 所示。通常一个完整的条形码是由两侧的空白区、起始符、数据字符、校验符、终止符等组成。

一维条形码的种类很多，常见的有 20 多种，目前使用频率最高的几种一维条形码有 EAN、UPC 等。我国目前推行的是 EAN 条形码。

EAN 码符号有标准版（EAN-13）和缩短版（EAN-8）两种。标准版表示 13 位数字，又称为 EAN13 码，缩短版表示 8 位数字，又称 EAN8。两种条码的最后一位为校验位，由前面的 12 位或 7 位数字计算得出。EAN13 商品条码由左侧空白区、起始符、左侧数据符、中间分隔符、右侧数据符、校验符、终止符、右侧空白区及供识别的字符组成。EAN 码具有以下特性：

图 2-17　一维条形码

① 只能存储数字。

② 可双向扫描处理，即条码可由左至右或由右至左扫描。

③ 必须有一检查码，以防读取数据的错误情形发生，位于 EAN 码中的最右边处。

④ 具有左护线、中线及右护线，以分隔条码上的不同部分与截取适当的安全空间来处理。

⑤ 条码长度一定，较欠缺弹性，但通过适当的管道，可使其通用于世界各国或地区。

2.4.2　二维条形码

二维条形码（2-Dimensional Bar Code）是用某种特定的几何图形按一定规律在平面（二维方向上）分布的黑白相间的图形记录数据符号信息的，如图 2-18 所示。在代码编制上巧妙地利用构成计算机内部逻辑基础的"0"、"1"比特流的概念，使用若干个与二进制相对应的几何形体来表示文字数值信息，通过图像输入设备或光电扫描设备自动识读以实现信息自动处理。

二维条形码具备以下优点：

① 高密度编码，信息容量大。

② 编码范围广。

③ 容错能力强，具有纠错功能。

④ 译码可靠性高。

⑤ 可引入加密措施。

⑥ 成本低，易制作，持久耐用。

图 2-18　二维条形码

但同时也存在一些隐患，比如：扫描二维码有时候会刷出一条链接，提示下载软件，而有的软件可能藏有病毒。其中一部分病毒下载安装后会对手机、平板计算机造成影响；还有部分病毒则是犯罪分子伪装成应用的吸费木马，一旦下载就会导致手机自动发送信息并扣取大量话费。

小结

本章介绍了数制的基本概念；介绍了计算机领域中常用数制：二进制、八进制、十进制、十六进制；阐述了为什么计算机中采用二进制，而不是其他数制。在此基础上，讲解了各种类型数据（包括数值数据和非数值数据）的信息编码，即通过二进制表达各种数据，以能被计算机进行存储和处理。最后，讲解了物联网中常用的了一维条形码与二维条形码的编码原理。

习题

一、填空题

1. 十进制数 217 转换成二进制、八进制、十六进制数是_____、_____、_____。

2. 十进制数 127 转换成二进制、八进制、十六进制数是_____、_____、_____。

3. 分别写出 +127 和 -127 的原码、反码、补码_____、_____、_____、_____、_____、_____。

4. 存储 120 个 32×32 点阵的汉字需要_____存储空间。

5. 一幅 1 024×768 像素的图像，颜色深度为 8 位，请问存储该图像需要_____存储空间。

6. 汉字从输入到输出的编码有_____、_____、_____、_____。

二、简答题

1. 什么是数制？其本质特征有哪些？

2. 为什么计算机中要采用二进制？

3. 为什么需要补码？

4. 数值数据的编码原理是什么？

5. 非数值数据的编码原理是什么？

6. 物联网的信息编码有哪两种？

第③章

→ 计算机系统组成

"系统"一般是指由若干部分组成的、复杂的整体，计算机系统即是这样一个复杂的系统。当用户使用计算机的基本应用（如聊天、上网）时，在鼠标、键盘等输入设备，以及操作系统的帮助下，用户可以很便捷地使用计算机，感受不到其复杂性。

然而当用户需要使用计算机的高级应用时，了解它的组成就非常必要了。例如，想购买一台计算机时，面对众多的硬件参数该如何选择？每个参数的含义是什么？如何利用各种部件组装成一台完整的裸机？如何为裸机安装操作系统？操作系统的功能是什么？如何安装和卸载应用软件？如何通过操作系统的参数设置，提高计算机的性能？……本章将通过计算机工作原理、硬件组成、硬件组装步骤、软件构成、软件的安装和卸载，以及操作系统的概念与使用逐步了解计算机这个复杂的系统。

3.1 计算机系统概述

计算机系统包括硬件系统和软件系统两大部分。硬件是指组成计算机的各种物理设备，也就是人们能够看得见、摸得着的实际物理设备，它包括计算机的主机和外围设备，具体由五大功能部件组成，即运算器、控制器、存储器、输入设备和输出设备。软件指在计算机硬件设备上运行的各种程序、相关文档和数据的总称。计算机系统的整体结构如图 3-1 所示。

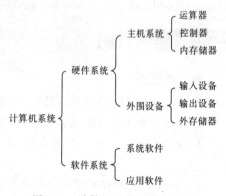

图 3-1　计算机系统的整体结构

3.1.1 冯·诺依曼原理

1945 年，著名的美籍匈牙利数学家冯·诺依曼（见图 3-2）在分析、总结莫奇力小组研制的 ENIAC 计算机的基础上，撰文提出了一个全新的存储程序的通用电子计算机 EDVAC（Electronic Discrete Variable Automatic Computer，离散变量自动电子计算机）的方案。依据这一方案设计出来的计算机称为冯·诺依曼体系计算机，70 多年来，计算机的这种体系结构一直都没有改变。方案中，他总结并提出了如下 3 点：

① 在计算机内部，程序和数据采用二进制代码表示。

② 把数据均以二进制编码形式存放到计算机的存储器中。

图 3-2　计算机之父
——冯·诺依曼

③ 计算机应具有运算器、控制器、存储器、输入设备和输出设备五大基本功能部件。

3.1.2 计算机五大功能部件

冯·诺依曼原理的提出，构成了现代计算机技术的基本雏形，迄今为止，计算机的基本组成仍然遵循以下原则，即五大组成部分。

1. 运算器

运算器又称算术逻辑单元（Arithmetic Logic Unit，ALU）。它是计算机对数据进行加工处理的部件，包括算术运算（加、减、乘、除等）和逻辑运算（与、或、非、异或、比较等）。

2. 控制器

控制器负责从存储器中取出指令，并对指令进行译码；根据指令的要求，按时间的先后顺序，负责向其他各部件发出控制信号，保证各部件协调一致地进行工作，一步一步地完成各种操作。控制器主要由指令寄存器、译码器、程序计数器、操作控制器等组成。

硬件系统的核心是中央处理器（Central Processing Unit，CPU）。它主要由控制器、运算器等组成，并采用大规模集成电路工艺制成的芯片，又称 CPU 芯片。

3. 存储器

存储器是计算机记忆或暂存数据的部件。计算机中的全部信息（包括原始的输入数据）、经过初步加工的中间数据以及最后处理完成的有用信息都存放在存储器中。而且，指挥计算机运行的各种程序，即规定对输入数据如何进行加工处理的一系列指令也都存放在存储器中。存储器分为内存储器（内存）和外存储器（外存）两种。内存储器中存放将要执行的指令和运算数据，容量较小，但存取速度快。外存容量大、成本低、存取速度慢，用于存放需要长期保存的程序和数据。当存放在外存中的程序和数据需要处理时，必须先将它们读到内存中，才能进行处理。

4. 输入设备

输入设备是给计算机输入信息的设备。它是重要的人机接口，负责将输入的信息（包括数据和指令）转换成计算机能识别的二进制代码，送入存储器保存。常用的输入设备有键盘、鼠标、扫描仪、磁盘驱动器和触摸屏等。

5. 输出设备

输出设备是输出计算机处理结果的设备。在大多数情况下，它将这些结果转换成便于人们识别的形式。常用的输出设备有显示器、打印机、绘图仪和磁盘驱动器等。

计算机这五大部分相互配合，协同工作。其简单的工作原理是，首先由输入设备接收外界信息（程序和数据），控制器发出指令将数据送入内存，然后向内存发出取指令命令。在取指令命令下，程序指令逐条送入控制器。控制器对指令进行译码，并根据指令的操作要求，向存储器和运算器发出存指令、取指令命令和运算命令，经过运算器计算并把计算结果存在存储器中。最后在控制器发出的取数和输出命令的作用下，通过输出设备输出计算结果。计算机工作原理如图3-3所示。

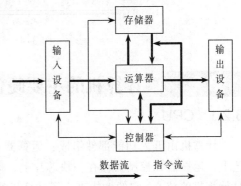

图 3-3 计算机五大部分协同工作原理

3.1.3 计算机总线结构

总线技术是目前计算机中广泛采用的技术。所谓总线就是系统部件之间传送信息的公共通道，各部件由总线连接并通过它传递数据和控制信号。

根据所连接部件的不同，总线可分为内部总线和系统总线。内部总线是同一部件内部的连接总线，如连接 CPU 的控制器、运算器和各寄存器之间的总线。系统总线是同一台计算机的各部件之间相互连接的总线，如连接 CPU、内存、I/O 接口之间的总线。系统总线从功能上又可分为数据总线、地址总线和控制总线。

1. 数据总线

数据总线用于传递数据。数据总线的传输方向是双向的，是 CPU 与存储器、CPU 与 I/O 接口之间的双向传输通道。数据总线的位数和 CPU 的位数是一致的，是衡量微型计算机运算能力的重要指标。

2. 地址总线

CPU 通过地址总线把地址信息送到其他部件，因而地址总线是单向的。地址总线的位数决定了 CPU 的寻址能力，也决定了微型机的最大内存容量。例如，16 位地址总线的寻址能力是 2^{16} B=64 KB，而 32 位地址总线的寻址能力是 4 GB。

3. 控制总线

控制总线是由 CPU 对外围芯片和 I/O 接口的控制以及这些接口芯片对 CPU 的应答、请求等信号组成的总线。控制总线是最复杂、最灵活、功能最强的一类总线，其方向也因控制信号不同而有所差别。例如，读写信号和中断响应信号由 CPU 传给存储器和 I/O 接口；中断请求和准备就绪信号由其他部件传输给 CPU。

计算机各类总线工作方式如图 3-4 所示。

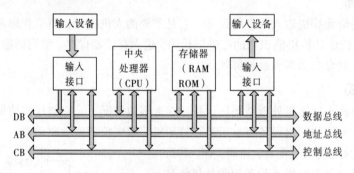

图 3-4　计算机总线结构图

3.2　计算机的主要硬件

3.2.1　CPU

计算机由五大功能部件组成：运算器、控制器、存储器、输入设备、输出设备。在工艺上，运算器和控制器做在一块芯片上，称为中央处理器（Central Process Unit，CPU），它是计算机的核心，它的性能决定了计算机的档次。在组装计算机时，首先面临的就是对 CPU

的选择。

1. CPU 简介

CPU 从雏形出现到发展壮大的今天，随着制造技术的发展，在其中所集成的电子元件也越来越多，上万个甚至是上百万个微型的晶体管构成了 CPU 的内部结构。那么这些晶体管是如何工作的呢？

CPU 的内部结构可分为控制单元、逻辑单元和存储单元三大部分。而 CPU 的工作原理就像一个工厂对产品的加工过程：进入工厂的原料（指令），经过物资分配部门（控制单元）的调度分配，被送往生产线（逻辑运算单元），生产出成品（处理后的数据）后，再存储在仓库（存储器）中，最后拿到市场上去卖（交由应用程序使用）。

2. CPU 的主要性能指标

CPU 的性能大致反映出了它所配置的计算机的性能，因此 CPU 的性能指标十分重要。CPU 主要的性能指标有以下几点：

（1）字长

字长是指计算机运算部件一次能同时处理的二进制数据的位数。字长越长，作为存储数据，计算机的运算精度就越高；作为存储指令，计算机的处理能力就越强。通常，字长总是 8 的整倍数，如 8 位、16 位、32 位、64 位等，如 Intel 486 计算机和 Pentium 4 计算机均属 32 位机。现如今，64 位的字长技术已经成为目前主流的一种 CPU 计算技术，它具有使计算机的计算能力倍增，支持可以满足任何应用的内存寻址能力。

（2）主频

CPU 的时钟频率是指 CPU 运行时的工作频率，又称为主频，单位为 Hz（赫兹）。通常主频越高，CPU 的运算速度越快，CPU 主频的高低主要取决于它的外频和倍频，它们的关系为：主频=外频×倍频。任意改变 CPU 的外频或倍频都会改变 CPU 的主频。

外频是指 CPU 的基准频率，代表 CPU 和计算机其他部件之间同步运行的速度，单位为 Hz（赫兹）。外频越高，CPU 的处理能力就越强。

倍频又叫倍频系数，是指 CPU 主频与外频之间的比值。从理论上讲，在外频不变的情况下，倍频越大，CPU 的实际频率就越高，运算速度也就越快。目前的 CPU 大都锁定了倍频，人们常说的"超频"主要就是通过修改外频来提高 CPU 的主频。

（3）多核心技术

2006 年开始，由于基于原有技术的 CPU 频率难于提升，性能没有质的飞跃，两大主要 CPU 生产厂商 Intel 公司和 AMD 公司相继推出了自己的多核心处理器。所谓多核心处理器，简单地说就是在一块 CPU 基板上集成多个处理器核心，并通过并行总线将各处理器核心连接起来。

目前，CPU 已经朝着多核心、高性能、低功耗方向发展，与单纯提升 CPU 频率相比，采用多核心技术的 CPU 更具优势。图 3-5 所示为 Intel 的六核心 CPU。

（4）前端总线频率

前端总线是 CPU 与主板北桥芯片或内存控制器之间的数据通道，也是 CPU 与外界进行交换数据的主要通道，它们之间的传输速度被称为前端总线频率，前端总线频率越大，CPU 与北桥芯片之间的数据传输能力越强。

（a）正面 （b）背面

图 3-5 Intel 公司的六核心 CPU——酷睿 i7 980X 的正面和背面

（5）高速缓存

CPU 的高速缓存（Cache）是内置在 CPU 中的一种临时存储器，读写速度比内存快，它为 CPU 和内存提供了一个高速数据缓冲区。

CPU 读取数据的顺序：先从缓存中寻找，找到后直接进行读取；如果未能找到，才从内存中进行读取。

CPU 的高速缓存一般包括一级缓存、二级缓存和三级缓存 3 种。一级缓存（L1 Cache）主要用于暂存操作指令和数据，它对 CPU 的性能影响较大，其容量越大，CPU 的性能也就越高。二级缓存（L2 Cache）主要用于存放那些 CPU 处理器一级缓存无法存储的临时数据，包括操作指令、程序数据和地址指针等。三级缓存（L3 Cache）主要是为读取二级缓存后未命中的数据设计的一种缓存。在拥有三级缓存的 CPU 中，只有约 5%的数据需要从内存中直接调用。不过随着内存延迟的降低，CPU 的执行效率大大提高。目前，只有高端 CPU 才有三级缓存。

3. 现代的 CPU

现代计算机世界中，Intel 和 AMD 是人们所熟知的两大 CPU 巨头，正因为他们的竞争，才使 CPU 技术发展得如此迅速。

Intel 公司是全球最大的半导体芯片制造商，成立于 1968 年，具有 40 年的产品创新和市场领导历史。自 1971 年推出全球第一个 CPU——Intel 4004 后，Intel 公司在 CPU 领域一直处于霸主地位，目前市场上主流的 PC 级 Intel CPU 包括 Celeron，Pentium、i3、i5、i7 系列等。

AMD 公司也是世界上最大的半导体制造商之一，该公司在 CPU 市场中的占有率仅次于 Intel 公司，其产品以高性价比著称。目前，市场上主流的 AMD CPU 包括 A10、A8、A6、A4、Athlon II、Phenom II。

两者相比，Intel 的优势是性能和稳定性，而价格低、性价比高则是 AMD 的优势。在商业和办公领域 Intel 占统治地位，而家用 PC 两者不分伯仲。因此，装机时，CPU 的选择即决定了平台的走向。选择 CPU 之前要先结合预算明确自己的应用，着重了解一下所看好 CPU 的性能、潜能、功耗和发热情况，满足自身应用应放在 CPU 选择的首位。

3.2.2 内存储器

存储器是计算机五大功能部件之三，包括内存储器和外存储器两部分，分别简称为内存和外存。所谓内、外，主要是根据 CPU 是否可以直接访问为依据进行划分的。CPU 可以直接访问的称为内存；CPU 不可以直接访问的称为外存。内存、外存的对比如图 3-6 所示。

内存是计算机中最重要的配置之一，内存的容量及性能是影响整台计算机性能最重要的因素之一。

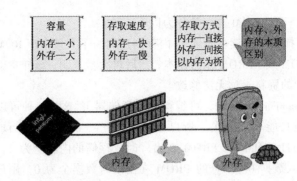

图 3-6　内存与外存的比较

1. 内存的概念

内存又称主存，从功能上理解，可以将内存看成是内存控制器（一般位于北桥芯片中）与 CPU 之间的桥梁，其特点是存取速度快、存储容量较小，主要存放当前工作中正在运行的程序和数据，并直接与 CPU 交换信息。内存储器由许多存储单元组成，每个存储单元能存放一个二进制数，或由二进制编码表示的指令。内存储器按工作方式的不同，可以分为随机存储器（Random Access Memory，RAM）和只读存储器（Read Only Memory，ROM）。

RAM 是可读/写的寄存器，在计算机断电后，RAM 中的信息将丢失。RAM 又分为静态 RAM 和动态 RAM。静态 RAM 的特点是只要存储单元上加有工作电压，其上面存储的信息就会保持。动态 RAM 是利用 MOS 管极间电容保存信息，随着电容的漏电，信息将会逐渐丢失。因此为了补偿信息的丢失，每隔一定时间需要对存储单元进行信息刷新。

根据组成元件的不同，RAM 内存又分为以下几种：

① DRAM（Dynamic RAM，动态随机存储器）：这是最普通的 RAM，一个电子管与一个电容器组成一个位存储单元，DRAM 将每个内存位作为一个电荷保存在位存储单元中，用电容的充放电来做存储动作，但因电容本身有漏电问题，因此必须每几微秒就要刷新一次，否则数据会丢失。存取时间和放电时间一致，为 2～4 ms。因为成本比较便宜，通常都用作计算机内的主存储器。

② SRAM（Static RAM，静态随机存储器）：静态指的是内存中的数据可以长驻其中而不需要随时进行存取。每 6 个电子管组成一个位存储单元，因为没有电容器，因此无须不断充电即可正常运作，因此它可以比一般的动态随机处理内存的处理速度更快更稳定，往往用来做高速缓存。

③ SDRAM（Synchronous DRAM，同步动态随机存储器）：这是一种与 CPU 实现外频 Clock 同步的内存模式，一般都采用 168 Pin 的内存模组，工作电压为 3.3 V。所谓 Clock 同步是指内存能够与 CPU 同步存取资料，这样可以取消等待周期，减少数据传输的延迟，因此可提升计算机的性能和效率。

④ DDR（Double Data Rate，二倍速率同步动态随机存储器）：作为 SDRAM 的换代产品，它具有两大特点：其一，速度比 SDRAM 有一倍的提高；其二，采用了 DLL（Delay Locked Loop，延时锁定回路）提供一个数据滤波信号。这是目前内存市场上的主流模式。

ROM 是一种内容只能读出，不能写入和修改的存储器。其存储的信息一旦被写入就固定不变，具有永久保存的特点。因此在计算机中，ROM 一般用于存放基本的输入/输出控制程序，即 BIOS、自检程序等。

第 3 章 计算机系统组成

根据组成元件的不同，ROM 内存又分为以下 5 种：

① MASK ROM（掩模型只读存储器）：内存制造商为了大量生产 ROM 内存，需要先制作一个有原始数据的 ROM 或 EPROM 作为样本，然后再大量复制，该样本就是 MASK ROM，而刻录在 MASK ROM 中的资料永远无法修改。

② PROM（Programmable ROM，可编程只读存储器）：这是一种可以用刻录机将资料写入的 ROM 内存，但只能写入一次，所以也被称为"一次可编程只读存储器（One Time Programming ROM，OTP-ROM）"。PROM 在出厂时，存储的内容全为 1，用户可以根据需要将其中的某些单元写入数据 0（部分的 PROM 在出厂时数据全为 0，用户可以将其中的部分单元写入 1），以实现对其"编程"的目的。

③ EPROM（Erasable Programmable，可擦可编程只读存储器）：这是一种具有可擦除功能，擦除后即可进行再编程的 ROM 内存，写入前必须先把其中的内容用紫外线照射其 IC 卡上的透明视窗的方式来清除掉。这一类芯片比较容易识别，其封装中包含"石英玻璃窗"，一个编程后的 EPROM 芯片的"石英玻璃窗"一般使用黑色不干胶纸盖住，以防止遭到阳光直射。

④ EEPROM（Electrically Erasable Programmable，电可擦可编程只读存储器）：功能和使用方式与 EPROM 一样，不同之处是清除数据的方式，它是以约 20 V 的电压来进行清除的。另外，它还可以用电信号进行数据写入。这类 ROM 内存多应用于即插即用接口中。

⑤ Flash Memory（快闪存储器）：这是一种可以直接在主机板上修改内容而不需要将 IC 拔下的内存，当电源关掉后存储在其中的资料并不会丢掉，在写入资料时必须先将原本的资料清除，然后才能再写入新的资料，缺点为写入资料的速度慢。

2. 内存的主要性能指标

（1）内存容量

内存容量是指该内存的存储容量，是内存的关键性参数。内存容量以兆字节或吉字节作为单位。内存的容量一般都是 2 的整次方，如 512 MB、1 GB、2 GB、4 GB、8 GB 等，一般而言，内存容量越大越有利于系统的运行。

系统对内存的识别以 B（字节）为单位，每个字节由 8 位二进制数组成，即 8 bit。按照计算机的二进制方式，1 B=8 bit；1 KB=1 024 B；1 MB=1 024 KB；1 GB=1 024 MB；1 TB=1 024 GB。

系统中内存的数量等于插在主板内存插槽上所有内存条容量的总和，内存容量的上限一般由主板芯片组和内存插槽决定。不同主板芯片组可以支持的容量不同，比如 Intel 的 810 和 815 系列芯片组最高支持 512 MB 内存，多余的部分无法识别。目前，多数芯片组可以支持到 16 GB 以上的内存。

（2）内存的数据带宽

内存的数据宽度是指内存同时传送数据的位数，单位为 bit（位），通常是一定值。目前，主流内存的数据宽度均为 64 位，早期的内存有 8 位或 32 位。从理论上看，数据带宽越大，内存的传输速率越快。

3. 奇偶校验

为检验存取数据是否准确无误，内存中每 8 位容量配备 1 位作为奇偶校验位，并配合主板的奇偶校验电路对存取的数据进行正确校验。不过，在实际使用中有无奇偶校验位，对系统性能并没有什么影响，所以目前大多数内存上已不再加装校验芯片。

4. 现代内存技术

在组成计算机的各个部件中，内存是技术更新最快、价格波动最大的一款硬件，从开始的 SDRM 到 DDR1、DDR2、DDR3，到现在的 DDR4。

DDR2 可以看成是 DDR 技术标准的一种升级和扩展。DDR 的核心频率与时钟频率相等，但数据频率为时钟频率的两倍，也就是在一个时钟周期内必须传送两次数据。DDR2 采用"4 位预取"机制，核心频率仅为时钟频率的一半，时钟频率为数据频率的一半，即核心频率还在 200 MHz，DDR2 内存的数据频率也能达到 800 MHz，也就是所谓的 DDR 800。

由于 DDR2 内存也存在各种不足，制约了其进一步的广泛应用。这时，DDR3 的出现解决了 DDR2 内存存在的问题，具有更高的外部数据传输速率、更先进的地址/命令与控制总线的拓扑架构，并在保证性能的同时将功耗进一步降低。图 3-7 所示为金士顿内存外观。

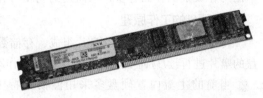

图 3-7　金士顿 DDR3 1333 内存

5. DDR2 和 DDR3 的比较

第一代 DDR 很难通过常规办法提高内存的工作速度。随着 Intel 最新处理器技术的发展，前端总线对内存带宽的要求越来越高，拥有更高、更稳定的运行频率的 DDR2 将是大势所趋，DDR3 内存的出现，又解决了 DDR2 内存存在的问题。

3.2.3　外存储器——硬盘

硬盘是计算机主要的存储媒介，作为外存储器的一种。与内存储器相比，外部存储器的特点是存储量大、价格较低，而且在断电的情况下也可以长期保存信息，所以又称为永久性存储器。

1. 计算机的三级存储体系

在计算机世界中，辩证法一直存在。就内存和外存而言，前者速度快但容量小，而后者容量大但速度慢。而人们的期望是速度快，且容量大，但无论哪种材料都无法做到速度与容量兼顾。

同样问题存在于 CPU 与内存之间。随着 CPU 制作工艺的进步，CPU 的运算速度有了大幅度提高，但与此同时，内存的速度虽有提高，却远远落后于 CPU 的速度，导致 CPU 的大量时间处于空置状态。如何弥补 CPU 和内存之间的速度差异呢？

为了解决上面两组矛盾，在计算机中采取了由 Cache、内存、外存三级存储设备构成的存储体系，以期使得 CPU 和内存速度能匹配，同时在存储器上获得高速度与高容量的双重目标。三级存储体系如图 3-8 所示。

为了能匹配 CPU 的速度，在 CPU 中引入了存取速度非常快的 Cache。计算机根据

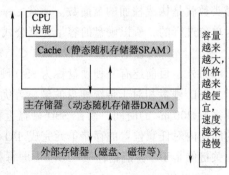

图 3-8　三级存储体系结构

预测算法，会提前将一部分数据和程序从内存调入 Cache。当 CPU 工作时，如果需要的数据和程序在 Cache 中，则从 Cache 中直接取用；若不在 Cache 中，则要向内存发出指令，读取数据。这样 CPU 大部分时间是从 Cache 读取数据，从而解决了 CPU 与内存速度不匹配的问题。

相对而言，Cache 的速度比内存要快很多，但同时容量也小很多，因此能调入 Cache 的数据量非常有限。所以，Cache 与内存中的数据不断地要进行调入、调出的工作，这要依赖于一个好的预测算法。一个好的预测算法要保证大部分需要运行的数据和程序都能提前调入 Cache 中。

同样的道理适用于内存和外存。三级存储体系的构建使得 CPU 能以 Cache 的存取速度，享用外存级别的存储容量，从而达到速度与容量的统一。

2. 硬盘的工作原理

传统硬盘由一组重叠的盘片组成，存储数据是通过一种称为磁盘驱动器的机械装置对磁盘的盘片进行读/写而实现的。存储数据叫作写磁盘，取数据叫作读磁盘。

当前的主流内置硬盘多采用温彻斯特（Winchester）架构，由头盘组件（Head Disk Assembly，HDA）与印制电路板组件（Print Circuit Board Assembly，PCBA）组成。温氏硬盘是一种可移动头固定盘片的磁盘存储器，其盘片及磁头均密封在金属盒中，构成一体，不可拆卸，金属盒内是高纯度气体。硬盘工作期间，磁头悬浮在盘片上面，这个悬浮是靠一个飞机头来保持平衡的。飞机头与盘片保持一个适当的角度，高速旋转的时候，用气体的托力，就像飞机飞行在大气中一样，而磁头与盘片的距离一般在 0.15 μm 左右。

硬盘的磁盘驱动器和盘片都是固定在机箱内的，外面是看不到的，它的存储容量很大，计算机硬盘的技术发展也非常快，若干年前硬盘容量还多为几十兆字节、几百兆字节，现在机器配的硬盘容量一般都是上千吉字节，而 1 024 GB 即 1 TB，因此，现代硬盘容量几乎都以 TB 为单位。图 3-9 所示为一个 2 TB 的硬盘。在计算机系统中，硬盘驱动器的符号用一个英文字母表示，也称为盘符，如果只有一个硬盘，一般称为 C 盘，或者将一个硬盘分成两个逻辑区域，称为 C 盘和 D 盘。

3. 硬盘的容量

为了能在盘面的指定区域读/写数据，必须将每个磁盘面划分为数目相等的同心圆，称为磁道，每个磁道又等分成若干个弧段，称为扇区（Sector）。磁道按径向从外向内，依次从 0 开始编号，盘片组中相同编号的磁道形成了一个假想的圆柱，成为硬盘的柱面（Cylinder）。显然，柱面数等于盘面上的磁道数。每个盘面有一个径向可移动的读/写磁头（Head），自然，磁头数就是构成柱面的盘面数。通常，一个扇区的容量为 512 B。与主机交换信息是以扇区为单位进行的，所以硬盘的容量计算公式是：

$$硬盘的容量 = 柱面数（C） \times 磁头数（H） \times 扇区数（S） \times 512 \text{ B}$$

另外，目前还有一种硬盘称为 SSD 硬盘，即固态硬盘（Solid State Disk），如图 3-10 所示。SSD 硬盘相对于传统硬盘的最显著优势就是速度，例如，一个 15 000 r/min 的硬盘转一圈需要 200 ms 的时间，而在 SSD 硬盘上由于数据是存放在半导体内存上，能够在低于 1 ms 的时间内对任意位置的存储单元完成 I/O（输入/输出）操作，因此在对许多应用程序来说最为关键的是 I/O 性能指标——IOPS（即每秒多少次 I/O 动作），SSD 硬盘可以达到传统硬盘的 50 ~ 1 000 倍。

采用 Flash 内存的 SSD 硬盘具备相当高的数据安全性，并且在噪声、便携性等方面都有硬盘所无法媲美的优势，在航空航天、军事、金融、电信、电子商务等部门中都有广泛的应用。

（a）正面　　　　　　　　　（b）背面

图 3-9　西部数据 2TB 硬盘 WD20EARS 正反面　　　图 3-10　三星固态 SSD 硬盘

4. 硬盘的接口

硬盘接口是硬盘与主机系统间的连接部件，作用是在硬盘缓存和主机内存之间传输数据。不同的硬盘接口决定着硬盘与计算机之间的连接速度，在整个系统中，硬盘接口的优劣直接影响着程序运行快慢和系统性能的好坏。常见的硬盘接口有以下几种：

① SCSI 接口。SCSI 的英文全称为 Small Computer System Interface，它并不是专门为硬盘设计的接口，是一种广泛应用于小型机上的高速数据传输技术。SCSI 接口具有应用范围广、多任务、带宽大、CPU 占用率低以及热插拔等优点，但价格较高，因此 SCSI 硬盘主要应用于中、高端服务器和高档工作站中，如图 3-11 所示。

② SATA 接口。它是目前主流的硬盘接口技术，使用 SATA 接口的硬盘又叫串口硬盘。SATA 总线与以往相比，最大的区别在于能对传输指令进行检查，发现错误会自动矫正，这在很大程度上提高了数据传输的可靠性。另外，串行接口还具有结构简单、支持热插拔的优点，如图 3-12 所示。

图 3-11　硬盘的 SCSI 接口　　　　　　　图 3-12　硬盘的 SATA 接口

5. 硬盘的主要性能指标

（1）硬盘的转速

硬盘转速是指硬盘主轴电动机的转动速度，一般以每分钟多少转来表示（r/min），硬盘的主轴电动机带动盘片高速旋转，产生浮力使磁头飘浮在盘片上方。要将所要存取资料的扇区带到磁头下方，转速越快，等待时间也就越短。随着硬盘容量的不断增大，硬盘的转速也在不断提高。然而，转速的提高也带来了磨损加剧、温度升高、噪声增大等一系列负面影响。

（2）硬盘的数据传输速率

数据传输速率包括外部数据传输速率（External Transfer Rate，又称突发传输速率）和内

部数据传输速率（Internal Transfer Rate）两种，人们常说的 ATA 100 中的 100 就代表着这块硬盘的外部数据传输速率理论值是 100 MB/s，指的是计算机通过数据总线从硬盘内部缓存区中所读取数据的最高速率。而内部数据传输速率可能并不被大家所熟知，但它才是一块硬盘性能好坏的重要指标，它指的是磁头至硬盘缓存间的数据传输速率。

（3）硬盘缓存

缓存是硬盘与外部总线交换数据的场所。硬盘读数据的过程是将要读取的资料存入缓存，等缓存中填充满数据或者要读取的数据全部读完后再从缓存中以外部数据传输速率传向硬盘外的数据总线。可以说它起到了内部和外部数据传输的平衡作用。可见，缓存的作用是相当重要的。目前主流硬盘的缓存主要有 32 MB 和 64 MB 两种。

（4）平均寻道时间

平均寻道时间指的是从硬盘接到相应指令开始到磁头移到指定磁道为止所用的平均时间。单位为毫秒（ms），这是硬盘一个非常重要的指标。

（5）质保

硬盘是存储数据的地方，同时它也是一个比较脆弱的硬件，损坏之后恢复数据相当麻烦，因此购买时最好选择一些知名度较高的品牌，如希捷、西部数据等。

3.2.4 输入设备

常见输入设备有鼠标和键盘。

1. 键盘

键盘是用户接触最多的计算机硬件，通常计算机用户大多只注重其外观和手感，但除此之外，选购键盘时还应注意键盘的接口、做工等要素。

键盘的接口类型是指键盘与计算机主机之间相连接的接口方式或类型。目前市面上常见的键盘接口有 PS/2 接口和 USB 接口两种。PS/2 接口最早出现在 IBM 的 PS/2 的机器上，因而得此名称。这是一种鼠标和键盘的专用接口，是一种 6 针的圆形接口。USB 接口有支持热插拔、即插即用的优点，所以 USB 接口已经成为目前最主要的接口方式。

2. 鼠标

鼠标是广大计算机用户的好助手，特别是对进行图像处理的用户来说，选择一个好的鼠标非常重要。

根据工作原理的不同，鼠标主要有机械式鼠标和光电式鼠标两种，不过随着技术的发展，机械式鼠标已经被光电式鼠标淘汰，这里主要介绍光电式鼠标。图 3-13 所示为 Razer Imperator 3D 鼠标各个功能键介绍。

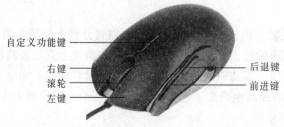

自定义功能键

右键
滚轮
左键

后退键
前进键

图 3-13 光电式 3D 鼠标功能键介绍

在选择光电式鼠标时，应注意以下几点：

① 鼠标的功能。鼠标的功能主要取决于所带滚轮的个数。如果经常绘制大量图画，而显示屏又无法显示整张图画时，应选择带有两个滚轮的 4D 鼠标；如果只是阅读长文档或是上网浏览网页，选择一个滚轮的或 3D 鼠标就可以了。

② 鼠标分辨率。鼠标分辨率是鼠标每移动 1 英寸，光标在屏幕上移动的像素距离，单位为 dpi。分辨率越高，在一定的距离内可获得的定位点越多，鼠标将更能精确地捕捉到用户的微小移动，尤其有利于精准定位；另一方面，分辨率越高，鼠标在移动相同物理距离的情况下，鼠标指针移动的逻辑距离会越远。目前主流鼠标分辨率为 800 dpi，有些产品可达 2 000 dpi。

③ 鼠标的按键点按次数。按键点按次数是衡量鼠标质量好坏的一个指标，优质的鼠标内每个微动开关的正常寿命都不少于 10 万次的点击，而且手感适中。质量差的鼠标在使用不久后就会出现各种问题，如出现单击鼠标变成双击、点击鼠标无反应等情况。如果鼠标按键不灵敏，会给操作带来麻烦。

④ 鼠标的接口类型。鼠标采用的接口与键盘采用的接口相同，主要包括 PS/2 接口、USB 接口和蓝牙接口 3 种，目前以 USB 接口为主。

3. 其他输入设备

常见输入设备除鼠标、键盘外，还有诸如文字输入设备，如磁卡阅读机、条形码阅读机、纸带阅读机、卡片阅读机等；图形输入设备，如光笔、数字化仪、触摸屏等；图像输入设备，如扫描仪、数字照相机、摄像头等，如图 3–14 所示。

（a）激光扫码器　　　（b）扫描仪　　　（c）触摸屏　　　（d）数码照相机　　　（e）摄像头

图 3–14　各种输入设备

3.2.5　输出设备

显示器是计算机最基本的输出设备，计算机中的数据经过处理后需要在显示器中显示，用户才能查看结果。

1. 显示器的分类

从早期的黑白世界到现在的色彩世界，显示器走过了漫长而艰辛的历程，随着显示器技术的不断发展，显示器的分类也越来越明细。

（1）CRT 显示器

CRT 显示器（见图 3–15）是一种使用阴极射线管（Cathode Ray Tube）的显示器，它主要由电子枪（Electron gun）、偏转线圈（Deflection coils）、荫罩（Shadow mask）、高压石墨电极和荧光粉涂层（Phosphor）和玻璃外壳组成。

（2）LCD 液晶显示器

LCD（Liquid Crystal Display）显示器又称液晶显示器，它是一种采用了液晶控制透光度技术来实现色彩的显示器。和 CRT 显示器相比，LCD 的优点是很明显的。由于通过控制是否透光来控制亮和暗，当色彩不变时，液晶也保持不变，这样就无须考虑刷新率的问题。对于画面稳定、无闪烁感的液晶显示器，刷新率不高但图像很稳定。LCD 显示器还通过液晶控制透光度的技术原理让底板整体发光，所以它做到了真正的完全平面。一些高档的数字 LCD 显示器采用了数字方式传输数据、显示图像，这样就不会产生由于显卡造成的色彩偏差或损失。LCD 完全没有辐射，即使长时间观看 LCD 显示器屏幕也不会对眼睛造成很大的伤害，如图 3-16 所示。

图 3-15　21 英寸纯屏 CRT 显示器

图 3-16　19 英寸 LCD 液晶显示器

（3）多媒体显示器

随着信息产业的飞速发展和 PC 的迅速普及，传统家电产业正与计算机信息产业互相渗透和融合。家庭需要一种即能观赏电视节目，又能满足各种 PC 显示的设备，现国内有许多家电厂商进军 IT 业，他们在掌握了家电生产技术之后将其融进显示器生产领域，多媒体显示器就应运而生了。最先推出这一产品的是西湖电子集团，它在彩显上配置了一台电视转换接收器，既可看电视听广播，又可接 DVD。

（4）投影机

LCD 投影机是液晶显示技术与投影技术相结合的产物，它利用液晶的电光效应，用液晶板作为光的控制层来实现投影。液晶的种类很多，不同的液晶，其分子排列顺序也不同，有些液晶在不加电场时是透明的，加了电场后就变得不透明了，而有的则相反，而且透明的变化与所加电场有关，这就是电光效应。

（5）其他类型显示器

除前文介绍的几种主要类型的显示器外，随着彩显技术的发展，又出现了如等离子电浆显示器（PDP）、有机电发光显示器（DEL）等一些特殊的显示器，不过目前这些领域的生产技术还处于萌芽状态，这里不做详细介绍。

2. 显示器的性能指标

（1）分辨率

LCD 的分辨率与 CRT 显示器不同，一般不能任意调整，它是制造商所设置和规定的。分辨率是指屏幕上每行有多少像素点、每列有多少像素点，一般用矩阵行列式来表示，其中每个像素点都能被计算机单独访问。现在 LCD 的分辨率一般是 800×600 像素的 SVGA 显示模式和 1 024×768 像素的 XGA 显示模式。

（2）刷新率

LCD 刷新频率是指显示帧频，即每个像素为该频率所刷新的时间，与屏幕扫描速度及避免屏幕闪烁的能力相关。也就是说，刷新频率过低，可能出现屏幕图像闪烁或抖动的情况。

（3）防眩光防反射

防眩光防反射主要是为了减轻用户眼睛疲劳所增设的功能。由于 LCD 屏幕的物理结构特点，屏幕的前景反光、屏幕的背景光与漏光，以及像素自身的对比度和亮度都将对用户眼睛产生不同程度的反射和眩光。特别是视角改变时，表现更明显。

（4）亮度、对比度

LCD 液晶显示器的可接受亮度为 150 cd/m^2 以上，目前国内能见到的 LCD 液晶显示器亮度都在 200 cd/m^2 左右。

（5）响应时间

响应时间越小越好，它反映了液晶显示器各像素点对输入信号反应的速度，即像素点由暗转亮或由亮转暗的速度。响应时间越小，则使用者在看运动画面时不会出现尾影拖动的感觉。

常用的输出设备除了显示器外，还有打印机、音箱等提供输出结果的设备，如图 3–17 所示。

（a）激光打印机　　　　（b）绘图仪　　　　（c）音箱

图 3–17　各种输出设备

3.2.6　主板

计算机除了基本的五大功能部件外，还有一些比较重要的组成部件，如主板、显卡、机箱、电源、光驱等。

主板是计算机主机箱内最大的一块集成电路板，它负责将计算机五大功能部件有机地整合在一起，它的性能影响着整个计算机的性能。一块好的主板是 CPU、内存、硬盘等硬件可以高效工作的保证。

1. 主板的 ATX 结构

所谓主板结构就是根据主板上各元器件的布局排列方式、尺寸大小、形状、所使用的电源规格等制定出的通用标准，所有主板厂商都必须遵循。

ATX 是目前市场上最常见的主板结构，该结构规范是 Intel 公司提出的一种主板标准，根据主板上 CPU、RAM、长短卡的位置而设计出来的，其中将 CPU、外接槽、RAM、电源插头的位置固定，同时，配合 ATX 的机箱和电源，就能在理论上解决硬件散热的问题，为安装、扩展硬件提供了方便。

ATX 主板物理结构如图 3–18 和图 3–19 所示。

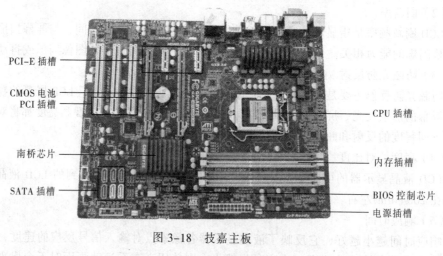

PCI-E 插槽

CMOS 电池
PCI 插槽

南桥芯片

SATA 插槽

CPU 插槽

内存插槽

BIOS 控制芯片
电源插槽

图 3-18　技嘉主板

D-Sub 接口
USB 接口
PS/2 接口

音频接口
网络接口

HDMI 接口
DVI 接口

图 3-19　主板外部接口

2. 主板的插槽和接口

现代主板技术已非常成熟，几乎都是模块化的设计。拿 10 种或 20 种主板研究一下，它们差不多是相同的，分为许多个功能块，每个功能块由一些芯片或元件来完成。万变不离其宗，大致说来，主板由以下几部分组成：主板芯片组、CPU 插槽、内存插槽、高速缓存局域总线和扩展总线硬盘、串口、并口等外设接口、时钟和 CMOS 主板、BIOS 控制芯片。

（1）主板芯片组

传统芯片组（Chipset）是主板的核心组成部分，按照在主板上排列位置的不同，通常分为北桥芯片和南桥芯片，其中北桥芯片是主桥，可以和不同的南桥芯片进行搭配使用以实现不同的功能与性能。北桥芯片一般提供对 CPU 的类型和主频、内存的类型和最大容量、PCI/PCI-E 插槽、ECC 纠错等支持，通常在主板上靠近 CPU 插槽的位置，由于此类芯片的发热量一般较高，所以在此芯片上装有散热片。南桥芯片主要用来与 I/O 设备相连，并负责管理中断及 DMA 通道，让设备工作得更顺畅，其提供对 KBC（键盘控制器）、RTC（实时时钟控制器）、USB（通用串行总线）、Ultra DMA EIDE、SATA 数据传输方式和 ACPI（高级能源管理）等的支持，其在靠近 PCI 槽的位置。近年新型主板大都只有南桥芯片，北桥芯片主要功能已集成进了 CPU 内部。

（2）CPU 插座

CPU 插座就是主板上安装处理器的地方。由于集成化程度和制作工艺的不断提高，越来越多的功能被集成在 CPU 上。为了使 CPU 安装更加方便，现在的 CPU 插座基本上采用零插槽式设计。

（3）内存插槽

内存插槽是主板上用来安装内存的地方。目前常见的内存插槽为 DDR2、DDR3、DDR4，其他的还有早期的 DDR 和 SDRAM 内存插槽。需要说明的是，不同的内存插槽的引脚、电压、性能功能都是不尽相同的，不同的内存在不同的内存插槽上不能互换使用。

（4）PCI 插槽

PCI（Peripheral Component Interconnect）总线插槽是由 Intel 公司推出的一种局部总线。它定义了 32 位数据总线，且可扩展为 64 位。它为显卡、声卡、网卡、电视卡、Modem 等设备提供了连接接口，它的基本工作频率为 33 MHz，最大传输速率可达 132 MB/s。

（5）PCI-E 插槽

PCI-E 插槽是最新的总线和接口标准。它的主要优势就是数据传输速率高，目前最高可达到 10 GB/s 以上，而且还有相当大的发展潜力。PCI-E 插槽也有多种规格，从 PCI-E 1X 到 PCI-E 16X，能满足现在低速设备和高速设备的需求。

（6）ATA 和 SATA 接口

ATA 接口也称之为 IDE 接口，是用来连接硬盘和光驱等设备的。传统的 IDE 接口采用并行方式传送数据，一次可传输 4 个字节，但这种并行方式存在着信号串扰的问题，影响了传输速率，并行接口最大传输速率仅为 133 MB/s。

现在主板都提供了一种 Serial ATA（SATA）即串行 ATA 插槽，它是一种完全不同于并行 ATA 的新型硬盘接口类型。SATA 以连续串行的方式传送数据，一次只会传送 1 位数据，这样能减少 SATA 接口的针脚数目，使连接电缆数目变少，效率也会更高。SATA 3.0 最高可实现 600 MB/s 的数据传输速率。

（7）电源插口及主板供电部分

电源插座标准为 ATX 结构，主要有 20 针插座和 24 针插座两种，有的主板上同时兼容这两种插座。在电源插座附近一般还有主板的供电及稳压电路。

（8）BIOS 及电池

BIOS（Basic Input/Output System，基本输入/输出系统）是一块装入了启动和自检程序的 EPROM 或 EEPROM 集成块。实际上它是被固化在计算机 ROM（只读存储器）芯片上的一组程序，为计算机提供最低级的、最直接的硬件控制与支持。除此之外，在 BIOS 芯片附近一般还有一块电池组件，它为 BIOS 提供了启动时需要的电流。

（9）机箱前置面板接头

机箱前置面板接头是主板用来连接机箱上的电源开关、系统复位、硬盘电源指示灯等排线的地方。

（10）外部接口

ATX 主板的外部接口都是统一集成在主板后半部的。现在的主板一般都符合 PC99 规范，也就是用不同的颜色表示不同的接口，以免搞错。一般键盘和鼠标都是采用 PS/2 圆口，蓝色为键盘接口，绿色为鼠标接口，便于区别。USB 接口为扁平状，可接键盘、鼠标、闪存盘、打印机、扫描仪等 USB 接口的外设，而串口可连接较早期的 Modem 和一些专用设备。

（11）主板上的其他主要芯片

主板上还有很多重要芯片。例如，AC'97 声卡芯片，全称是 Audio CODEC'97，是一个由 Intel、Yamaha 等多家厂商联合研发并制定的一个音频电路系统标准；网卡芯片，现在很多主

第 3 章　计算机系统组成

板都集成了网卡，大多数主板一般还另外载有千兆网卡芯片；SATA 阵列芯片：一些主板采用了额外的 SATA 阵列芯片提供对磁盘阵列的支持，其采用的 SATA RAID 芯片主要有 High Point、Promise 等公司的产品的功能简化版本；I/O 控制芯片：I/O 控制芯片（输入/输出控制芯片）提供了对并串口、PS2 口、USB 口以及 CPU 风扇等的管理与支持。

3. 主板的品牌

在众多琳琅满目的主板品牌中选好一块主板，尤其是适合自己的主板非常重要。好牌子的主板，除了做工一流外，其售后服务和 BIOS 支持也是小品牌不能相比的。

一线主板品牌的研发设计能力强大，产品推新速度快，产品线也广，其占到主板出货量的 90% 以上。常见的一线主板品牌有：华硕（ASUS）、技嘉（GIGABYTE）、微星（MSI）、富士康（FOXCONN）等。

在选择主板时，应根据预算和实际需要进行主板品牌的选择。

3.2.7 显卡

显卡又称为视频卡、视频适配器、图形卡、图形适配器和显示适配器等。它是主机与显示器之间连接的"桥梁"，作用是控制计算机的图形输出，负责将 CPU 送来的影像数据处理成显示器能够识别的格式，再送到显示器形成图像。

1. 显卡的概念

显卡分为 ISA 显卡、PCI 显卡、AGP 显卡、PCI-E 显卡等类型，ISA 显卡、PCI 显卡、AGP 显卡已淘汰，PCI-E 显卡是主流的显卡。现在也有主板或 CPU 是集成显卡的。

每一块显卡基本上都是由"显示主芯片"、"显示缓存"（以下简称显存）、BIOS、数字/模拟转换器（RAMDAC）、"显卡的接口"以及卡上的电容、电阻等组成。多功能显卡还配备了视频输出以及输入，供特殊需要。随着技术的发展，目前大多数显卡都将 RAMDAC 集成到主芯片中。图 3-20 所示为 Radeon HD 6850 显卡。

图 3-20　Radeon HD 6850 显卡

2. 显卡的主要性能指标

显卡的性能取决于以下几个参数：

（1）核心（GPU）：运算能力

GPU 是显卡的"大脑"，它决定了该显卡的档次和大部分性能，同时也是 2D 显卡和 3D 显卡的区别依据。

（2）显存位宽：传输能力

显存位宽是显存在一个时钟周期内所能传送数据的位数，位数越大则瞬间所能传输的数据量越大，这是显存的重要参数之一。目前市场上的显存位宽有 64 位、128 位和 256 位 3 种，人们习惯上所说的 64 位显卡、128 位显卡和 256 位显卡就是指其相应的显存位宽。

（3）显存容量：存储能力

显存容量与内存容量同理。这个参数对显卡的性能影响是最小的，提升到一定程度的容量后再提升对性能的提升不大，因为 GPU 处理的速度是有限的，就算显存足够大，把数据放在那里也是没有意义的。

（4）制作工艺：功耗

制作工艺是指内部晶体管和晶体管之间的距离，制作工艺越小集成度越高，功耗和发热也越小。目前主流的工艺是 55 nm 和 40 nm，这个参数并不影响性能，只是与功耗有关而已。

3. 显卡的选择

常见的生产显示芯片的厂商有 Intel、ATI、nVidia、VIA（S3）、SIS、Matrox、3D Labs。其中，Intel、VIA（S3）、SIS，主要生产集成芯片；ATI、nVidia 以独立芯片为主，是市场上的主流；Matrox、3D Labs 则主要面向专业图形市场。

3.2.8　机箱和电源

机箱的质量和设计对于用户日后的使用起到至关重要的作用，而电源更为重要，是一台整机的命脉，它提供给整机赖以生存的电力。对机箱和电源来说，虽然它们价格便宜，但它们所占的地位也举足轻重。

1. 机箱的选购技巧

（1）机箱的类型

机箱有很多种类型，目前最为常见的是 ATX、Micro ATX 两种。ATX 机箱支持现在绝大部分类型的主板。Micro ATX 机箱是出于进一步节省桌面空间的目的，在 ATX 机箱的基础之上建立的，比 ATX 机箱体积小。

各个类型的机箱只能安装其支持的类型的主板，一般是不能混用的，而且电源也有所差别，所以选购时一定要选择匹配的板卡类型。在选择时根据自己的实际需求进行选择。最好以标准立式 ATX 机箱为准，因为它空间大，安装槽多，扩展性好，通风条件也不错，完全能适应日常的需要。

（2）拆装设计

目前在很多机箱上都有安装和拆卸配件时的免工具设计，比如侧板采用手拧螺钉固定、板卡采用免螺钉固定、机箱前面板加装 USB 接口等。需要注意的是，某些设计虽然给使用者带来了便利，但是也有可能会对机箱整体结构强度造成负面影响。例如，较软的硬盘托盘不能给硬盘提供稳定的工作环境等，应在购买时综合考虑。

（3）散热设计

合理的散热结构更是关系到计算机能否稳定工作的重要因素。高温是电子产品的杀手，过高的温度会导致系统不稳定，加快零件的老化。目前，最有效的机箱散热解决方法是为大多数机箱所采用的双程式互动散热通道：外部低温空气由机箱前部进入机箱，经过南桥芯片、各种板卡、北桥芯片，最后到达 CPU 附近。在经过 CPU 散热器后，一部分空气从机箱后部的排气风扇抽出机箱，另外一部分从电源底部或后部进入电源，为电源散热后，再由电源风扇排出机箱。

（4）机箱材质

机箱的外壳通常是由钢板构成，并在外面镀了一层锌。较好的机箱出于坚固的考虑，外壳钢板厚度通常要求在 1mm 以上，当然也不是越厚越好，钢板过厚会使机箱整体重量和成本增加。此外，机箱表面烤漆是否均匀、边缘切口是否圆滑（一些劣质机箱的外壳边缘很容易划伤皮肤）、外壳是否容易变形也需要注意。

图 3-21 所示为机箱的正反面。

2. 电源的选购技巧

（1）电源的实际功率

电源功率的计算方法是电压乘以电流，功率是选购电源时的第一参数。电源是计算机工作的动力源泉，功率不合适的电源会使计算机无法稳定运行，劣质电源甚至可能对计算机造成伤害，运行程序时莫名其妙地死机或蓝屏，会引起屏幕边缘出现波浪状现象。有时，显示器所显示的字符也随着出现晃动。

（a）正面　　　　　（b）背面

图 3-21　酷冷至尊开拓者 P100 机箱

（2）电源的各种认证

看清认证信息是选购电源时的一个重要步骤。评定一款电源的品质，可首先查看其是否通过了必要的安全认证。一般来讲，获得认证项目越多的电源质量越可靠。虽然很多认证都不是必需的，但是有一个认证是必需的，那就是在目前市场中销售的电源都必须通过国家强制性 3C 认证后才能进行销售。3C 即 CCC，全称"中国国家强制性产品认证"，目前我国规定了 4 种 3C 认证：安全认证、消防认证、电磁兼容认证、安全与电磁兼容认证。只有同时获取安全及电磁兼容认证的产品，才会被授予 CCC（S&E）标志，这才是真正意义上的 3C 认证。

（3）电源重量

通过重量往往能观察出电源是否符合规格，一般来说：好的电源外壳一般都使用优质钢材，材质好、质厚，所以较重的电源材质都较好。电源内部的零件，比如变压器、散热片等，同样是重的比较好。好电源使用的散热片应为铝制甚至铜制的散热片，而且体积越大散热效果越好。一般散热片都做成梳状，齿越深，分得越开，厚度越大，散热效果越好。基本上，很难在不拆开电源的情况下看清散热片，所以最直观的办法就是从重量上去判断。好的电源，一般会增加一些元件，以提高安全系数，所以重量自然会有所增加。劣质电源则会省掉一些电容和线圈，重量比较轻。

（4）风扇

风扇在电源工作过程中，对于配置的散热起着重要的作用。一般的 PC 电源会用的风扇有两种规格：油封轴承（Sleeve Bearing）和滚珠轴承（Ball Bearing），前者比较安静，但后者的寿命较长。此外，有的优质电源会采用双风扇设计。

（5）线材和散热孔

电源所使用的线材粗细，与它的耐用度有很大的关系。较细的线材，长时间使用，常常会因过热而烧毁。另外，电源外壳上面或多或少都有散热孔，电源在工作的过程中，温度会不断升高，除了通过电源内附的风扇散热外，散热孔也是加大空气对流的重要设施。原则上电源的散热孔面积越大越好，但是要注意散热孔的位置，位置放对才能使电源内部的热气及早排出。图 3-22 所示为酷冷至尊 GX-450W 电源。

图 3-22　酷冷至尊 GX-450W 电源

3.2.9　光驱

光驱是计算机用来读/写光盘内容的机器，是计算机中比较常见的一个配件。

1. **光驱的分类**

常用光驱分为以下几类：

① CD-ROM 光驱：又称为致密盘只读存储器，是一种只读的光存储介质。它是利用原本用于音频 CD 的 CD-DA（Digital Audio）格式发展起来的。

② DVD 光驱：是一种可以读取 DVD 的光驱，除了兼容 DVD-ROM、DVD-VIDEO、DVD-R、CD-ROM 等常见的格式外，对于 CD-R/RW、CD-I、VIDEO-CD、CD-G 等都有很好的支持，如图 3-23 所示。

③ COMBO 光驱："康宝"光驱是人们对 COMBO 光驱的俗称。而 COMBO 光驱是一种集 CD 刻录、CD-ROM 和 DVD-ROM 为一体的多功能光存储产品。

④ 刻录光驱：包括 CD-R、CD-RW 和 DVD 刻录机等，其中 DVD 刻录机又分 DVD+R、DVD-R、DVD+RW、DVD-RW（W 代表可反复擦写）和 DVD-RAM。刻录机的外观和普通光驱相似，只是其前置面板上通常都清楚地标识着写入、复写和读取 3 种速度。

图 3-23　SAMSUNG DVD-RW 光驱

2. **常用光盘存储器**

（1）CD 光盘存储器

CD 光盘包含以下几种类型：

① 只读式光盘存储器 CD-ROM：CD-ROM 光盘不仅可交叉存储大容量的文字、声音、图形和图像等多种媒体的数字化信息，而且便于快速检索。

② 一次写光盘存储器 CD-R：信息时代的加速到来使得越来越多的数据需要保存和交换。由于 CD-ROM 是只读式光盘，因此用户自己无法利用 CD-ROM 对数据进行备份和交换。在 CD-R 刻录机大批量进入市场以前，用户的唯一选择就是采用可擦写光盘机。可擦写光盘机根据其记录原理的不同，分为磁光驱动器 MO 和相变驱动器 PD。虽然这两种产品较早进入市场，但是记录在 MO 或 PD 盘片上的数据无法在广泛使用的 CD-ROM 驱动器上读取，因此难以实现数据交换和数据分发，更不可能制作自己的 CD、VCD 或 CD-ROM 节目。

③ 可擦写光盘存储器 CD-RW：CD-RW 兼容 CD-ROM 和 CD-R，CD-RW 驱动器允许用户读取 CD-ROM、CD-R 和 CD-RW 盘，刻录 CD-R 盘，擦除和重写 CD-RW 盘。

（2）DVD 光盘存储器

DVD 的英文全名是 Digital Video Disk，即数字视频光盘或数字影盘，它利用 MPEG2 的压缩技术来存储影像。也有人称 DVD 是 Digital Versatile Disk，是数字多用途的光盘，它集计算机技术、光学记录技术和影视技术等为一体，其目的是满足人们对大存储容量、高性能的存储媒体的需求。DVD 不仅已在音/视频领域内得到了广泛应用，而且将会带动出版、广播、通信、WWW 等行业的发展。它的用途非常广泛，包括以下 5 种规格：

① DVD-ROM：计算机软件只读光盘，用途类似 CD-ROM。

② DVD-Video：家用的影音光盘，用途类似 LD 或 Video CD。

③ DVD-Audio：音乐盘片，用途类似音乐 CD。

④ DVD-R（或称 DVD-Write-Once）：限写一次的 DVD，用途类似 CD-R。

⑤ DVD-RAM（或称 DVD-Rewritable）：可多次读/写的光盘，用途类似 MO，如图 3-24 所示。

（3）蓝光光盘存储器（Blue-ray Disc）

Blue-ray Disc 是一种最新的革命性光学存储技术，可用于 PC 产品、消费性电子产品及游戏机。它可以录制、重复写入及播放高画质的影片，也可以存储大容量的数位资料，为更高品质的光影存取，提供划时代的新体验。

图 3-24　DVD-RW 刻录盘

次世代的蓝光存储技术使用了波长较短的蓝光激光，可聚焦于更小的点，相较于使用红光激光的 DVD，可以提高数据的存储密度。Blue-ray Disc 可以存储 25 GB 的数据于单层的光盘片，单面双层可达 50 GB 的高容量。一片单层 25 GB 的 Blue-ray Disc 相当于 23 小时一般分辨率的 TV 影片或者 6 小时高分辨率的影片，而一片双层 50 GB 的 Blue-ray Disc 可以存储与 70 片 CD 或者 10 片 DVD 相当的内容资料，一部高解析度的电影只需一片 25 GB 的蓝光光盘即可存储。

Blue-ray Disc 提供了更大的容量来容纳超高的画质与音质。高清电视提供了 6 倍于一般电视的画面信息，因此可以看清楚所有的细节。为了达到这个要求，播放高清电视需要更大的数据流量及更高的容量。因此，若用户有一台高清电视，用户也会需要 Blue-ray Disc 光驱来观赏高画质影片，或者 Blue-ray Disc 刻录机来保存高清电视影片。图 3-25 所示为蓝光播放器。

图 3-25　LG BD-390 蓝光播放器

3.3　计算机组装步骤

3.3.1　组装前的准备

要组装一台完整的多媒体计算机，应该首先准备好计算机各个部件的硬件以及安装工具，计算机硬件事先选好配置方案，再购买相应的硬件，主要包括 CPU、主板、内存、硬盘、显卡、光驱、显示器、机箱、电源、鼠标、键盘等；工具主要是固定计算机硬件所用，最基本的工具有十字和一字螺丝刀、镊子、尖嘴钳、螺钉等。

另外，还有一些其他材料，如电源排型插座，由于计算机系统不止一个设备需要供电，所以一定要准备一个万用多孔型插座，以方便测试机器时使用；器皿，计算机在安装和拆卸的过程中有许多螺钉及一些小零件需要随时取用，所以应该准备一个小器皿，用来盛装这些东西，以防止丢失；工作台，为了方便进行安装，应该有一个高度适中的工作台，无论是专用的计算机桌还是普通的桌子，只要能够满足使用需求就可以了。

以上全部内容准备好了之后，就可以开始计算机硬件的安装。

3.3.2　组装过程

1. 安装 CPU

拉起主板 CPU 插座的锁定扳手，参照定位标志，将 CPU 放入插座，按下扳手锁定 CPU 部件。CPU 安装完毕后，加装 CPU 的散热片和散热风扇，如图 3-26 和图 3-27 所示。

2．安装内存

内存与插槽均采用防呆式设计，方向反了将无法插入。安装时，用两个大拇指按住内存的两头，用力往下按，听到"啪"的声响后，即安装到位，如图 3-28 所示。

图 3-26　安装 CPU　　　　　　图 3-27　安装风扇　　　　　　图 3-28　安装内存

小技巧

① CPU 和内存安装完成后，可临时接入显卡，连接显示器和电源，加电测试，以检查 CPU、内存、主板、显卡等可否正常工作。

② 在相同颜色的内存插槽插入两条相同规格的内存时，可以打开双通道功能，提高系统性能。

3．安装主机箱电源

将电源放进机箱的电源槽，并将电源上的螺钉固定孔与机箱上的固定孔对正，然后将螺钉拧紧，如图 3-29 所示。

4．安装主板

双手平行托起主板，将主板放入机箱，判断主板是否安装到位的一个很重要的标准就是查看是否与 I/O 挡板相重合，最后拧紧螺钉，固定主板，如图 3-30 所示。

5．安装硬盘

将硬盘放入专门固定硬盘的安装架中，用专门的硬盘螺钉将硬盘固定在硬盘架上，至少需要两颗螺钉，如图 3-31 所示。

6．安装显卡

让显卡的金手指缺口对准 PCI-E 插槽的凸块位置，垂直向下用力按压，直到金手指部分完全看不见为止。最后用螺钉将显卡固定，如图 3-32 所示。

图 3-29　安装电源　　　　　　图 3-30　安装主板　　　　　　图 3-31　安装硬盘

7．固定光驱

拆除机箱前挡板后，将光驱从挡板平行推入，利用螺钉固定光驱，如图 3-33 所示。

8．连接各个数据缆线和电源线

除了直接在主板上的硬件不需要连线以外，机箱内其他硬件要与主板连接都需要一些连线完成。可以把这些连线分为电源线、数据线以及主板跳线，如图 3-34 ～ 图 3-36 所示。

图 3-32　插入显卡

图 3-33　固定光驱

图 3-34　电源线

图 3-35　数据线

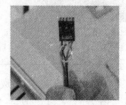

图 3-36　跳线

9. 外设连接

在机箱背板上，一般都标有外设部件连接的示意图标，按照提示，可连接电源线、鼠标、键盘、显示器、音箱、网线等。

10. 通电调试

确认整机部件无物理故障后，加装机箱盖，硬件装配完毕，即可加电调试并安装操作系统和应用软件。

在了解了计算机的基本构成部件与计算机组装过程后，下面通过案例巩固所学内容。

【案例 3-1】观看计算机组装过程。

案例功能：微型计算机组装三维仿真课件。

案例效果：通过自主观看微型计算机组装三维仿真课件，深入了解计算机各个组成部件以及接口，体验 DIY 装机过程。安装完成后的计算机如图 3-37 所示，课件界面如图 3-38 所示。

知识列表：CPU、内存、显卡、主板、硬盘、光驱、显示器、机箱、电源通过课件界面中的外观展示、端口说明、部件介绍、DIY 装机和视频展示自主进行学习。

图 3-37　安装完成后的计算机

图 3-38　课件界面

3.4　计算机软件

计算机软件又称计算机程序，是控制计算机实现用户需求的计算机操作以及管理计算机自身资源的指令集合，是指在硬件上运行的程序和相关的数据及文档，是计算机系统中不可缺少的主要组成部分，可分成两大部分：系统软件和应用软件。

3.4.1 系统软件

系统软件是计算机最基本的软件，它负责实现操作者对计算机最基本的操作，管理计算机的软件与硬件资源，具有通用性，主要由计算机厂家和软件开发公司提供。主要包括操作系统、语言处理程序、数据库管理系统和服务程序。

1. 操作系统

操作系统是控制和管理计算机的软硬件资源、合理安排计算机的工作流程以及方便用户的一组软件集合，是用户和计算机的接口，Windows 是当前应用最为广泛的操作系统。

2. 语言处理程序

语言处理程序是用汇编语言和高级语言编写的源程序翻译成机器语言目标程序的程序。

汇编程序将用汇编语言编写的程序（源程序）翻译成机器语言程序（目标程序），这一翻译过程称为汇编。图 3-39 所示为汇编程序功能示意图。

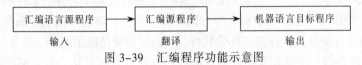

图 3-39　汇编程序功能示意图

编译程序是将用高级语言编写的程序（源程序）翻译成机器语言程序（目标程序）。这一翻译过程称为编译。图 3-40 所示为编译程序功能示意图。

图 3-40　编译程序功能示意图

对汇编语言而言，通常是将一条汇编语言指令翻译成一条机器语言指令，但对编译而言，往往需要将一条高级语言的语句转换成若干条机器语言指令。高级语言的结构比汇编语言的结构复杂得多。

解释程序是边扫描边翻译边执行的翻译程序，解释过程不产生目标程序。解释程序将源语句一句读入，对每个语句进行分析和解释，如图 3-41 所示。

图 3-41　解释程序功能示意图

总之，语言处理程序采用以下两种方式工作：

① 编译方式：把高级语言源程序整个翻译成目标程序。

② 解释方式：把高级语言源程序的语句逐条解释执行，但是不产生目标程序。

3. 数据库管理系统

数据库管理系统是对计算机中所存储的大量数据进行组织、管理、查询并提供一定处理功能的大型计算机软件。数据库管理系统（DataBase Management System，DBMS）是一种操纵和管理数据库的大型软件，用于建立、使用和维护数据库。它对数据库进行统一的管理和控制，以保证数据库的安全性和完整性。用户通过 DBMS 访问数据库中的数据，数据库管理员也通过 DBMS 进行数据库的维护工作。它可使多个应用程序和用户用不同的方法在同时或不同时刻去建立、修改和询问数据库。DBMS 提供了数据定义语言（Data Definition Language，

DDL）与数据操作语言（Data Manipulation Language，DML），供用户定义数据库的模式结构与权限约束，实现对数据的追加、删除等操作。

4. 服务程序

服务程序为计算机系统提供了各种服务性、辅助性的程序。

3.4.2 应用软件

应用软件是为解决实际问题所编写的软件的总称，涉及计算机应用的各个领域。绝大多数用户都需要使用应用软件，为自己的工作和生活服务。

常用的应用软件如下：

① 办公软件：指可以进行文字处理、表格制作、幻灯片制作、简单数据库处理等方面工作的软件。包括微软 Office 系列、金山 WPS 系列、永中 Office 系列等。目前办公软件的应用范围很广，大到社会统计，小到会议记录，数字化的办公离不开办公软件的鼎立协助。目前办公软件朝着操作简单化、功能细化等方向发展。另外，政府用的电子政务、税务用的税务系统、企业用的协同办公软件都叫办公软件，不再限制是传统的打字、做表格之类的软件。

② 图像处理软件：用于处理图像信息的各种应用软件的总称，专业的图像处理软件有 Adobe 的 Photoshop 系列；基于应用的处理管理、处理软件 Picasa 等，还有国内很实用的大众型软件彩影，非主流软件有美图秀秀，动态图片处理软件有 Ulead GIF Animator、GIF Movie Gear 等。

③ 媒体播放软件：又称媒体播放器、媒体播放机，通常是指计算机中用来播放多媒体的播放软件。常见的媒体播放软件有 PowerDVD、Realplayer、Windows Media Player、暴风影音等。

④ 视频编辑软件：是对视频源进行非线性编辑的软件，软件通过对加入的图片、背景音乐、特效、场景等素材与视频进行重混合，对视频源进行切割、合并，通过二次编码，生成具有不同表现力的新视频。常见的视频编辑软件有 Adobe Premiere、Media Studio Pro、Video Studio 等。

⑤ 防火墙和杀毒软件：杀毒软件也称反病毒软件或防毒软件，是用于消除计算机病毒、特洛伊木马和恶意软件的一类软件。杀毒软件通常集成监控识别、病毒扫描和清除以及自动升级等功能，有的杀毒软件还带有数据恢复等功能，是计算机防御系统（包含杀毒软件、防火墙、特洛伊木马和其他恶意软件的查杀程序、入侵预防系统等）的重要组成部分。常见的杀毒软件有金山毒霸、卡巴斯基、江民、瑞星、诺顿、360 安全卫士等。

除此之外，应用软件大家族中的成员数不胜数，应用软件具有无限丰富和美好的开发前景。

3.4.3 计算机系统的层次结构

一个完整的计算机系统的硬件和软件是按一定的层次关系组织起来的。系统软件为用户和应用程序提供了控制和访问硬件的手段，只有通过系统软件才能访问硬件。操作系统是系统软件的核心，它紧贴系统硬件之上，所有其他软件之下，是其他软件的共同环境。应用软件位于系统软件的外层，以系统软件作为开发平台。软件系统与硬件系统是不可分割的，只有硬件而没有软件的系统是无法工作的。硬件、软件与用户的关系如图 3-42 所示。

图 3-42　计算机系统的层次结构图

3.5　软件安装和卸载

3.5.1　安装应用软件

目前软件的安装都比较简单，一般采取安装向导的方式，可供用户选择的一般有安装模式、安装目录等内容。安装模式也就是要安装哪些内容，小型软件一般分为全部安装、快速安装和自定义安装等，如果对软件不是非常了解，那么不建议使用自定义安装，一般使用快速安装就可以了。当然如果怕安装不全，可以使用全部安装方式。对于大型软件如微软的Office 办公组件来说，因为它涉及多个软件和很多配套工具，所以它的安装选项比较复杂，每个程序都会出现一个选单，包括从本机运行、从本机运行全部程序、从网络上运行以及在首次使用时安装、不安装等。对于需要常用的程序要选择"从本机运行"，对于根本用不到的程序，则可以选择"不安装"。

【案例 3-2】安装应用软件。

案例功能：通过安装程序体验 QQ 的安装、卸载过程。

具体要求：执行安装文件，按照软件提示，逐步操作。

案例操作过程：

步骤 1：下载 QQ 的最新版本安装文件。

步骤 2：运行安装文件。

步骤 3：通过安装导航（单击"下一步"按钮即可）完成 QQ 的安装。

步骤 4：观察程序菜单的变化，试运行 QQ。

> **小提示**
>
> 有些软件在完成安装后还需要重新启动计算机。这是因为在 Windows 操作系统上，一般一个正在运行中的程序，操作系统是不允许修改的，修改包括替换、改动和删除。那么，有时一些软件需要向系统目录中写入一个 DLL（动态链接库），而系统目录中原来已经有同名的 DLL 并且这个 DLL 目前正在被系统使用，因此不能用新版本去替换它，这时就需要重启。在重启过程中，旧版本的 DLL 被使用之前用新版本替换。

3.5.2　卸载应用软件

正确的卸载应用程序方法，大致分为以下几种：

① 自带卸载程序删除：很多应用软件，自带的反安装程序，找到安装位置，双击即可卸载。

② 控制面板删除：选择"开始"→"控制面板"→"程序"→"卸载程序"，选择要卸载的程序就可以了。

③ 第三方软件删除，比如 Windows 优化大师：启动 Windows 优化大师，选择"系统清理维护"→"软件智能卸载"→"其他"，按照提示找到程序所在位置。选中要卸载的应用程序后，Windows 优化大师提示已经具备分析条件，单击"是"按钮，分析结束后，单击"卸载"按钮。

【案例 3-3】卸载软件。

案例功能：卸载程序 Adobe Acrobat 9。体验应用程序的卸载过程，并观察卸载后的结果。

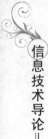

具体要求：通过控制面板卸载应用程序，卸载后观察 PDF 文档的变化。

案例操作过程：

步骤 1：选择"开始"→"控制面板"→"程序"→"卸载程序"→Adobe Acrobat 9 命令。

步骤 2：卸载完成后观察程序菜单的变化。

步骤 3：观察确认 PDF 文档是否能够打开，确认卸载完成。

3.6　操作系统

计算机发展早期，每个使用计算机的工作人员都需要亲自去操纵五大功能部件协同工作，方可使用计算机解决问题，这不是一般人员可以胜任的。使用计算机的难度严重地制约了计算机用户群体的增加。

随着计算机硬件性能大幅提高和价格大幅下降，计算机的成本越来越为普通民众所接受。但是如何才能使一个普通人可以操纵一台计算机呢？20 世纪 70 年代，操作系统的诞生解决了这个问题，尤其是 Windows 系列操作系统推出后，由于其采用了图形化的界面，大大降低了操作计算机的难度，使得计算机开始进入千家万户。那么操作系统到底是什么呢？其实操作系统就是帮助用户控制五大功能部件的软件，有了它的帮助，用户无须知道计算机底层硬件的细节，也可以很方便地使用计算机。

3.6.1　操作系统的概念

操作系统（Operating System）是计算机系统中的一个重要的系统软件，是一些程序模块的集合。这些模块以尽量有效、合理的方式组织和管理计算机的所有软、硬件资源，合理地组织计算机的工作流程，控制程序的执行并向用户提供各种服务功能，使得用户能够灵活、方便、有效地使用计算机，使整个计算机系统能高效地运行。

3.6.2　操作系统的功能

操作系统的任务基本分为 6 种类型：处理器管理、内存管理、设备管理、文件管理、应用程序接口管理和用户界面管理。

尽管有人争论操作系统应执行比这 6 项任务更多的功能，并且确实也有一些操作系统供应商将更多的实用程序及辅助功能集成到操作系统中，但这 6 项任务几乎涵盖了所有操作系统的核心内容。

1. 处理器管理

处理器管理就是指对 CPU（Central Processing Unit）使用的管理。由于它的速度比其他硬件的速度快很多，所以就要充分利用 CPU 的资源，因此操作系统多采用多用户、多任务的方式，同一时间有多个用户在使用计算机，每个用户又同时运行着多个应用程序，那么对 CPU 如何分配、如何调度，都属于操作系统的功能。

正在执行的程序就是"进程"，因此，对处理器的管理也可以归结为对进程的管理，包括进程控制、进程同步、进程通信和调度。进程控制是指为作业创建一个或者多个进程，并对该进程分配必要的资源，在进程运行过程中控制进程各类状态的转换，进程结束时收回该进程占用的各类资源，撤销该进程。进程同步的任务是对诸多进程协调和控制，协调的方法有两种：进程互斥方式和进程同步方式。进程互斥是指对临界资源互斥的访问，进程同步是指由同步机构对进程执行的顺序加以调节。进程通信是指多个进程共同完成一个应用程序时，相互之间进行信息的交互。调度分为作业调度和进程调度，后备队列上的作业只有经过这两个调度才能够被处理器执行。作业调度的任务是按照一定的算法从后备队列中选择若干个作业分配资源并调入内存，建立进程，按照一定的算法插入就绪队列。进程调度的任务是按照一定的算法选择一个进程分配处理器来执行。

2. 内存管理

存储器主要用来存放各种信息，操作系统对存储器的管理主要体现在对内存的管理上，而内存管理的主要内容是对内存空间的分配、保护和扩充。

① 内存分配：凡是要运行的计算机程序，都必须先由外存调入内存，所以在内存中，既有操作系统，又有其他的应用程序。内存分配的主要任务就是为每道程序分配内存空间，提高存储器的利用率，以减少不可用的内存空间，允许正在运行的程序申请附加的内存空间，以满足程序和数据动态增长的需要。内存分配采用动态分配和静态分配两种分配方式。

② 内存保护：由于有多个程序在内存中运行，内存保护的功能就是要确保每道用户程序都在自己的空间中运行，互不干扰，互相保密，保证一个程序在执行过程中不会有意或无意地破坏其他程序。

③ 内存扩充：不是指物理意义上的内存扩充，而是指操作系统通过虚拟存储技术为用户提供了一个比实际内存大得多的"虚拟内存"，从逻辑上来扩充内存的容量，以解决物理内存空间不足的问题，满足用户的要求，提高系统的性能。

3. 设备管理

外围设备也是计算机系统中的重要资源，它具有多样性和变化性，操作系统对设备的管理体现在两个方面：一方面是提供用户与外设的接口，通常情况下用户是通过键盘或程序向操作系统提出请求，由操作系统中的设备管理程序负责分配具体的物理设备，并控制它们的运行；另一方面是由于 CPU 的速度要远远高于外设的速度，因此为了更好地使主机和设备并行的匹配工作，设备管理还采用了虚拟设备和缓冲技术，引入了缓冲区的概念。缓冲区实质是内存中的一块空间，作为数据的中转站。缓冲管理的任务是采取一定的缓冲机制来提高系统的吞吐量。常见的缓冲机制有单缓冲机制、双缓冲机制和公用缓冲池机制。

4. 文件管理

文件管理是操作系统对计算机软件资源的管理。在计算机的外存中以文件的形式存储了大量的信息，如何组织和管理这些信息，并方便用户的使用，就是文件管理的功能。文件管理的主要任务是解决用户文件和系统文件的存储、共享、保密和保护。文件管理应具有对文件存储空间的管理、目录管理、文件的读/写以及文件的共享和保护等功能。具体地说，操作系统管理信息的基本单位是"文件"，并提供了一个树形目录结构（资源管理器）来管理这些文件，允许用户将文件分类存放在不同的目录中。用户能够通过文件名很方便地访问文件，而无须知道文件的存储细节。在 Windows 环境中，用"文件夹"来取代"目录"概念，显得更加形象易用。

5. 应用程序接口管理

正如驱动程序为应用程序提供了一种无须了解硬件运行的每个细节即可使用硬件子系

统的方法，应用程序接口（Application Programming Interface，API）使每位应用程序员可以使用计算机和操作系统的功能，而无须直接跟踪 CPU 运行的所有细节。

6. 用户界面管理

正如 API 为应用程序提供了可以一直使用计算机系统资源的方法，用户界面则提供了一个用户与计算机进行交互的结构。

3.6.3　操作系统的特征

操作系统是系统软件的核心，配备操作系统是为了提高计算机系统的处理能力，充分发挥系统资源的利用率、方便用户的使用。操作系统具有如下 4 个特征：

① 并发性（Concurrence）：在计算机系统中同时存在多个程序。宏观上，这些程序是同时在执行的；微观上，任何时刻只有一个程序在执行，即微观上这些程序在 CPU 上轮流执行。

② 共享性（Sharing）：操作系统与多个用户的程序共同使用计算机系统中的资源。

③ 虚拟性（Virtual）：把一台物理设备变成逻辑上的多台设备。

④ 异步性（Asynchronism）：操作系统必须随时对以不可预测的次序发生的事件进行响应，其中并发性和共享性是操作系统的两个最基本的特征。

3.6.4　操作系统的分类

目前操作系统种类很多，各有各的特点和用途，按照服务功能，可以把操作系统大致分为批处理操作系统（单、多道批处理）、分时操作系统、实时操作系统、网络操作系统、分布式操作系统、单用户操作系统、多用户操作系统及嵌入式操作系统。

1. 批处理操作系统

批处理操作系统是指在计算机系统中能支持同时运行多个相互独立的用户程序的操作系统。

（1）单道批处理系统

20 世纪 50 年代产生的世界第一个操作系统，每次只允许一个作业或一个任务执行。用户一次可以提交多个作业，但系统一次只处理一个作业，处理完一个作业后，再调入下一个作业进行处理。这些调度、切换系统自动完成，不需要人工干预。单道批处理系统的主要特征有自动性、顺序性、单道性。

（2）多道批处理系统

20 世纪 60 年代，允许多个作业或多个任务同时装入主机存储器，使一个中央处理器轮流执行各个作业，各个作业可以同时使用各自所需的外围设备。作业执行时用户不能直接干预作业的执行，当作业中发现出错，由操作系统通知用户重新修改后再次装入执行。多道批处理系统的主要特征有多道性、无序性、调度性。多道批处理系统的资源利用率高、系统吞吐量大，但平均周转时间长。

2. 分时操作系统

分时操作系统是指把计算机的系统资源（尤其是 CPU 时间）进行时间上的分割，每个时间段称为一个时间片，每个用户依次轮流使用时间片，实现多个用户分享同一台主机的操作系统。分时系统的基本特征有多路性、独立性、交互性、及时性。比较典型的分时操作系统有 UNIX、Linux、Windows NT、Windows Server 2003、Windows Server 2008 等。

3. 实时操作系统

实时操作系统是指能对随机发生的外部事件做出及时的响应并对其进行处理的操作系统。实时系统用于控制实时过程，它主要包括实时过程控制和实时信息处理两种系统，其特点是：对外部事件的响应十分及时、迅速；系统可靠性高。实时系统一般都是专用系统，它为专门的应用而设计。

实时操作系统又可分为实时控制系统、实时信息处理系统。实时控制主要用于生产过程控制（如炼钢、电力生产、化纤生产等）、导弹发射控制等；实时信息处理主要用于计划管理、情报检索、飞机订票系统等。

实时操作系统的基本特征有多路性、独立性、实时性、交互性、可靠性。

4. 网络操作系统

网络操作系统是使网络上各计算机能方便而有效地共享网络资源，为网络用户提供所需的各种服务的软件和有关协议的集合，其功能是实现多台计算机之间的相互通信及网络中各种资源的共享。流行的网络操作系统产品有微软公司的 Windows Server 2008、Windows Server 2003、Windows NT、NetWare、OS/2 等。

5. 分布式操作系统

分布式操作系统是以计算机网络为基础的，它的基本特征是处理上的分布，即功能和任务的分布。分布式操作系统的所有系统任务可在系统中任何处理器上运行，自动实现全系统范围内的任务分配，并自动调度各处理器的工作负载。

网络操作系统和分布式操作系统的区别如下：

① 分布式操作系统可使计算机间相互通信，无主、从关系；网络操作系统有主、从关系。

② 分布式操作系统的系统资源为所有用户共享；网络操作系统有限制地共享。

③ 分布式操作系统中若干个计算机可相互协作共同完成一项任务。

6. 单用户操作系统

单用户操作系统主要用于个人计算机，它又分为单用户单任务和单用户多任务两种。单用户单任务的特征是操作系统管理简单，使单个用户每次只能高效地执行一个操作。例如，MS–DOS 和用于掌上计算机的 Palm OS。单用户多任务操作系统则是计算机系统只有一个用户占用，但同时可以运行多个程序，诸如微软公司的 Windows XP 和苹果公司的 Mac OS 等。

7. 多用户操作系统

多用户操作系统允许多个不同用户同时使用计算机的资源。操作系统必须确保均衡地满足各个用户的要求，他们使用的各个程序都具有足够且独立的资源，从而使一个用户的问题不会影响到整个用户群，如 UNIX、VMS 和大型机操作系统（如 MVS）。

多用户操作系统和网络操作系统的区别：从操作系统的整体规划来看，网络操作系统中的系统管理员是系统唯一的用户，网络支持和所有远程用户均可登录到网络，这些都属于由管理员用户运行的程序。

8. 嵌入式操作系统

在各种设备、装置或系统中，完成特定功能的软、硬件系统称为嵌入式系统。在嵌入式

第 3 章 计算机系统组成

系统中的操作系统称为嵌入式操作系统。嵌入式操作系统是运行在嵌入式智能芯片环境中，对整个智能芯片以及它所操作、控制的各种部件装置等资源进行统一协调、调度、指挥和控制的系统软件。典型嵌入式操作系统的特性是完成某一项或有限项功能，它不是通用型的，在性能和实时性方面有严格的限制。嵌入式操作系统占有资源少、易于连接。嵌入式操作系统功能可针对需求进行裁剪、调整和生成，以便满足最终产品的设计要求。

3.6.5　现代操作系统

目前，主流的操作系统主要包括下面 4 个品牌：Microsoft Windows、Mac OS、UNIX、Linix。

1．Microsoft Windows

微软自 1985 年推出 Windows 1.0 以来，Windows 系统经历了 30 多年的风风雨雨。从最初运行在 DOS 下的 Windows 3.x，到风靡全球的 Windows 9X、Windows 2000、Windows XP、Windows Vista、Windows 7、Windows 8、Windows 10，一路走来，Windows 已经巩固了其不可替代的位置。

鲜艳的色彩、动听的音乐、前所未有的易用性，以及令人兴奋的多任务操作，使计算机操作成为一种享受。

Windows 以窗口的形式显示信息，它提供了基于图形的人机对话界面。与早期的操作系统 DOS 相比，Windows 更容易操作，更能充分有效地利用计算机的各种资源。它的主要特点有：统一的图形窗口界面和操作方法、具有易用性和兼容性、支持多任务多窗口、先进的内存管理、数据共享、丰富的应用程序、内置网络和通信功能、支持多媒体技术等。

2．Mac OS

Mac OS 系统是苹果机专用系统。它是基于 UNIX 内核的图形化操作系统，增强了系统的稳定性、性能以及响应能力。Mac OS 是首个在商用领域成功的图形用户界面，它能通过对称多处理技术充分发挥双处理器的优势，提供无与伦比的 2D、3D 和多媒体图形性能以及广泛的字体支持和集成的 PDA 功能。现行的较新的系统版本是 Mac OS X 10.8，它的许多特点和服务都体现了苹果公司的理念。

Mac OS X 操作系统界面非常独特，突出了形象的图标和人机对话，人机对话界面就是由苹果公司最早开创的。

Mac OS X 所具有的特点：多平台兼容模式、为安全和服务做准备、占用更少的内存和多种途径的开发工具等。另外，由于 Mac 架构的独特性，很少受到病毒的袭击。

3．UNIX

UNIX 是一个交互式的多用户、多任务的操作系统，自 1974 年问世以来，迅速地在世界范围内推广。UNIX 起源于贝尔实验室开发的一个面向研究的分时系统，最初的使用只限于大学和研究所等机构，由于起点较高，使用不便，大多数用户对其望而却步。随着网络，特别是 Internet 的发展，UNIX 丰富的网络功能，高度的稳定性、可靠性和安全性重新引起了人们的极大关注。同时由于硬件平台价格的不断降低和 UNIX 微机版本的出现，UNIX 迅速流行，并广泛应用于网络、大型机和工作站中。

UNIX 系统除了具有文件管理、程序管理和用户界面等所有操作系统共有的传统特征外，又增加了另外两个特性：一是与其他操作系统的内部实现不同，UNIX 是一个多用户、多任务系统；二是与其他操作系统的用户界面不同，具有充分的灵活性。作为一个多任务系统，用户可以请求系统同时执行多个任务。在运行一个作业的时候，可以同时运行其他作业。此外，UNIX 系统把可移植性当成主要的设计目标，使得成千上万的应用软件在 UNIX 系统上开发并几乎使用于每个应用领域，从而使 UNIX 成为世界上用途最广的通用操作系统。UNIX 不仅大大推动了计算机系统及软件技术的发展，从某种意义上说，UNIX 的发展对推动整个社会的进步也起到了重要的作用。

4. Linux

Linux 是一套免费使用和自由传播的类 UNIX 操作系统，它主要用于基于 Intel x86 系列 CPU 的计算机上。这个系统是由世界各地成千上万的程序员设计和实现的。其目的是建立不受任何商品化软件的版权制约、全世界都能自由使用的 UNIX 兼容产品。自 1991 年 Linux 操作系统发布以来，Linux 操作系统以令人惊异的速度迅速在服务器和桌面系统中获得了成功。它已经被业界认为是未来最有前途的操作系统之一。

Linux 操作系统的迅猛发展与它具有的良好特性是分不开的。Linux 包含了 UNIX 的全部功能和特性。简单地说，Linux 具有以下主要特性：开放性、多用户、多任务、良好的用户界面、设备独立性、丰富的网络功能、可靠的系统安全、良好的可移植性。这些特性也使得 Linux 操作系统在嵌入式领域获得越来越多的关注。

3.6.6 Windows 10 操作系统

1. 文件名和扩展名

为了把众多的文件区分开，必须给每个文件命名，计算机对文件实行按名存取的操作方式。DOS 操作系统规定，文件名是由文件主名和扩展名构成的，中间用"."来分隔。文件主名由字母、数字和下画线等组成，可以由用户按照"见名知义"的原则随意命名，以方便用户进行查找和管理。扩展名一般是由特定的字符组成，表示特定的含义，使用扩展名可以从文件的名字直接区别文件的类型或格式。表 3-1 列出了一些常用的文件类型。

表 3-1　常用扩展名及文件类型

扩　展　名	文件类型	说　　明
.com, .exe	可执行文件	计算机可识别的二进制文件
.jpg, .jpeg, .jpe, .bmp	图片文件	不同格式的图片文件
.doc, .docx, .xls, .xlsx	文档文件	Office 应用程序创建的文档文件
.txt	文本文件	记事本创建的 ASCII 码文件
.wav, .mp3	声音文件	不同格式的声音文件
.avi, .rm, .wmv	视频文件	不同格式的视频文件
.zip, .rar	压缩文件	使用压缩软件制作的压缩文件

在 DOS 操作系统中，文件主名和扩展名可以使用的字符如下：

① 英文字母：A ~ Z（大小写不敏感，例如文件名 myfile 和 MYFILE 相同）。

② 数字：0 ~ 9。

③ 可以使用汉字，一个汉字相当于两个字符。

④ 特殊符号：$、#、&、@、(、)、-、[、]、^、~ 等。

⑤ 空格符、各种控制符和/、\、<、>、*、?字符不能用在文件名中，因为这些字符还有其他特殊用途。

Windows 突破了 DOS 对文件命名规则的限制，允许使用长文件名，但是针对不同的操作系统，文件的命名规则会稍有不同。在 Windows 中，主要命名规则如下：

① 文件名（包括扩展名）最长可以使用 255 个字符。

② 可以使用扩展名，也可以使用多分隔符的文件名，但其文件类型由最后一个扩展名决定。例如，myreports.sale.plan.doc 是合法的，其最后一个扩展名为.doc，表示此文件是一个 Word 文档。

③ 文件名中允许使用空格，但不允许使用下列字符（英文输入法状态）: <、>、/、\、|、: 、"、*、?。

④ 搜索和显示时，可以使用通配符"*"和"?"。"*"代表任意个字符，"?"代表任意一个字符。例如，a*.*代表文件名的第一个字母为 a 的所有文件；???.doc 代表文件名由 3 个字符构成的所有 Word 文档。

⑤ Windows 系统对文件名中英文字母的大小写在显示时有所不同，但在使用时不区分大小写。

2. 文件目录和文件夹

为了更好地存储和管理文件，操作系统将文件有组织地存放在若干目录中，称为文件夹。文件夹可以管理和组织计算机的资源。

Windows 中采用的是多层次文件结构，又称为树状结构。每一个磁盘都有一个根文件夹，每个文件夹中还可以有其他文件夹和文件。文件夹中包含的文件夹又被称为子文件夹。只要磁盘容量允许，在一个文件夹中可以创建任意多个子文件夹，每个子文件夹中又可以存放任意多个子文件夹和文件，如图 3-43 所示。

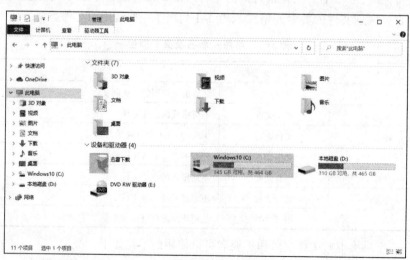

图 3-43　Windows 文件夹窗口

【案例 3-4】文件管理练习。

步骤 1：文件或文件夹的选定。对文件或文件夹进行其他操作之前，必须先选定指定的文件或文件夹。

① 选定单个文件或文件夹。可以使用单击鼠标或者按键盘的方向键的方法实现单个文件或文件夹的选定。

② 选定多个文件或文件夹。

- 选定一组连续的文件或文件夹：先用鼠标单击第一项，按【Shift】键的同时单击最后一项。
- 选定相邻的多个文件或文件夹：拖动鼠标指针，在要包括的所有项目外围划一个框，即可选定框内的所有项目。
- 选定不连续的文件或文件夹：按【Ctrl】键的同时，单击要选择的每个项目。
- 选定窗口中的全部文件或文件夹：选择"组织"→"全选"命令。此外，还可以按【Ctrl+A】组合键来选定窗口内的全部项目。如果要从选择中排除一个或多个项目，可以按住【Ctrl】键，然后单击这些项目取消选定。

步骤 2：文件或文件夹的复制。可以使用以下方法来完成：

① 使用快捷菜单：首先选定需要复制的文件或文件夹，右击选定项目，在弹出的快捷菜单中选择"复制"命令，然后定位在目标文件夹中，右击空白处，在弹出的快捷菜单中选择"粘贴"命令，便可完成文件或文件夹的复制。

② 使用快捷键：先选定需要复制的文件或文件夹，按【Ctrl+C】组合键执行复制，然后在目标文件夹中按【Ctrl+V】组合键执行粘贴。

③ 使用拖动鼠标的方法：如果需要复制的文件或文件夹所在位置和目标位置不在同一驱动器内，则直接用鼠标拖动选定的项目到目标文件夹即可。但是，如果两者在同一驱动器内，则在用鼠标拖动项目的过程中需按【Ctrl】键。

④ 使用"发送到"命令：如果要把文件或文件夹复制到基于 USB 接口的存储设备中，则可以右击选定的项目，在弹出的快捷菜单中选择"发送到"命令，然后在弹出的子菜单中选择"可移动磁盘"命令。

步骤 3：文件或文件夹的移动。可以使用以下方法来完成：

① 使用快捷菜单：首先选定需要复制的文件或文件夹，右击选定项目，在弹出的快捷菜单中选择"剪切"命令，此时图标将显示暗淡。然后定位在目标文件夹中，右击空白处，在弹出的快捷菜单中选择"粘贴"命令，便可完成文件或文件夹的复制。

② 使用快捷键：先选定需要复制的文件或文件夹，按【Ctrl+X】组合键执行剪切，然后在目标文件夹中按【Ctrl+V】组合键执行粘贴。

③ 使用拖动鼠标的方法：如果需要复制的文件或文件夹所在位置和目标位置在同一驱动器内，则直接用鼠标拖动选定的项目到目标文件夹即可。但是，如果两者不在同一驱动器内，则在用鼠标拖动项目的过程中需按【Shift】键。

步骤 4：文件或文件夹的删除和还原。

右击需要删除的文件或文件夹，在弹出的快捷菜单中选择"删除"命令，也可以通过将文件或文件夹拖动到回收站，或者通过选择文件或文件夹并按【Delete】键的方式将其删除。从硬盘中删除文件或文件夹时，不会立即将其删除，而是将其放置在"回收站"中，直到在"回收站"中再次删除或清空回收站为止。若要永久删除文件而不是先将其移至"回收站"，需选定该文件或文件夹，然后按【Shift+Delete】组合键。

如果从网络文件夹或者 USB 闪存驱动器中删除文件或文件夹，可能会永久删除该文件

第 3 章 计算机系统组成

或文件夹，而不是将其存储在"回收站"中。

如果意外删除了不应该删除的文件或文件夹，只要没有永久删除，还存放在"回收站"中，就可以进行恢复。恢复的方法是：打开"回收站"窗口，选中要还原的文件或文件夹，然后在工具栏中单击"还原此项目"按钮。若要还原回收站中的所有文件和文件夹，则不需选定任何文件或文件夹，在工具栏上单击"还原所有项目"按钮，便可将其还原到原始存放位置。

步骤 5：创建新的文件或文件夹。

在"资源管理器"窗口中，转到要新建文件夹的位置（如某个文件夹或桌面）。直接单击工具栏中的"新建文件夹"按钮，或者在桌面上或文件夹窗口中右击空白区域，在弹出的快捷菜单中选择"新建"→"文件夹"命令，即可创建新的文件夹，输入新文件夹的名称，然后按【Enter】键。此外，还可以在快捷菜单中选择新建各种文档。

步骤 6：更改文件或文件夹的名称。

右击选定的文件或文件夹，在弹出的快捷菜单中选择"重命名"命令，此时文件或文件夹图标上的名称框进入可编辑状态，输入新的名字后按【Enter】键，即完成更名操作。

此外，还有一种比较简单的方法，即用鼠标连续单击文件或文件夹图标两次，中间间隔几秒钟，此时其名称框会转为可编辑状态，也可以完成更名操作。

步骤 7：查看和修改文件和文件夹的属性。

右击选定的文件或文件夹，在弹出的快捷菜单中选择"属性"命令，即可弹出属性对话框。

在文件属性对话框的"常规"选项卡中，用户可以查看文件的常规属性，包括：文件名，文件类型，打开方式，位置，大小，占用空间，创建、修改和访问时间，属性等，如图 3-44 所示。其中，属性包括只读属性和隐藏属性，设置只读属性后文件会变为只读文件，只能读取不能写入，可以防止文件被修改；隐藏属性设置后在一般情况下此文件即会被隐藏起来，而不显示在桌面、文件夹或资源管理器中。

文件夹的属性对话框与文件的属性对话框基本类似，如图 3-45 所示。用户通过"共享"选项卡可以设置文件夹的共享方式。

图 3-44　文件的属性对话框

图 3-45　文件夹的属性对话框

步骤 8：搜索文件或文件夹。

Windows 7 提供了多种搜索文件或文件夹的方法。

① 使用"开始"菜单中的搜索框。单击"开始"按钮，在"开始"菜单的搜索框中输入相关的关键字，与输入文本相匹配的项会出现在"开始"菜单中。搜索结果不仅使文件名匹配，还包括文件内容、标记以及文件属性的匹配。

② 使用"资源管理器"中的搜索框。搜索框位于"资源管理器"右上角，在搜索框中输入要查找的内容，即时会在窗口中出现与关键字相匹配的对象，包含的关键字会高亮突出显示出来，如图 3-46 所示。

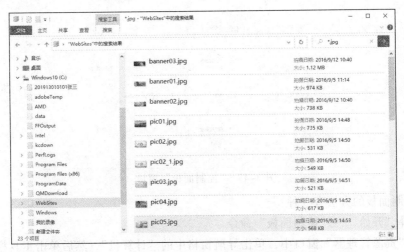

图 3-46　使用"资源管理器"搜索文件

【案例 3-5】文件管理。

案例功能：利用资源管理器和回收站实现对文件和文件夹的各种操作。

具体要求：

① 在 D 盘（根据实际情况，也可选择其他磁盘）中新建一个文件夹，命名为 myfiles。

② 将 C:\Windows 目录下的 media 文件夹和 temp 文件夹选中，复制到新建的 myfiles 文件夹中。

③ 用两种不同的方法将 media 文件夹更名为"媒体"，将 temp 文件夹更名为"临时"。

④ 在 myfiles 文件夹中新建一个名为 myfilebak 的文件夹、一个名为 file1.txt 的文本文档、一个名为 file2.docx 的 Word 文档和一个名为 file3.xlsx 的 Excel 工作表文档。

⑤ 设置文件夹选项为"显示所有已知类型文件的扩展名"，查看文件显示有何变化。

⑥ 将 file1.txt 移动到 myfilebak 文件夹中，将 file2.docx 和 file3.xlsx 复制到 myfilebak 文件夹中。

⑦ 将 myfile 文件夹中的 file2.docx 删除，将 file3.xlsx 永久删除。

⑧ 打开"回收站"窗口，查看内容，并将 file2.docx 还原。

⑨ 打开 myfilebak 文件夹，将 file1.txt 的属性设为"隐藏"，查看有何变化。

⑩ 搜索"媒体"文件夹中扩展名为.wav 的所有文件或文件夹，记录数量。

知识列表：库、创建新库、包含到库中、设置默认保存位置。

3. 操作系统环境设置与系统维护

控制面板是 Windows 系统工具中的一个重要文件夹，如图 3-47 所示。使用控制面板可

以更改 Windows 的设置，而这些设置几乎包括了有关 Windows 外观和工作方式的所有设置，并允许用户对 Windows 进行设置，使其适合用户的需要。

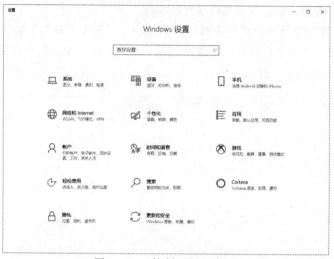

图 3-47 "控制面板"窗口

打开控制面板的方法有 3 种：

① 选择"开始"→"控制面板"命令。

② 在"资源管理器"窗口中，单击导航窗格中的"计算机"，然后单击工具栏中的"打开控制面板"按钮。

③ 选择"开始"→"所有程序"→"附件"→"系统工具"→"控制面板"命令。

4. 磁盘的组织管理

磁盘管理是一项计算机使用时的常规任务，它是以一组磁盘管理应用程序的形式提供给用户的。这些程序一般位于"控制面板"的"计算机管理"控制台中，包括磁盘管理程序、磁盘碎片整理程序和磁盘清理程序。

（1）磁盘分区和磁盘格式化

计算机中存放信息的主要存储设备就是硬盘，但是硬盘不能直接使用，必须对硬盘进行分割，分割成一块一块的硬盘区域，这就是磁盘分区。在传统的磁盘管理中，将一个硬盘分为两大类分区：主分区和扩展分区。主分区是能够安装操作系统，并且能够进行计算机启动的分区，这样的分区可以直接格式化，然后安装系统，直接存放文件。

磁盘管理一般是在"磁盘管理"窗口中进行的。在 Windows 7 中，选择"开始"→"控制面板"→"系统和安全"→"创建并格式化硬盘分区"，即可打开"磁盘管理"窗口，如图 3-48 所示。

创建和格式化新分区（卷）的步骤：右击硬盘上未分配的区域，在弹出的快捷菜单中选择"新建简单卷"命令。在"新建简单卷向导"对话框中单击"下一步"按钮，如图 3-49 所示。输入要创建的卷的大小（MB）或接受最大默认大小，然后单击"下一步"按钮。接受默认驱动器号或选择其他驱动器号以标识分区，然后单击"下一步"按钮。在"格式化分区"对话框中，若要使用默认设置格式化该卷，可单击"下一步"按钮。复查所有选择后，单击"完成"按钮。

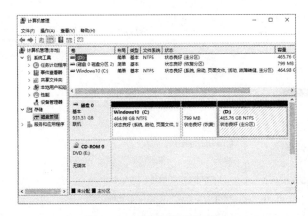

图 3-48 "磁盘管理"窗口

图 3-49 "新建简单卷向导"对话框

若要格式化现有分区（卷），需格外谨慎，因为格式化卷将会破坏分区上的所有数据，因此必须确保备份所有要保存的数据，然后再开始操作。格式化卷的步骤是：打开"磁盘管理"窗口，右击要格式化的卷，在弹出的快捷菜单中选择"格式化"命令。若要使用默认设置格式化卷，则在"格式化"对话框中单击"确定"按钮，如图 3-50 所示，然后在弹出的警告对话框中再次单击"确定"按钮即可。

图 3-50 "格式化"对话框

（2）磁盘碎片整理

在计算机的使用过程中，随着对磁盘进行读/写操作（如删除、复制、剪切或创建新文件等），不可避免地会在磁盘中产生很多零散的空间和文件碎片，甚至可移动存储设备（如 USB 闪存驱动器）也可能成为碎片。碎片会使硬盘执行速度降低，这样就会影响数据的存取速度，进而影响用户的工作效率。磁盘碎片整理程序可以重新排列碎片数据，以便使磁盘和驱动器更有效地工作。磁盘碎片整理程序可以手动进行，也可以按计划自动运行。

在"资源管理器"窗口中右击磁盘名称，在弹出的快捷菜单中选择"属性"命令，在弹出的属性对话框的"工具"选项卡中单击"优化"按钮。这两种方法都可打开"对驱动器进行优化和碎片整理"窗口，如图 3-51 所示。

在"当前状态"列表框中选择需要进行碎片整理的磁盘。若要确定是否需要对磁盘进行碎片整理，则单击"分析磁盘"按钮。在 Windows 完成分析磁盘后，可以在"上一次运行时间"列中检查磁盘上碎片的百分比。如果高于 10%，则应该对磁盘进行碎片整理。单击"磁盘碎片整理"按钮，即开始运行磁盘碎片整理程序。磁盘碎片整理可能需要几分钟到几小时才能完成，具体时间取决于硬盘碎片的大小和程度。在碎片整理的同时，用户仍然可以操作计算机。

此外，可以设置定期自动整理碎片。在"磁盘碎片整理程序"窗口中单击"配置计划"按钮，可以弹出"磁盘碎片整理程序：修改计划"对话框，如图 3-52 所示。在此，用户可以设置定期磁盘碎片整理的频率、日期、时间和需要整理的磁盘，然后单击"确定"按钮即可。

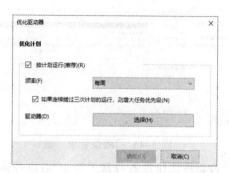

图 3-51 "磁盘碎片整理程序"窗口　　图 3-52 "磁盘碎片整理程序：更改设置"对话框

（3）磁盘清理

除了文件碎片之外，随着系统的使用，会产生很多垃圾文件，例如，临时文件、回收站中的文件和其他不再需要的项等。使用磁盘清理程序，可以减少硬盘上不需要的文件数量，释放磁盘空间并让计算机运行得更快。

图 3-53 "磁盘清理：驱动器
选择"对话框

在"系统和安全"窗口中单击"释放磁盘空间"，在弹出的"磁盘清理：驱动器选择"对话框中选择要清理的硬盘驱动器，然后单击"确定"按钮，如图 3-53 所示。或者在"资源管理器"窗口中右击磁盘名称，在弹出的快捷菜单中选择"属性"命令，在属性对话框的"常规"选项卡中单击"磁盘清理"按钮。这两种方法都可以启动磁盘清理程序。

在经过一段时间统计后，弹出"磁盘清理"对话框，如图 3-54 所示。在"要删除的文件"列表框中选择要删除的文件类型的复选框，然后单击"确定"按钮，在出现的警告对话框中单击"删除文件"按钮即可。

【案例 3-6】磁盘管理。

案例功能：将计算机的 D 盘进行磁盘碎片整理和磁盘清理。

图 3-54 "磁盘清理"对话框

案例操作过程：

步骤 1：打开"资源管理器"窗口，右击 D 盘图标，在弹出的快捷菜单中选择"属性"命令，弹出属性对话框。

步骤 2：在"工具"选项卡中单击"立即进行碎片整理"按钮，打开"磁盘碎片整理程序"窗口。

步骤 3：单击"分析磁盘"按钮，进行磁盘上碎片的百分比检查，然后启动磁盘碎片整理程序。

步骤 4：在"常规"选项卡中单击"磁盘清理"按钮，启动磁盘清理程序，释放一部分磁盘空间。

知识列表：磁盘碎片整理，磁盘清理。

小结

本章介绍了计算机系统的组成。通过对硬件系统的学习，可了解计算机的工作原理；通过对计算机组成各个部分的介绍，可掌握 CPU、内存、主板、显卡、机箱、电源等部件的基本概念和装机时所要具备的常识。软件系统部分，除了介绍了软件的分类外，还介绍了基本软件的卸载和安装方法。

习题

一、选择题

1. 一个完整的计算机系统包括（　　）。

　　A. 主机、键盘、显示器　　　　　　　　B. 计算机及其外围设备

　　C. 系统软件与应用软件　　　　　　　　D. 计算机的硬件系统和软件系统

2. 微型计算机的运算器、控制器及内存储器的总称是（　　）。

　　A. CPU　　　　　　B. ALU　　　　　　C. MPU　　　　　　D. 主机

3. 计算机的硬件系统包括（　　）。

　　A. 内存和外设　　B. 显示器和主机　　C. 主机和打印机　　D. 主机和外围设备

4. 负责计算机内部之间的各种算术运算和逻辑运算的功能，主要是由（　　）硬件来实现的。

　　A. CPU　　　　　　B. 主板　　　　　　C. 内存　　　　　　D. 显卡

5. 下面设置中，不属于输入设备的是（　　）。

　　A. 键盘　　　　　　B. 鼠标　　　　　　C. 扫描仪　　　　　D. 打印机

6. DRAM 存储器的中文含义是（　　）。

　　A. 静态随机存储器　　　　　　　　　　B. 动态只读存储器

　　C. 静态只读存储器　　　　　　　　　　D. 动态随机存储器

7. 断电会使原存信息丢失的存储器是（　　）。

　　A. 半导体　　　　　B. 硬盘　　　　　　C. ROM　　　　　　D. 软盘

二、填空题

1. 32 位计算机中的 32 位指的是_____。

2. 计算机系统的内部硬件最少由 5 个单元结构组成，即_____、_____、_____、_____和控制器。

3. 计算机的外设很多，主要分成两大类：一类是输入设备；另一类是输出设备，其中，显示器、音箱属于_____，键盘、鼠标、扫描仪属于_____。

4. CPU 主频的高低与 CPU 的外频和倍频有关，其计算公式为_____。

三、简答题

1. 什么是计算机系统？它由哪些部分组成？

2. 什么是冯·诺依曼原理？它的基本要点是什么？

3. 简述计算机硬件系统的基本组成及各个部分的主要作用。

4. 什么是系统总线？它由哪些部分组成？

5. 简述组成计算机存储系统的各类存储器的性质与功能。

6. 个人计算机是由哪些硬件设备组成的？它们的作用是什么？

7. 什么是语言处理程序？计算机语言源程序是如何被执行的？

8. 谈谈应用软件在计算机软件系统中的作用与地位，它有哪些类别？

9. 什么是操作系统？它有哪些主要功能？

第4章

→ 程序设计与算法

利用计算机求解问题必须把解题的步骤编成程序，程序设计语言就是人与计算机进行交流的工具。可以说，程序是计算机自动完成某个具体任务的一系列操作步骤的集合。为了让计算机解决实际问题，必须事先用程序设计语言编写程序，通过程序向计算机发出执行的命令。编写程序之前，首先必须明确解决该问题的步骤和方法、该问题需要处理的数据、结果，以及它们的表示形式。这种解决问题的步骤和方法称为算法。

程序设计语言分为低级语言和高级语言。低级语言包括机器语言和汇编语言；高级语言根据解决问题的方式不同分为面向过程和面向对象的语言。开发一个大型软件往往需要很多程序员的团队协同完成，所以，程序设计语言也是人与人之间交流的工具，因此编写程序应该具有良好的设计风格和方法。

本章主要介绍结构化程序设计方法和面向对象程序设计方法，学习目的在于：

① 了解程序设计语言的分类以及从编写到运行的过程。

② 熟悉常见的高级语言，并了解相关的工具。

③ 理解结构化和面向对象的程序设计方法。

④ 掌握使用流程图的方法描述程序设计的思想和结构。

⑤ 能够确定一个问题是否适合用计算机来求解，描述利用计算机问题求解的步骤。能够应用自顶向下和面向对象的方法来分析问题。

⑥ 了解常见的几种查找和排序算法。

4.1　计算机和程序设计语言

计算机是一个高速运转、没有思维的机器，它具有输入/输出设备、控制器、运算器和存储器几个部件。没有明确的指令，计算机不知道如何将输入的数据进行处理并输出，只能依靠由人制定好的程序才能运行。如何指示计算机完成任务，换句话说，人是如何向计算机发送命令的？命令的形式是什么样的？就像人和人之间的交流需要用汉语、英语等自然语言一样，人和计算机交流使用的是程序设计语言，程序设计语言把人和计算机联系起来。程序设计是用某种程序设计语言编写程序的过程，有时又称为编程。

什么样的语言才能让计算机"理解"呢？像自然语言"我们研究所有东西"有两种不同的理解，可以认为"我们研究 所有东西"或者"我们研究所 有东西"，这种具有二义性的语言，计算机是无法理解其含义的。程序设计语言是科学家专门为计算机创造的"语言"，是人向计算机发布命令的工具。每种程序设计语言都规定了一套严格的符号、保留字（专用字）、运算规则等。目前，程序设计语言多种多样，常用的就有几十种之多，复杂度和应用领域各不相同。

程序是用某种程序设计语言书写的"命令"序列，每一行的命令，也成为"语句"。计算机问题求解的步骤必须通过程序中的语句明确执行，比如从 10 个数中选取最大值，计算机运行时的每一个动作、每一个步骤，都必须按照写好的程序来执行。

一般将程序设计语言分为低级语言和高级语言，低级语言包括机器语言和汇编语言，高级语言根据解决问题的方式不同分为多类，如面向过程和面向对象的语言。

通常把用高级语言编写的程序称为源程序，把用机器语言或汇编语言编写的程序称为目标程序，把由二进制代码表示的程序称为机器代码。计算机只能识别和执行机器代码，用汇编语言和高级语言编写的程序必须翻译为相应计算机的机器代码才能执行。高级语言的一个语句可以完成低级语言中很多语句才能完成的一个复杂操作，所以用高级语言写的程序更短。

4.2　面向计算机的低级语言

每种类型的计算机都有一套专用的机器指令系统，机器语言就是直接用二进制代码表示的机器指令。在计算机发展的早期，人们使用机器语言来编写程序，因为机器语言是二进制的，很难阅读和理解，于是出现了"助记符"来表示机器指令的汇编语言，用它编写的程序必须翻译成等价的机器语言程序才能执行，被称作计算机的低级语言。

4.2.1　机器语言

机器语言是用二进制代码表示的计算机能直接识别和执行的一种机器指令的集合。它是计算机的设计者通过计算机的硬件结构赋予计算机的操作功能，每种处理器都有自己专用的机器指令集合，不同型号的计算机其机器语言是不相通的。在设计计算机中央处理器时，设计师需要列出所有的机器指令，给每个指令分配一个二进制代码，然后设计硬件来完成该指令的功能。

通用电子数字计算机刚开始发明的时候，人们只能直接用这些计算机能够直接运行的二进制代码编写程序，所以称这些二进制代码为机器语言。使用机器语言编写程序是非常烦琐的，程序员必须记住每组二进制数对应的是什么指令。

每条机器语言指令只能执行一个非常小的任务。指令的基本格式包括：操作码、寄存器和地址码，其中操作码指明了指令的操作性质及功能，寄存器是临时存放数据的电子器件，地址码则给出了操作数或操作数的地址。

例如，做如下的假定：

操作码 0000 代表加载指令（LOAD），0001 代表存储指令（STORE）。

寄存器 A 用 0000 代表，寄存器 B 用 0001 代表。

地址码用 8 位的二进制表示：

00000000 代表地址为 0 的存储器；

00000001 代表地址为 1 的存储器；

00010000 代表地址为 16 的存储器。

那么，可以使用以下的机器语言指令：

```
0000,0000,000000010000 代表 LOAD A, 16
0000,0001,000000000001 代表 LOAD B, 1
```

```
0001,0001,000000010000 代表 STORE B, 16
0001,0001,000000000001 代表 STORE B, 1
```

将其输入计算机中，就能直接执行。可以看到，用机器语言编写的程序难以阅读和理解，程序员必须记住复杂的指令系统，书写、辨认冗长的二进制代码，很难在程序编写方法和算法上下工夫，这极大地限制了程序的质量和应用范围。而且，每个程序只能在特定类型的计算机上运行，要想在其他计算机上运行，必须重新编写，造成了重复工作。事实上，目前几乎没有人直接用机器语言编写程序。

4.2.2　汇编语言

如上所述，机器语言使用二进制代码，难读、难记而且容易出错，为了解决这些难题，人们用助记符代替机器指令的操作码，用地址符号或标号代替地址码。例如，用 ADD 来表示运算符"+"，这就是汇编语言。汇编语言的指令与机器语言的指令具有一一对应关系，程序员在编程时可以直接用助记符代替二进制代码。

例如，在 8086/8088 兼容机上，用汇编语言完成求 5+6 的程序代码如下：

```
mov ax, 5        ;将 5 放进 ax 寄存器中
add ax, 6        ;ax 中的数与 6 相加，结果仍然在 ax 中
hlt              ;停机结束
```

显然，汇编语言程序比机器语言程序更容易理解，不用了解底层的硬件细节。但是，计算机只能识别机器语言，用汇编语言编写的程序必须翻译为机器语言程序才能执行。这个翻译过程是借助汇编程序自动编译完成的，如图 4-1 所示，它读取汇编语言书写的程序，然后把它翻译成等价的机器语言程序。特定的汇编语言和特定的机器语言指令集是一一对应的，所以还是保留了面向机器的特点，不同平台之间是不可移植的。

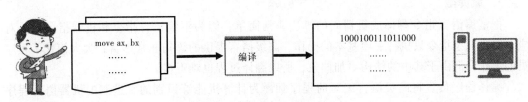

图 4-1　汇编语言的编译运行

4.3　面向人类思维的高级语言

与机器语言相比，汇编语言在程序的复杂性、可读性和调试等方面改进了很多，但对于不同的机器，程序员仍然需要记住不同的指令，也要对计算机硬件很熟悉，记住汇编指令的助记符。另外，在一种类型的计算机上编写的汇编语言程序一般是不能在另一种类型的计算机上运行。为了克服汇编语言的缺陷，提高程序编写和维护的效率，便出现了面向人类思维的高级程序设计语言。

4.3.1　高级语言的概念

高级语言与人类的思维和交流方式更接近，它包含表达各种意义的单词和公式，按照一

定的语法规则来编写程序。高级语言不是指一种特定的语言，它包括上千种语言，如 Pascal、C、Python、C++、Java 和 Visual Basic.NET 等。高级语言独立于计算机硬件结构，即所编写的程序与在什么型号的计算机上运行是完全无关的。因此，在一种计算机上运行的高级语言程序，可以不经改动地移植到另一种计算机上运行，大大提高了程序的可移植性。

高级语言的另一个特点是让用户以面向问题的形式，而不是面向计算机的形式来描述任务。在编程中，高级语言把很多物理设备抽象化了，如把存储空间抽象成变量。这样，程序员完全不用和计算机硬件直接打交道，编写程序时也不必理解计算机的指令系统，而是将大部分精力放在理解和描述要解决的问题上，大大提高了编程的效率和程序的质量。高级语言与自然语言相似，易学、易懂、易查错。

例如，用 Python 语言编写求 5+6 的程序如下：

```
first=5                    //为第 1 个变量赋值
second=6                   //为第 2 个变量赋值
sum=first+second           //将两个变量相加，放到第 3 个变量 sum 中
print(sum)                 //输出所求的和
```

早期，人们使用机器语言和汇编语言来写应用程序，特别是系统软件的开发，这主要是考虑到目标程序利用计算机的效率非常高。在此之后，高级语言获得了更为广泛的应用，多数程序直接用高级语言来编写，高级语言的出现是计算机编程语言的一大进步。

4.3.2　让计算机理解高级语言

用汇编语言编写的程序，要通过汇编程序翻译成机器码才能执行。用高级语言书写的程序，也不能直接在计算机上运行，也需要翻译成机器代码才能执行。根据翻译方式的不同，可以分成编译型、解释型、编译与解释混合型 3 种。

1. 编译型

把汇编语言指令翻译成机器码的算法非常简单，因为汇编语言指令和机器指令一一对应，而且每条指令只执行一项基本的操作。高级语言提供的语句非常丰富，大大简化了程序员的工作，但由于其中的结构更加抽象，所以翻译过程也难得多。

编译程序负责将高级语言编写的程序翻译为计算机能够识别的二进制的机器语言程序代码。有些编译器先输出汇编语言程序，还要经过汇编器的翻译才能得到可执行的机器语言程序。有些编译器直接输出机器语言程序，不需要经过汇编的阶段。

C、C++和 Fortran 等是编译型的语言。例如，C 和 C++语言的编译过程如图 4-2 所示。分成了两大步骤，首先将源程序编译成目标文件（Object File），因为源代码可能调用了很多外部的代码和标准库函数，所以目标文件还不能运行，还需要通过连接器（Linker）把外部函数的代码添加到可执行文件中，最后形成可运行的机器代码。

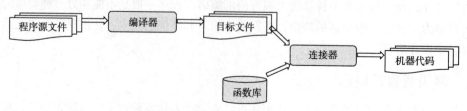

图 4-2　高级语言程序的编译过程

2. 解释型

通过编译程序事先把程序转化为机器语言程序是高级语言运行的一种方式，解释运行是另一种方式。两种方式之间的区别在于翻译的时间点不同。解释型语言编写的程序不进行预先编译，在运行程序的时候，解释型语言才将程序逐语句地翻译成机器语言。

BASIC 语言是典型的解释型高级语言，其专用的解释器在执行源程序时，会逐条读取并解释每个语句（这其实就是一个编译过程），然后再执行。一般来说，现有的解释型语言都是采用逐行解释的方式来执行的。这样解释型语言每执行一次就要翻译一次。由于解释器的复杂性，用解释型语言编写的程序通常要比编译型程序的运行效率低。

编译型与解释型各有利弊。前者由于程序执行速度快，同等条件下对系统要求较低，因此像开发操作系统、大型应用程序、数据库系统等时都采用编译型，例如 C/C++、C#等。而一些网页脚本、服务器脚本及辅助开发接口这样的对速度要求不高、对不同系统平台间的兼容性有一定要求的程序则通常使用解释性语言，如 JavaScript、VBScript、Perl、Python、Ruby 等。

3. 编译与解释混合型

编译与解释结合型是用编译方式进行部分翻译，然后再进行解释的语言，典型的例子是 Java 语言。Java 是 1996 年面世的，可移植性是 Java 语言的重要特性。为了达到最佳的可移植性，Java 编译器将 Java 源程序翻译为 JVM(Java Virtual Machine，Java 虚拟机，可以看作是可运行 Java 代码的假想计算机）上可执行的字节码，然后由 JVM 解释器来解释并执行字节码。也就是说，字节码不是某个特定硬件处理器的机器语言，任何具有 JVM 的机器都可以运行编译后的 Java 字节码。

4.3.3 常见的高级语言

目前流行的高级语言有很多，新的高级语言也在不断地出现。现在用得较多的高级语言有 C、C++、C#、Java、Python 等。各种高级语言特点不同、应用场合也不尽相同，在实际应用中进行程序设计时，可根据情况选择合适的计算机语言。

1. FORTRAN 语言

FORTRAN 语言于 1954 年问世，1957 年由 IBM 公司正式推出，是世界上最早出现的高级语言，允许使用数学表达式形式的语句来编写程序，是第一个被广泛应用于科学计算的高级语言。一个 FORTRAN 程序由一个主程序和若干个子程序组成。主程序与每一个子程序都是独立的程序单位，称为程序模块。在 FORTRAN 中，子程序是实现模块化的有效途径。FORTRAN 的结构特别简单，除了输入和输出的语句，几乎所有的 FORTRAN 语法成分都可以用硬件结构直接实现，因此程序执行的效率相当高。

2. C 语言

1970 年，作为设计 UNIX 操作系统的一项"副产品"，丹尼斯·里奇(D. Ritchie)和肯·汤普森(K. Thompson)合作完成了 C 语言的开发，并因此获得了 1983 年度的"图灵奖"。

C 语言的基本数据类型包括字符、整数和浮点数类型，用户还可以建立数组、指针、结构和联合等新的数据类型。C 语言是一种较"低级"的计算机高级语言，它提供了类似于汇编语言直接访问存储单元的指针，所以兼具了很强的功能和灵活性，提供了丰富的运算符和

第 **4** 章　程序设计与算法

较强的数据类型，是目前广泛使用的一种高级语言。

3. C++和C#语言

1983 年，贝尔实验室另一位研究人员斯特劳斯特鲁普（B. Stroustrup），把 C 语言扩展成一种面向对象的程序设计语言 C++。C++在语法上与 C 兼容，主要是增加了类的功能。

一般来说，开发一个具有相同功能的程序，C/C++的开发周期比其他语言长，人们一直都在寻找一种可以在功能和开发效率之间达到更好平衡的语言。针对这种需求，微软推出了 C#（读作 C Sharp）语言，在更高层次上重新实现了 C/C++。C#是一种先进的、面向对象的语言，可以让开发人员快速建立基于微软框架和网络平台的应用，并且提供了大量的开发工具和服务帮助开发人员开发基于计算和通信的各种应用。

4. Java 语言

Java 是在计算机史上影响深远的编程语言，它是在 1996 年推出的一种面向对象的编程语言，它具有简单、动态、可移植、与平台无关和高性能等优点。Java 一推出就在业界引起轰动，并迅速成为互联网应用开发的主要语言。

Java 是一种纯面向对象的语言，它的语法与 C++很相似，因此很容易被 C++程序员接受。Java 不仅吸收了 C++语言的各种优点，还摒弃了 C++里难以理解的多继承、指针等概念，因此 Java 语言功能强大而又简单易用，使得程序员以优雅的思维方式进行复杂的编程。Java 可以编写桌面应用程序、Web 应用程序、分布式系统和嵌入式系统应用程序等。

5. Python 语言

Python 是一种开源的面向对象的脚本语言。1989 年末，阿姆斯特丹国家数学和计算机科学研究所的研究员 Guido van Rossum 以 ABC 语言为基础开发了一种新的高级脚本编程语言。他把这种新的语言命名为 Python（大蟒蛇），来源于 BBC 当时正在热播的喜剧连续剧 *Monty Python*。

Python 是一种简单易学，功能强大的编程语言。语法非常简捷和清晰，具有高效率的高层数据结构，能简单而有效地实现面向对象编程。它包含了一组完善而且容易理解的标准库，能够轻松完成很多常见的任务。Python 简洁的语法和对动态输入的支持，再加上解释性语言的本质，使得它在大多数平台的很多领域都是一个理想的脚本语言，特别适用于快速的应用程序开发。

4.3.4 Python 语言的开发环境

下面以现在比较流行的开发语言 Python 为例，说明计算机高级语言的开发环境搭建和使用方法。

首先去 Python 的官网（https://www.Python.org）下载安装包。使用浏览器打开 Python 官网（见图 4-3），选择 Downloads 中的 Windows 选项。

可以根据 Windows 的版本下载相对应的 32 位或者 64 位版本的开发环境软件。图 4-4 中上面红色框标识的是 32 位版本，下面的红色框标识的是 64 位版本。

图 4-3　Python 官网

32 位和 64 位的版本安装起来没有区别，双击打开后，第一步要选中 Add Python 3.5 to PATH 复选框（见图 4-5），意思是把 Python 的安装路径添加到系统环境变量的 Path 变量中。单击 Install Now 之后，默认安装即可。

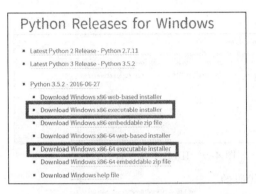

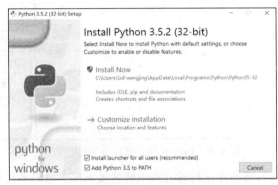

图 4-4　下载 Python 的版本　　　　　　　　　图 4-5　初始安装界面

安装过程如图 4-6 左图所示，稍等一会，当出现图 4-6 右图所示画面就表示安装完毕。

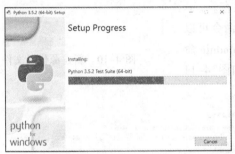

图 4-6　安装过程和结束画面

装完之后打开计算机的"命令提示符"程序或者运行 cmd，验证一下安装是否成功，主要是看环境变量是否设置好。在命令提示符画面下输入 python（见图 4-7），然后回车，如果出现 Python 的版本号则说明软件装好。

图 4-7　验证安装

确认安装成功后，在 Windows 的应用程序中找到 Python 3.5 下面的 IDLE，并启动它。IDLE 是 Python 自带的一个开发环境，虽然比较简陋，不过还是很实用的。启动 IDLE 之后，>>> 提示符（见图 4-8）的后面可以直接输入 python 语言的命令代码，例如，输入 print("你好，世界")，回车之后系统显示如下界面，打印出"你好，世界！"几个字，如图 4-9 所示。需要注意的是，输入的代码中的左右括号和双引号一定是英文的标点符号，不能是中文。引号里面的"你好，世界！"表示要输出的字符串，不要求一定是英文。

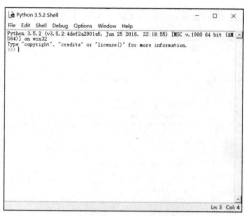

图 4-8　Python 的开发环境 IDLE

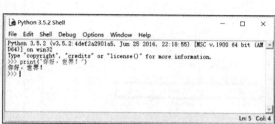

图 4-9　IDLE 中命令行方式代码

这种命令行的方式不能满足编写大量的多行代码的要求，所以可以新建一个 Python 代码的源代码文件。选择 File→New File 命令，新建一个空白的文件，在里面输入 4.3.1 节中的那段代码（见图 4-10），并保存。

输入完毕之后，选择 Run→Check Module 命令可以检查一下是否语法错误。然后选择 Run→Run Module 命令或者直接按【F5】键运行程序，运行结果如图 4-11 所示。

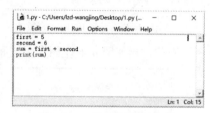

图 4-10　新建源代码文件

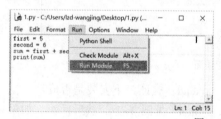

图 4-11　源代码和运行结果

4.4　程序设计的一般方法

程序设计是用某种程序设计语言编写程序的过程，需要掌握一定的方法。目前使用广泛的是结构化程序设计方法和面向对象程序设计方法。

4.4.1　结构化程序设计方法

著名的计算机科学家迪格斯彻在 1972 年发表的论文 *Notes on Structured Programming* 开创了结构化程序设计的时代。结构化程序设计强调程序设计风格和程序结构的规范化，提倡清晰的结构。每个模块只有一个入口和一个出口。

结构化程序设计以功能和处理过程为核心。基本思想是：把一个大任务分为若干个子任务，每一个子任务就相对简单了。每个任务就是一个模块，根据模块的功能可以再将它划分为若干个子模块。这是一种典型的自上而下、逐步求精的程序设计方法。模块划分的原则是每个子模块的功能比较单一，控制在人们容易理解和处理的范围内。每个模块由一个函数或过程来表达。

函数是结构化程序设计中重要的程序构造手段，模块之间的关系通过函数调用来实现。因此，结构化程序设计即是编写并识别一个个函数的过程，以及将一个个函数装配形成主函数的过程。一个程序包含一个主函数，一个函数可以调用若干个其他函数以完成相应的功能，也可以被另一个函数调用。

4.4.2　用流程图表示程序的流程

流程图是采用一些框图来描述算法的一种简单工具，可以用流程图来精确地描述函数所表达的求解步骤。美国国家标准化协会（ANSI）和国际标准化组织（ISO）公布的标准规定了流程图采用的一些框图。其优点是描述简洁、清晰和直观，并可以直接转化为程序；缺点是所占篇幅较大。由于允许使用流程线，过于灵活，不受约束，使用者可使流程任意转向，从而造成程序阅读和修改上的困难。

流程图包含一组有特殊含义的图形符号，可以很方便地表示顺序、分支和循环结构。流程图所表示的求解步骤与具体的计算机和计算机语言无关，从而有利于不同环境的程序设计。

流程图的绘制必须使用标准的流程图符号，并遵守流程图绘制的相关规定，才能绘制出正确而清楚的流程图。一个流程图可以使用的符号如图 4-12 所示。

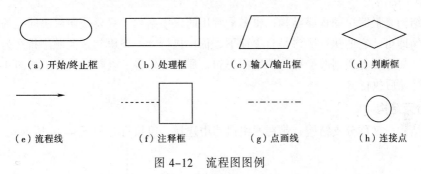

（a）开始/终止框　　（b）处理框　　（c）输入/输出框　　（d）判断框

（e）流程线　　（f）注释框　　（g）点画线　　（h）连接点

图 4-12　流程图图例

其中：

① 开始/终止框：表示流程图的起点和终点。

② 处理框：表示各种处理功能，框中给出处理的操作说明。

③ 判断框：表示一个逻辑判断，框中给出判断条件的说明。一般情况是有两个出口，分别表示条件成立或者不成立（真或者假、是或者否），如图 4-13 所示。

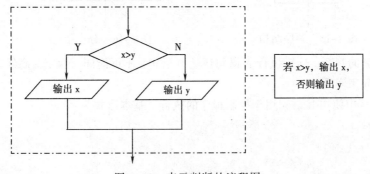

图 4-13　表示判断的流程图

④ 流程线：表示算法的执行方向，是单向的实线。

⑤ 注释框：表示对流程图中某一个部分的解释和说明，一般绘制在侧面。

⑥ 点画线：表示被注释的范围。

⑦ 连接点：表示流程线的断点，在图中给出断点编号，如图4-14所示。

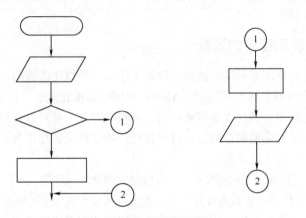

图4-14　流程图中的连接点

1. 顺序结构

顺序结构是最简单的程序结构，也是最常用的程序结构，只要按照解决问题的顺序写出相应的语句即可，它的执行顺序是自上而下，依次执行。一条语句按照顺序排在另一条语句之后执行，如果没有遇到改变执行顺序的语句，那么语句将一直顺序执行。如图4-15所示，A语句执行完后执行B。

2. 分支结构

选择结构，又称分支结构，是在两组语句中选择一组执行，如图4-16所示。

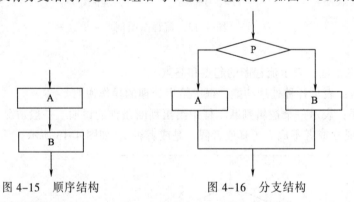

图4-15　顺序结构　　　　图4-16　分支结构

根据条件P的判断，选择执行A语句还是B语句，不可能同时执行。高级程序设计语言中一般用if语句来实现。

Python语言中使用if语句用于控制程序的执行，基本形式为：

```
if(判断条件):
    执行语句1
    执行语句2
        …
else:
    执行语句1
```

```
    执行语句 2
    ...
```

其中，"判断条件"成立时（非零），则执行后面的语句，而执行内容可以多行。else 为可选语句，当需要在条件不成立时执行内容则可以执行相关语句。例如，以下代码片段，根据 i 值是否大于 100 来打印不同的字符串：

```
if(i > 100):
    print("数值大于 100 了！")
else:
    print("数值还小于 100 呢！")
```

3. 循环结构

循环结构是指反复执行某一段程序，直到控制循环的条件结束。循环结构的重点在于：什么情况下执行循环，即循环的判定条件，哪些操作需要循环执行。

循环结构有"当型循环"和"直到型循环"两种基本形式，如图 4-17 所示。

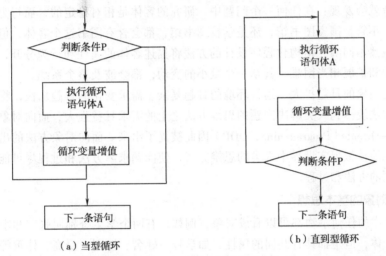

图 4-17   两种循环结构流程图

当型循环是先判断条件 P，条件满足时执行循环体 A，然后修改控制循环的变量值之后再自动返回循环入口；如果条件不满足，则退出循环体，如图 4-17（a）所示。直到型循环是先执行循环体 A，修改控制循环的变量值之后再判断条件 P，如果条件不满足，继续执行循环体，直到条件为真时退出循环，如图 4-17（b）所示，这种循环很少被使用。

高级程序语言中一般使用 while 语句或者 for 语句来实现。Python 语言中使用 while 语句用于循环执行程序，即在某条件下，循环执行某段程序，以处理需要重复处理的相同任务，其基本形式为：

```
while(判断条件):
    执行语句 1
    执行语句 2
    ...
```

执行语句可以是单个语句或语句块，以缩进来表示循环体的语句范围。判断条件可以是表达式，任何非零或非空（null）的值均为 true。当判断条件假 false 时，循环结束。以下是用 Python 语言实现打印 1 ~ 100 的数字。

```
i=0
while(i<=100):
    print(i)
    i = i + 1
print("循环结束")
```

4.4.3 面向对象的程序设计方法

高级程序设计语言中最基本的构成要素是变量（数据）、表达式、语句和函数，通过算法对这些元素进行组合就可实现复杂功能的程序。根据上一节的介绍可以看到，结构化设计方法所采用的设计思路没有将客体作为一个整体，而是以功能为目标来设计构造应用程序。这种做法导致在进行程序设计时，没有遵循人类观察问题和解决问题的基本思路，而且增加了程序设计的复杂程度。

仔细思考就会发现：在任何一个问题中，研究的客体是相对稳定的，而行为往往是不稳定的。例如，不管是国家图书馆，还是学校图书馆，都会含有图书这个客体，但管理图书的方法可能是截然不同的。结构化程序设计的方法将描述客体的属性和行为分开，使得应用程序的日后维护和扩展相当困难，甚至一个微小的变动，都会波及整个系统。

面对问题规模的日趋扩大、运行环境的日趋复杂、需求变化的日趋加快，将算法和程序设计的基本方法统一到人类解决问题的思维方法之上的需求日益强大，面向对象的程序设计方法（Object-Oriented Programming，OOP）因此被提了出来。面向对象方法的出发点和基本原则是尽可能地模拟现实世界中人类的思维方式，使问题求解方法和过程尽可能地接近人类解决现实问题的方法和过程。

1. 面向对象的基本思想

现实世界中的任何事物都可以看成对象，例如，有两个学生分别叫张三和李四，他们是两个不同的个体，但是都具有共同的属性，如学号、姓名、性别、身高、体重等，都能回答老师的提问、能够选课上课等。把他们具有的共同特性抽象出来，就说他们都是学生，那么程序设计的时候可以抽象出一个学生的"类"。

但对象不是孤立的，它们之间存在着各种各样的关系和行为，对象之间的联系是通过消息来传递的。如老师提问学生："告诉我你的姓名？"，作为学生类中的一个对象，张三和李四可以通过调用自身的属性回答这个问题。

回过头来考虑程序设计的问题。利用结构化的程序设计思想如何考虑五子棋的程序设计呢？大致是如图 4-18 这样的步骤：

把上面每个步骤分别用函数来实现，问题就解决了。

而面向对象的设计则是从另外的思路来解决

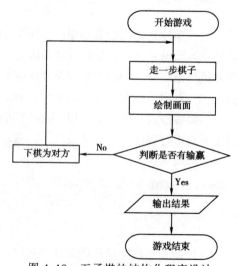

图 4-18　五子棋的结构化程序设计

问题。整个五子棋可以分为 3 个类，分别为棋手、绘制系统和规则系统。棋手，即黑白双方，这两方的行为是一模一样的；绘制系统，负责绘制画面；规则系统，负责判定诸如犯规、输赢等。棋手对象（玩家对象）负责接收用户输入，并告知绘制系统棋子布局的变化，绘制系统对象接收到了棋子的变化后，负责在屏幕上面显示出这种变化，同时规则系统对象实时地对棋局进行判定。

2. 类和对象

把众多的事物归纳划分成一些类是人类在认识客观世界时经常采用的思维方法。把具有共同性质的事物划分为一类，得出一个抽象的概念。例如，马、树木、石头等都是一些抽象概念，它们是一些具有共同特征的事物的集合，被称作类。类的概念使人们能对属于该类的全部个体事物进行统一的描述。例如，树具有树根、树干、树枝和树叶，它能进行光合作用，这个描述适合所有的树，从而不必对每棵具体的树进行一次这样的描述。世界上所有的汽车归类为汽车类，所有的动物归为动物类。汽车类有共同的状态（引擎数、挡位数、颜色、轮胎型号等）和行为（换挡、开灯、制动等）。

在面向对象的方法中，类的定义是：类是具有相同属性和服务的一组对象的集合，它为属于该类的全部对象提供了统一的抽象描述，其内部包括属性和服务两个主要部分。在面向对象的编程语言中，类是一个独立的程序单位，它应该有一个类名并包括属性（数据）定义和行为定义两个主要部分。

类与对象的关系如同一个模具与用这个模具铸造出来的铸件之间的关系。类给出了属于该类的全部对象的抽象定义，而对象则是符合这种定义的一个实体。所以，一个对象又称作类的一个实例（Instance）。

从一般意义上讲，对象是现实世界中一个实际存在事物，它可以是有形的（比如一辆汽车），也可以是无形（比如一项计划）。对象构成世界的一个独立单位，它具有自己的静态特征和动态特征。静态特征即可用某种数据来描述的特征，动态特征即对象所表现的行为或对象所具有的功能。

3. 封装

封装是面向对象方法的一个重要原则，它有两个含义：第一个含义是，把对象的全部属性和全部行为结合在一起，形成一个不可分割的独立单位（即对象）；第二个含义也称作"信息隐蔽"，即尽可能隐蔽对象的内部细节，对外形成一个边界（或者说形成一道屏障），只保留有限的对外接口使之与外部发生联系。这主要是指对象的外部不能直接存取对象的属性，只能通过几个允许外部使用的服务与对象发生联系。用比较简练的语言给出封装的定义就是：封装就是把对象的属性和服务结合成一个独立系统单位，并尽可能隐蔽对象的内部细节。

用"售报亭"对象描述现实中的一个售报亭，它的属性是亭内的各种报刊（其名称、定价）和钱箱（总金额），它有两个行为：报刊零售和货款清点。封装意味着，这些属性和行为结合成一个不可分的整体"售报亭对象"。它对外有一道边界，即亭子的隔板，并留一个接口，即售报窗口，这里提供报刊零售服务。顾客只能从这个窗口要求提供服务，而不能自己伸手到亭内拿报纸和找零钱。货款清点是一个内部服务，不向顾客开放。

当我们站在对象以外的角度观察一个对象时，只需要注意它对外呈现什么行为（做什么），而不必关心它的内部细节（怎么做）。规定了它的职责之后，就不应该随意从外部插手

去改动它的内部信息或干预它的工作。封装的原则在软件上的反映是要求使对象以外的部分不能随意存取对象的内部数据（属性），从而有效地避免了外部错误对它的"交叉感染"，使软件错误能够局部化，因而大大减少了查错和排错的难度（在售报亭的例子中如果没有一道围板，行人的一个错误可能使报刊或钱箱不翼而飞）。另一方面，当对象的内部需要修改时，由于它只通过少量的服务接口对外提供服务，因此大大减少了内部的修改对外部的影响，即减小了修改引起的"波动效应"。

4. 继承

轮船是一种类，而客轮除了是轮船的一种，还有一些特殊的属性和行为。我们可以认为客轮这个类（子类）可以继承自轮船这个类（父类）。子类拥有其父类的全部属性与行为，称作子类对父类的继承。就是说，子类不必重新定义已在它的父类中定义过的属性或行为，它已经"自动地"拥有其父类的所有属性与行为。

继承具有重要的实际意义，它简化了人们对事物的认识和描述。我们认识了轮船的特征之后，在考虑客轮时只要知道客轮也是一种轮船这个事实，认为它理所当然的具有轮船的全部一般特征，只需要把精力用于发现和描述客轮独有的那些特征。

一个子类具有自己新定义的属性和行为，又从它的父类中继承下来属性与行为。当这个子类又被它更下层的子类继承时，它继承来的和自己定义的属性和行为又都一起被更下层的类继承下去，也就是说，继承关系是传递的。在软件开发过程，在定义子类时，不需把它的父类已经定义过的属性和行为重复地书写一遍，只需要声明它是某个类的子类，并定义它自己的特殊属性与行为，无疑明显地减轻了开发工作的强度。

5. 多态性

多态性是指在父类中定义的属性或行为被子类继承之后，可以具有不同的数据类型或表现不同的行为。这使得同一个属性或行为在父类及其各个子类中可以具有不同的语义。

多态性为程序开发者带来不少方便。例如，在父类"几何图形"中定义了一个服务"绘图"，但并不确定执行时到底画一个什么图形。子类"椭圆"和"多边形"都继承了几何图形类的绘图服务，但其功能却不同：一个是画出一个椭圆，一个是画出一个多边形。进而，在多边形类更下层的子类"矩形"中绘图服务又可以采用一个比画一般的多边形更高效的算法来画一个矩形。这样，当系统的其余部分请求画出任何一种几何图形时，消息中给出的服务名同样都是"绘图"，而椭圆、多边形、矩形等类的对象接收到这个消息时却各自执行不同的绘图算法。

4.5　问题求解与算法设计

4.5.1　人的直觉与计算机的机械

人们每天都在解决各种各样的问题，见面的时候通过看脸自然知道对方是谁，这就是"人脸识别"，对于人来说这实在不算是什么问题，但是对于计算机却是极其困难的。因为计算机的运行靠的是程序，而编写程序首先就是需要预先知道算法。

在数学中，问题是用方程或公式来解决的，在社会学中，问题是通过制定各种方案、调动各种资源、让不同的人完成不同的任务来解决的。问题求解就是为未解决的问题找到解决方案的算法。

人在拿到一个问题时，首先要分析问题是什么，找到相应的解决方案，再具体按步骤去执行方案。计算机作为一种工具，用来帮助人们解决问题，但如果不告诉计算机要做什么，怎么做，它什么也做不了。所以用计算机来解决问题时，也必须由人来分析问题，找到问题的解决方法，再用计算机语言设计程序，最后才由计算机执行程序得到问题的求解。

具体地，为了让计算机协助人解决问题，人必须首先理解问题，并建立一个有效的、适当的解决方案。这个过程包括以下几个阶段：

1. 分析问题

通过分析，确定待解决的问题是什么，以及问题的要求。分析问题的输入和输出，考虑应该采取的数据处理方法。比如，有哪些已知条件，哪些是未知量，从已知条件如何得到未知量。

2. 制定算法

此阶段是写出求解该问题的步骤（形成算法）。从输入到输出的算法会有很多，选择一个最优方案，得到解决问题的详细步骤。若有必要，还需要对算法进行测试，即人工检查列出的步骤，看是否能真正解决问题。

3. 编写程序

编写程序就是利用计算机能够处理的方式表达出来解决方案。根据实际情况选择合适的计算机语言和开发平台，将算法写成程序代码，并进行测试和修正程序。

4. 运行测试

最后让计算机执行程序来解决问题，如果问题没有解决，或解决的效果不太好，可能会返回重新分析，或重新选定算法，或检查程序的错误等。

4.5.2 用计算机求解问题的基本方法

用计算机求解问题，第一阶段就是进行算法设计。那么到底什么是算法呢？为解决某个问题，必须清楚地理解解决问题的 3 个要素：数据、结果和步骤。其中，描述产生结果所采用的步骤就是算法。准确地说，算法（Algorithm）是指解题方案的准确而完整的描述，是一系列解决问题的清晰指令，算法代表着用系统的方法描述解决问题的策略机制。也就是说，能够对一定规范的输入，在有限时间内获得所要求的输出。如果一个算法有缺陷，或不适合于某个问题，执行这个算法将不会解决这个问题。一个算法的优劣可以用空间复杂度（占用的计算机资源的多少）与时间复杂度（执行的效率高低）来衡量。本质上说，算法就是回答"你将用什么方法来解决这个问题"。对相同的数据和结果，可以使用不同的求解步骤。

一个算法应该具有以下 5 个重要的特征：

① 有穷性：算法必须能在执行有限的步骤之后终止。

② 确定性：算法的每一步骤必须有确切的定义。

③ 输入项：一个算法有 0 个或多个输入，以刻画运算对象的初始情况，所谓 0 个输入是指算法本身定出了初始条件。

④ 输出项：一个算法有一个或多个输出，以反映对输入数据加工后的结果。没有输出的算法是毫无意义的。

第 4 章 程序设计与算法

⑤ 可行性：算法中执行的任何计算步骤都是可以被分解为基本的可执行的操作步，即每个计算步都可以在有限时间内完成（也称之为有效性）。

如果需要用计算机来求解问题，在分析问题之后，就要列出问题的多种求解方法，然后选择其中一种方法，选择的主要标准是方法正确、可靠、简单、易理解，而且执行时间短。下一步，需要对选定的方法列出其详细步骤，最后才能进行计算机编程，编程的基础是算法描述。为了成功地编写计算机程序，必须将算法描述为一套详细的、按顺序执行的步骤。

如何表示一个算法呢？可以用自然语言详细描述算法的每个步骤，也可以用公式（数学方程式）来描述计算步骤，还可以用前面介绍的流程图来描述求解步骤，这在结构化程序设计方法中已经介绍过。

4.5.3 常见的基本算法

算法是计算机解题的方法和步骤。算法的描述就是对要解决的一个问题或要完成的一项任务所采取的方法和步骤的描述，包括需要什么数据（输入什么数据、输出什么结果）、采用什么结构、使用什么公式以及这些公式与结构的顺序等。下面介绍几种常用的基本算法。

1. 交换算法

交换在日常生活中也经常使用，如上体育课时，两个学生所站的位置需要交换，教室中需要交换座位等。在计算机中，如果输入两个数，需要交换这两个数，再输出结果。通常的方法是用另一个单元来临时存储，实现交换。此种方法可以看作是将两个装满白酒和红酒杯子的互换过程，必须先将一个酒杯里面的酒临时倒入一个空杯子中，才能将另外那个酒杯里面的酒倒过来。这里，将临时存储单元看成空杯子。

2. 求最大、最小值算法

求一组数的最大、最小值的方法在生活中经常用到，如找出某网站微博最具影响力的博主，根据高考分数找出某年的高考状元，找出某场球赛中进球最多的球员等。要求一组数的最大、最小值，必须使用比较。这类问题一般采用两两比较的方法。如求 3 个数 a、b、c 中最大的数，首先比较前两个数 a、b 的大小，把其中大的那个数再与 c 比较。该问题可用流程图表述，如图 4-19 所示。

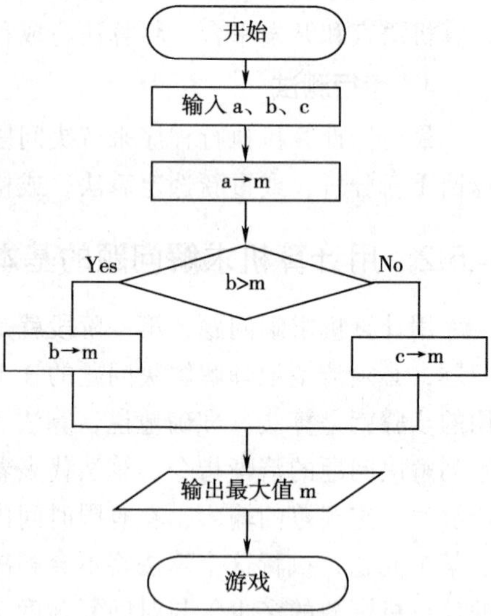

图 4-19　最大值算法流程图

3. 计数、求和

这类问题思路比较简单，计数是数出所有项的个数，因为比较简单，大家可以自己考虑算法和流程图。求和将所有项相加，对于项比较少时，可以直接用公式进行计算，以求和为例，计算 n 个项的计算公式如下：

$$S = a_1 + a_2 + \cdots + a_n$$

但是，如果项数比较多，达到上万或几十万个，按上述方法构建表达式就会出现问题。

下面考虑用计算机计算 $1+2+\cdots+1000$ 的算法。首先设置一个保存求和结果的存储器 S，计算 1+2=3，得到结果 3，再计算 3+3=6，得到结果 6，再计算 6+4=10，依此类推，一直计算到 4950+100=5050。上述的算法可以总结为一个操作，即

$$s'=s+i$$

其中，s 是当前的累计和，i 是当前要加入的数，s' 是下一步累计和。分别用当型循环和直到型循环两种方法的流程图如图 4-20 所示。

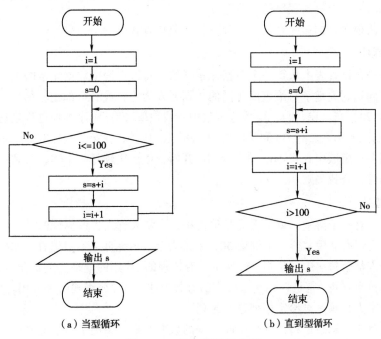

（a）当型循环　　　　　　　　（b）直到型循环

图 4-20　求和算法流程图

应该注意到，使用不同的循环结构，其算法是有差别的。对于求和/求积之类的问题，在编程时一般使用循环语句来实现。这类问题的关键在于确定循环变量的初值、终值或结束条件。

如求 1~100 的和，选用图 4-20 所示的当型循环方法，可以用 Python 语言表述为如下代码，大家可以考虑流程图与代码的对应关系。

```
i = 0                    //设置循环条件变量的初值
sum = 0                  //设置累加和变量的初值为 0
while(i <= 100):         //判断循环条件
    sum = sum + i        //循环累加
    i = i + 1            //改变循环条件变量的值
print(sum)               //输出结果 sum
```

4.5.4　查找算法

查找是每天都在做的工作，如在英汉字典中查找某个英文单词的中文解释，邮递员送信件要按收件人的地址确定位置等。在当今信息爆炸的时代，人们更是离不开查找，百度、Google 等搜索工具让人们在网络上查找自己需要的信息。查找是为了得到某个信息而进行的工作，是一种有效且广泛使用的数据处理方式。

在计算机中，查找是指根据给定的某个值，在待查表中确定一个关键字等于给定值的记

录或数据元素。若待查表中存在这样的数据元素，则称查找成功，此时查找的结果为给出整个记录的信息，或指示该记录在待查表中的位置；若表中不存在关键字等于给定值的记录，则查找失败。查找操作的使用频率很高，几乎任何一个计算机软件都会涉及，如 Word 文字处理中有查找功能，可以在整篇文档中查找某个单词是否出现、出现的位置。当问题所涉及的数据量相当大时，查找方法的效率就显得格外重要。在一些实时查询系统中尤其如此。一个好的查找方法会大大提高程序的运行速度。

查找的方法很多，如顺序查找、二分查找、分块查找等。

1. 顺序查找

顺序查找是在待查表中从第一个数据元素开始，将待查表中数据元素的关键字与给定值逐个比较，直到找到关键字与给定值相同的数据元素为止，或者全部比较结束。例如，有一组数 16、35、28、45、18、24，要从这组数中查找数值 28。顺序查找过程是这样：首先从 16 开始，依次进行 16 和 28、35 和 28、28 和 28 三次比较，在第三次比较后，数值相等，查找成功。若要在这组数中查找 50。查找从 16 开始，依次比较每一个数，直到所有的数都比较完，都不相等，查找失败。

2. 二分查找

电视上曾经有一个游戏，就是看商品猜价格，主持人首先告诉你该商品的价格在 0~100 元之间，当你看到商品后，猜一个价格 50，主持人会告诉你低了，想想看，你第一次会猜哪个数？大部分人都会猜居中的价格 75，这也是有道理的，使用的就是这里要介绍的二分查找。二分查找又称折半查找，它是一种效率较高的查找方法。但二分查找必须采用顺序存储结构，且必须按关键字大小顺序对给定序列进行排列。

二分查找算法的思想：将待查表中间位置的数据元素的关键字与给定值进行比较，如果两者相等，则查找成功；否则利用中间位置的数据元素将待查表分成前、后两个子表，如果中间位置数据元素的关键字小于给定值，则进一步查找后一子表（假定数据元素是按关键字从小到大排列的)，否则进一步查找前一子表。重复以上过程，直至找到满足条件的数据元素，查找成功，或直至子表中不存在满足条件的数据元素为止，此时查找失败。

如果在已有顺序的数据序列 16、18、24、28、35、45 中查找 24，首先在表中比较中间位置的元素值，正好是 24，经过一次比较，查找成功。如果查找 38，要经过 3 次比较，首先比较 24，由于 38 比 24 大，所以在数据序列的后半部分查找，再使用二分查找，在后面部分找中间元素 35，进行比较，38 比 35 大，再在后面部分进行二分查找，45 与 38 比较，不等，所以查找失败。

二分查找法的优点是比较次数少，查找速度快，平均性能好，如上面的例子中如果查找 38，只需要比较 3 次，假如采用顺序查找，最少需要比较 5 次；缺点是要求待查表已排好序，且插入、删除困难。因此，二分查找方法适用于不经常变动而查找频繁的有序表。

4.5.5　排序算法

排序是现实世界中常见的问题，其本质是对一组对象按照某种规则进行有序排列的过程。例如，班级第一次上体育课，老师要求按身高从高到低排好队；评定奖学金时，要按照学生综合成绩从高到低的顺序排列；大家都在使用的搜索引擎 Baidu、Google 等，对大规模数据进行查找，但查找结果很多，必须按某种规则对结果网页进行排序显示。

排序是一种有效且广泛使用的数据处理方式，是计算机程序设计中的一种重要操作，是许多复杂问题求解的基础。将一个数据元素（记录）的任意序列，重新排列成一个按关键字有序的序列。

排序的方法很多，在不同的问题环境下，每一种方法都有各自的优、缺点。排序算法可分为插入排序、交换排序、选择排序等。

1. 插入排序

插入排序是一种最简单的排序方法，它的基本思想是：将需要排序的 n 个元素分成有序和无序两个部分。每次从无序表中取出第一个元素，把它插入有序表的合适位置，使有序表仍然有序，从而得到一个新的、记录数增 1 的有序表。例如，在玩扑克牌的时候，我们往往使用插入排序来抓牌：拿上来一张，就直接插入手中合适的位置。

对数据序列 55、22、44、11、33 进行插入排序的过程可以描述为：从第一个元素开始，假定第一个元素 55 是已排序好的有序表，第一趟把第二个元素 22 与 55 比较，将第二个元素按大小插入有序表中，得到[22 55]是已排好序的有序表；第二趟把第三个元素 44 与前两个元素构成的有序表从前向后扫描进行比较，由于 22<44<55，把 44 按大小插入有序表中，得到有序表[22 44 55]；依次进行下去，进行 $n-1$ 趟扫描以后就完成了对 n 个数的排序过程。

2. 交换排序

交换排序就是根据待排序的序列中两个元素的关键字值的比较结果来交换这两个元素的位置实现的，它的基本思想是：两两比较待排序的数据元素，发现两个元素的次序相反时就进行交换，直到没有反序的元素为止。交换排序的特点：将键值较大的记录向序列的尾部移动，键值较小的记录向序列的前部移动。

应用交换排序思想的主要排序方法有冒泡排序和快速排序，下面主要讨论最经典、也是最简单的冒泡排序。

设有数组 $A[n]$（n 为序列中元素个数），首先在序列 $A[0]$-$A[n-1]$ 中从前往后进行两个元素的关键字的比较，如后者小，则交换（假定按从小到大排序)，比较 $n-1$ 次；第一趟排序结束，最大元素被交换到 $A[n-1]$ 中；重复这一过程，下一趟排序只要在子序列 $A[0]$-$A[n-2]$ 中进行，此次最大的元素被交换到 $A[n-2]$ 中；依此类推。如果在某一趟排序中没有交换元素，说明序列已经有序，则不再进行下一趟排序。

3. 选择排序

选择排序就是每一趟从待排序的数据元素中选出最小（或最大）的一个元素，顺序放在已排好序的序列的最后，直到全部待排序的数据元素排完。例如，对 3、4、1、5、2 进行选择排序的过程，首先从待排序序列中选择最小的数 1，放在第一个位置，进行一次交换；再从剩下的元素中选择最小的数 2，将其放在第二个位置，进行第二次交换；再从剩下的数中选择最小的数 3，它已在第三个位置，不进行交换；再从剩下的元素中选择最小的数 4，将其放在第四个位置，进行第三次交换。直到最后一个数排好序为止。

小结

程序设计语言是人与计算机进行交流的工具，是一种人造语言，由符号和一套规则构成。作为把人和计算机联系起来的桥梁，程序设计语言分为低级语言和高级语言。低级语言包括

第 4 章 程序设计与算法

机器语言和汇编语言。机器语言是一套机器硬件能够识别并执行的指令，是一系列用二进制编写的代码。正因如此，机器语言给人类编程带来了困难。汇编语言使用助记符来表示每条指令，用汇编语言编写的程序要翻译成等价的机器语言程序才能执行。高级语言用类似于自然语言和算术表达式的形式来书写程序，编写高级语言程序不用考虑机器细节。因此，编程简单，可移植性好，高级语言编写的程序需要翻译为机器代码才能执行。翻译的过程可以使用编译器执行，也可以通过解释执行。

计算机作为一种工具，用来为人们解决问题，但并不是所有问题都能用计算机来解决的。用计算机解决某个问题必须首先由人来理解问题、找到解决问题的详细步骤，用算法表示出来，用计算机识别的某种语言编写程序，最后执行程序来解决问题。算法是解决问题的步骤和方法，算法的描述常用流程图，使用有特殊含义的图形符号表示问题的求解步骤。本章介绍了几种最基本的算法，包括计数、求和、比较、查找和排序等。

习题

一、选择题

1. 下列关于算法的说法中，正确的是（   ）。

    A. 算法是某个问题的解决过程

    B. 算法可以无限不停地操作下去

    C. 算法执行后的结果是不确定的

    D. 解决某类问题的算法不是唯一的

2. 计算机无法解决"打印所有素数"的问题，其原因是解决该问题的算法违背了算法的（   ）特性。

    A. 有穷性

    B. 唯一性

    C. 有输出

    D. 有 0 个或者多个输入

3. 如图 4-21 所示的流程图的输出结果是（   ）。

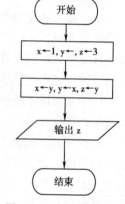

图 4-21　第 3 题流程图

二、编程题

1. 已知温度单位中摄氏度（℃）和华氏度（℉）之间的转化关系为℉=1.8℃+32，用流程图设计一个由摄氏度转化为华氏度的算法。

2. 用流程图设计一个算法，对输入的任意正整数，求：

$$s = 1 + \frac{1}{2} + \frac{1}{3} + \cdots + \frac{1}{n}$$

第5章

➡ 办公自动化——Microsoft Office

Microsoft Office 是当今应用最广泛的办公软件，其中 Word、Excel、PowerPoint 是微软 Office 办公软件中使用频率最高的 3 款经典软件，它们都具有丰富的功能，能够协助我们在办公过程中完成各式各样的任务。本章通过多个典型案例向大家展示了这 3 款经典软件的基本功能，并详细介绍了其使用方法和技巧。

5.1 Microsoft Word

Microsoft Word 简称 Word，是一款文字处理软件，能够让用户在很短时间内创建出既美观又专业的各种文档。它的受众非常广泛，无论是在校学生、企事业办公人员、娱乐休闲还是办公科研，只要涉及文字之处，就会用到 Word。

如何才能快速、完美地撰写各类 Word 文档呢？由于 Word 功能非常强大，知识点非常烦琐，若采取以 Word 全部功能为主线逐项学习的模式，初学者学到的往往是分裂的知识点，似乎懂得每个功能，但却缺乏将这些功能综合应用、解决实际问题的能力。因此，本书以案例为主线，将 Word 知识的学习融于案例之中。

5.1.1 初识 Word 2016

1. Word 能做什么

Word 能做什么呢？图 5-1 ~ 图 5-4 中列出了各式各样的 Word 文档：格式整洁、条理清晰的文字型文档（见图 5-1），图文并茂、生动活泼的图文混排型文档（见图 5-2），用表格进行布局、数据管理与计算的表格型文档（见图 5-3），几十页乃至几百页的长文档（见图 5-4）。这些文档采用了各种形式的元素，不仅有文字，还有图、表、艺术字、图形、图表、符号、对象等；这些文档采用了丰富多样的格式和样式；此外，针对长文档的专用功能更是给使用者带来了便利，提高了工作质量和工作效率，令使用者叹为观止。

常用的 Word 文档根据其风格和采用元素的不同，大体分为 4 种类型：

① 文字型文档：以文字为主体的文档称为"文字型文档"，如图 5-1 所示。常见的文字型文档有通知、产品说明书、会议安排等。一般来讲，文字型文档内容丰富，逻辑感、层次感强。

② 图文混排型文档：文档中不仅有文字，还有图的文档，称之为"图文混排型文档"，如图 5-2 所示。需要注意的是，此处的图不只是狭义的图片，还可以有多种形式，如剪贴画、外部图片、Word 绘制的图形、自选图形、背景、水印等。有了这些广义上的图，往往可以令文档更生动。

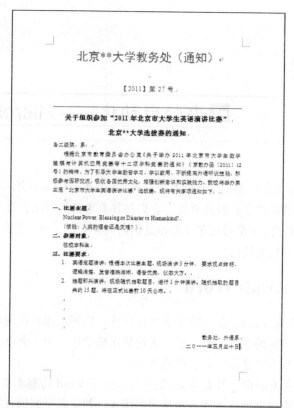

图 5-1　文字型文档

图 5-2　图文混排型文档

③ 表格型文档：以表格为主体的文档，称为表格型文档，如图 5-3 所示。表格可以令很多繁杂的数据结构更清晰、分类更清楚，还可以令文档布局更整齐，此外表格中可以应用函数，满足简单的计算、统计需求（如果统计需求复杂，应选择 Excel）。

**公司图书销售清单（2015 年）

类别＼季度	一季度	二季度	三季度	四季度	平均
教材类	123	287	634	523	391.8
文学类	354	521	723	645	560.8
儿童文学类	244	364	587	623	454.5
心理学类	123	185	202	196	158.3
经济类	587	523	496	605	552.8
艺术类	123	185	146	178	158.0
等级考试类	265	287	303	205	322.5
总计	1819	22T1	3091	3205	2596.5

制表人：陈昳
日期：2010-1-8

图 5-3　表格型文档

④ 长文档：长文档的显著特点是页数较多，文档组成部分较多，不同部分页面格式也不同。长文档的目录结构如图 5-4 所示，比较常见的长文档有毕业论文、书、员工手册、投标标书等。

第1章 文献综述

1.1 概述

1.1.1 粘胶纤维

粘胶纤维是以天然的纤维素（棉）为原料，经纤维素碱酯溶液的制得的再生纤维素纤维，在各类化学纤维中是最早投入工业化生产的纤维，它仅次于纤维素硝酸酯，是最古老的化学纤维品种之一。早在 1891 年，Cross、Bevan 和 Beadle 等首先制成纤维素黄酸酯溶液钠溶液，这种溶液粘度很大，因此得名为"粘胶"。粘胶遇酸后，纤维又重新析出。根据这一原理，在 1893 年发展成为一种制备化学纤维的方法，这种纤维叫"粘胶纤维"。到 1905 年，Muller 等发明了一种粘胶酸和硫酸盐凝固浴，使粘胶纤维性能得到很大改善，实现了粘胶的工业化生产。

1.1.2 Tencel 纤维

Tencel 是美国 Courtaulds 公司生产的 Lyocell 纤维的商品名称。在我国称其为天丝。Lyocell 纤维采用的是一种全新的制造工艺，这是再生纤维素纤维生产中的一次重大突破。Lyocell 纤维是以 N-甲基吗啉氮氧化物（NMMO）为溶剂，用于适浴制的再生纤维素纤维。

1.2 纤维素溶解性能

由于纤维素的聚集态结构特点，分子间和分子内存在很多的氢键和较高的结晶度，纤维素既不溶于水也不溶于普通溶液，研究纤维素的溶剂，特别是新型溶剂，一直是人们长期探索的。

1.2.1 传统水体系的纤维素溶剂

氢氧化铜氨合铜、氢氧化三乙二胺合镍、氢氧化三乙二胺合锌（Ⅱ）、二氧化三乙二胺合镉、铁氧化三乙二胺合铁溶液、氢氧化三乙二胺合铜、酒石酸铁钠等配位化合物系统等对纤维素有良好的配位能力，对纤维素具有溶解能力，其中氢氧化铜配比较是最常用的纤维素溶剂，在化学工业中被用来生产氢纤维和测定纤维素的聚合度。纤维

图 5-4　长文档

2. Word 2016 工作界面

选择"开始"→"所有程序"→"Microsoft Office"→"Microsoft Office Word 2016"命令，即可启动 Word 2016。启动后的 Word 2016 界面如图 5-5 所示。

第 5 章　办公自动化——Microsoft Office

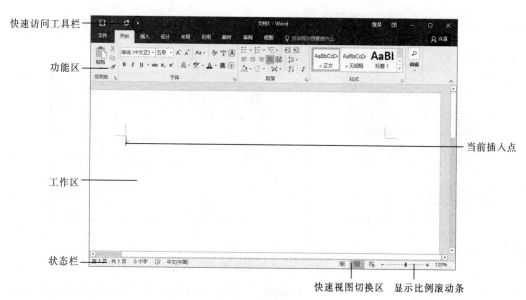

快速访问工具栏

功能区

当前插入点

工作区

状态栏

快速视图切换区　显示比例滚动条

图 5-5　Microsoft Word 2016 工作界面

与 Word 早期版本相比，Word 2016 工作界面主要变化如下：

（1）功能区

在 Word 2016 中，传统的菜单栏和工具栏被结合成为效率更高的功能区，功能区由两部分组成：选项卡部分和命令部分。用户通过点击选项卡在各个功能区之间切换，并通过选择相关命令对文档进行编辑。

① 功能区的构成：

- Word 2016 包含 9 个基本功能区，随着操作对象的不同，功能区的数量会有所变化。
- 每个功能区包含若干命令组，图 5-5 所示的"开始"功能区中包含了剪贴板、字体、段落、样式、编辑等组。
- 每个命令组下面有一系列相关的命令按钮，图 5-5 所示的"字体"组中包含了字体、字号、底纹等一系列命令按钮。

② 功能区的变化。正常状态下，Word 2016 共有 9 个功能区，分别是文件、开始、插入、设计、布局、引用、邮件、审阅和视图。随着操作对象的不同，在基本功能区的后面会出现不同的功能区。例如：

- 若当前操作对象为文字，则只有 9 个基本功能区，如图 5-6（a）所示。
- 若当前操作对象为图片、形状、艺术字，则会自动增加一个"格式"功能区，如图 5-6（b）所示。
- 若当前操作对象为表格，会自动增加"设计"和"布局"功能区，如图 5-6（c）所示。
- 若当前操作对象为图表时，会自动增加 2 个功能区，分别为"设计"和"格式"，如图 5-6（d）所示。

③ 功能区中命令的使用。由于所有功能区的命令共享同一空间，因此，同一时刻只能看到其中一个功能区的命令。操作时，通过点击功能区的选项卡，在功能区之间切换，然后再选择相应的命令。

（a）功能区示意图 1

（b）功能区示意图 2

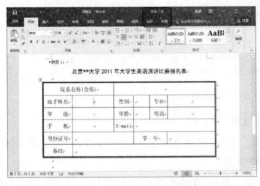

（c）功能区示意图 3

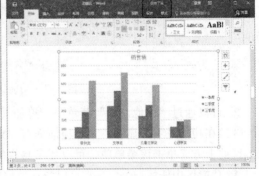

（d）功能区示意图 4

图 5-6　功能区示意图

---小提示---

　　为了行文方便，当需要使用"XX"功能区中"YY"组的"ZZ"命令按钮时，本书这样表示：选择"XX"→"YY"→"ZZ"命令。Excel 2016 及 PowerPoint 2016 的操作同样遵守这个原则。

　　④ 功能区的显示选项。通过单击"功能区显示选项"按钮，如图 5-7（a）所示，打开功能区选项菜单，选择"自动隐藏功能区"命令，整个功能区将隐藏起来，用户可以实现全屏编辑。选择"显示选项卡"命令，功能区命令部分隐藏，用户将只看到选项卡部分，操作界面变得更为整洁，如图 5-7（b）所示。选择"显示选项卡和命令"命令，功能区的选项卡和命令将完整地显示出来。按【Ctrl+F1】组合键可以快速设置功能区命令部分的显示和隐藏。

　　（2）快速访问工具栏

　　快速访问工具栏默认位于窗口的左上角，是一组常用的命令。这组命令由于使用频率较高，一直处于可见状态，方便用户使用，故称"快速访问工具栏"。

　　默认的快速访问工具栏只有 3 个命令：保存、撤销和重复。用户根据自己的习惯，可以改变其中的命令。单击快速访问工具栏右侧的下三角按钮，弹出图 5-8（a）所示的菜单。

　　① 菜单项前面有"√"时，表示该命令在快速访问工具栏中可见，否则不可见。这些菜单项都可令"√"出现或消失。

第 5 章　办公自动化——Microsoft Office

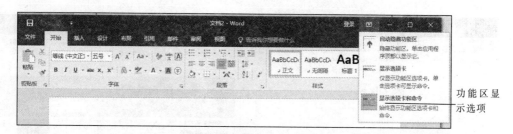

（a）完整的功能区

（b）隐藏命令部分的功能区

图 5-7　功能区的显示选项

② 可以通过"其他命令"菜单项，追加其他的命令。

③ "在功能区下方显示"菜单项前面有"√"时，表示工具栏在功能区的下方，否则在功能区的上方。单击该菜单项，可改变工具栏的位置。

④ 功能区中任何一个命令都可以快速地放置于快速访问工具栏中，具体方法是：右击命令按钮，在弹出的快捷菜单中选择"添加到快速访问工具栏"命令，如图 5-8（b）所示。

（a）自定义快速访问工具栏

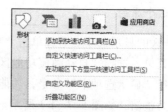

（b）添加到快速访问工具栏

图 5-8　设置"快速访问工具栏"

（3）显示比例滚动条

显示比例滚动条位于工作界面的右下角（见图 5-5），可令文档的显示比例控制更灵活。

上述 3 个新的变化同样体现在 Excel 2016 和 PowerPoint 2016 两款软件中。

Word 工作界面中除了上面介绍的 3 个新的组成部分外，还包含工作区、快速视图切换区和状态栏。

（4）工作区

工作区，顾名思义，是工作的空间。需要注意的是其中的"当前插入点"，尤其是插入内容时，首先要确定当前插入点在哪里，因为每次插入都是针对当前插入点的。例如，在图 5-9 所示的编辑环境中，当前插入点在"在"和"院"之间，当前的输入内容就都会在这两个字之间。

此外，还有一个功能会影响到当前的输入，就是任务栏中的"插入/改写"状态，如图 5-9 所示。在改写状态下，输入的内容自动会替代当前插入点之后的内容；在插入状态下，输入的内容插入当前插入点的位置。单击"插入/改写"按钮，则可以在插入和改写状态之间进行切换。

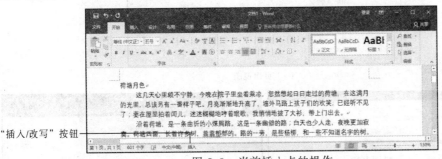

图 5-9 当前插入点的操作

（5）快速视图切换区

Word 提供了多种视图，方便用户从不同的角度观看文档。快速视图切换区（见图 5-5）可以完成视图之间的快速切换，当前视图的图标总是处于被选中状态。Word 提供的视图包括：

① 页面视图：可以显示 Word 文档的打印结果外观，主要包括页眉、页脚、图形对象、分栏设置、页面边距等元素，是最接近打印结果的页面视图，如图 5-10（a）所示。

② 阅读版式视图：以图书的分栏样式显示 Word 文档，"文件"按钮、功能区等窗口元素被隐藏起来。在阅读版式视图中，用户还可以单击"工具"按钮选择各种阅读工具，如图 5-10（b）所示。由于阅读版式是全局模式的视图，在该视图中看不到视图切换按钮，因此需要单击窗口右上角的"关闭"按钮，结束该视图，切换到其他视图。

③ Web 版式视图：以网页的形式显示 Word 文档，Web 版式视图适用于发送电子邮件和创建网页，如图 5-10（c）所示。

④ 大纲视图：主要用于设置 Word 文档的标题设置，以及显示标题的层级结构，并可以方便地折叠和展开各种层级的文档。大纲视图广泛应用于 Word 长文档的快速浏览和设置，如图 5-10（d）所示。

⑤ 草稿视图：取消了页面边距、分栏、页眉页脚和图片等元素，仅显示标题和正文，是最节省计算机系统硬件资源的视图方式。某些功能符号，如分节符、分页符等只能在草稿视图和大纲视图中看到，在其他视图中看不见，因此很难对它进行操作，如图 5-10（e）所示。

（6）状态栏

状态栏默认显示了当前文档的页数、字数、拼写检查情况、输入法、插入/改写状态等信息，在状态栏空白处单击右键，用户可以在弹出的快捷菜单中自定义状态栏上的显示信息。

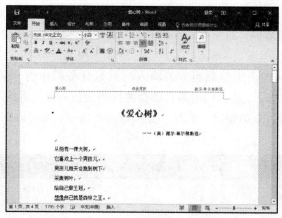

（a）页面视图

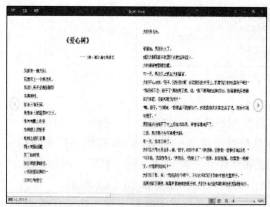

（b）阅读版式视图

（c）Web版式视图

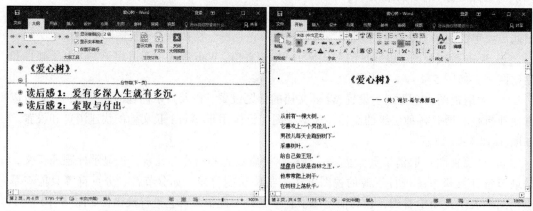

（d）大纲视图　　　　　　　　　　　（e）草稿视图

图 5-10　各类视图

5.1.2　文字型文档

只有文字的普通文档称为"文字型文档"，这类文档常见于办公公文，如通知、通告、通报、报告、请示、批复、议案、决定、意见、会议纪要等。此外，产品说明、会议行程等也常采用“文字型文档”。

“文字型文档”的特点是内容丰富、逻辑性强。那么，如何让只有文字的文档更有逻辑性、更美观、更具欣赏性呢？Word 提供了很多可以对文字或段落进行美化的工具，这些工具主要集中在“开始”功能区中。下面以一则通知为例，说明文字型文档的撰写方法和技巧。

【案例 5-1】通知。

案例功能：无论是在学校还是在工作单位，常常会为某些事情对特定人群下发一些通知。通知是办公公文中使用频率较高的一种，一般具有如下特点：

① 通知具有严肃性，不适宜有太多点缀，以文字为主。

② 通知内容丰富，要将每个事项都交代清楚，需要较强的逻辑性。

③ 通知一般有具体的格式要求，如大标题、小标题、正文等。

本案例通过对文字和段落的若干修饰技巧来撰写通知，达到上述 3 个目标。

案例效果如图 5-11 所示。

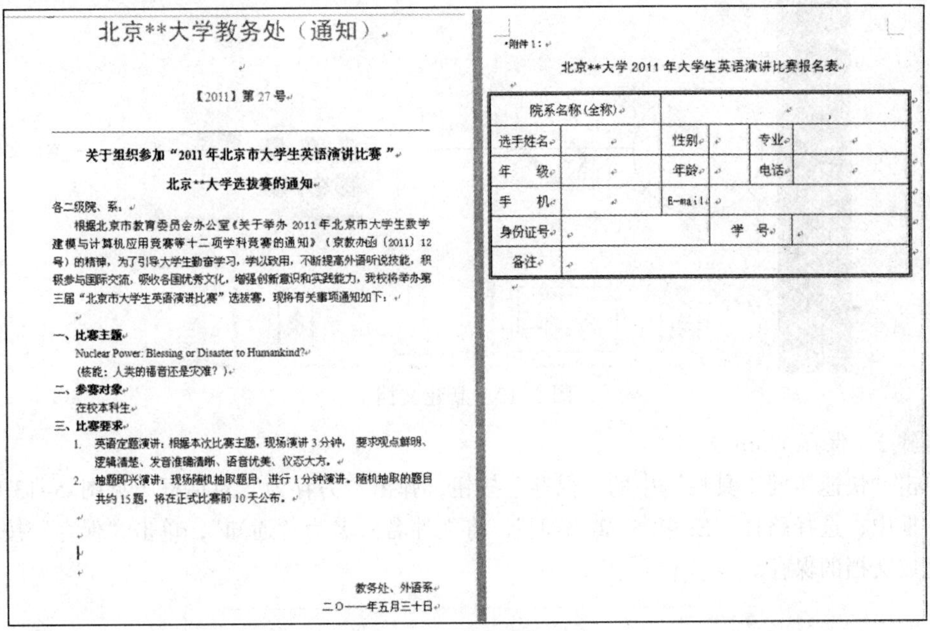

北京**大学教务处（通知）

【2011】第 27 号

关于组织参加“2011 年北京市大学生英语演讲比赛”

北京大学选拔赛的通知**

各二级院、系：

根据北京市教育委员会办公室《关于举办 2011 年北京市大学生数学建模与计算机应用竞赛等十二项学科竞赛的通知》（京教办函〔2011〕12 号）的精神，为了引导大学生勤奋学习，学以致用，不断提高外语听说技能，积极参与国际交流，吸收各国优秀文化，增强创新意识和实践能力，我校将举办第三届“北京市大学生英语演讲比赛”选拔赛，现将有关事项通知如下：

一、比赛主题

Nuclear Power: Blessing or Disaster to Humankind?

(核能：人类的福音还是灾难？)

二、参赛对象

在校本科生

三、比赛要求

1. 英语定题演讲：根据本次比赛主题，现场演讲 3 分钟，要求观点鲜明、逻辑清楚、发音准确清晰、语音优美、仪态大方。
2. 抽题即兴演讲：现场随机抽取题目，进行 1 分钟演讲。随机抽取的题目共约 15 题，将在正式比赛前 10 天公布。

教务处、外语系

二〇一一年五月三十日

附件 1：

北京**大学 2011 年大学生英语演讲比赛报名表

院系名称(全称)					
选手姓名		性别		专业	
年　级		年龄		电话	
手　机		E-mail			
身份证号		学　号			
备注					

图 5-11　通知制作效果

具体要求：

① 主标题（“北京**大学教务处（通知）”）格式：一号，黑体，红色，居中对齐。

② 小标题（“【2011】第 27 号”）格式：四号，黑体，红色，居中对齐。

③ 小标题（“关于……通知”）格式：四号，宋体，加粗，居中对齐。

④ 正文格式：宋体/Times New Roman，小四，两端对齐，首行缩进 2 字符，1.25 倍行距。其中，标号（一、二、三）用项目编号实现，悬挂缩进 2 字符。标号（1，2）用项目编号实现，左缩进 2 字符，悬挂缩进 2 字符。

⑤“附件 1”格式：五号，宋体，段前分页。

⑥ 表标题（“北京**大学 2011 年大学生英语演讲比赛报名表”）格式：小三，黑体，居中对齐。

⑦ 表格内字体格式：宋体，四号，居中对齐。

⑧ 将编辑好的通知保存为"通知.docx"。

知识列表：字符格式设置，段落格式设置，项目编号，插入表格。

案例操作过程：

步骤 1：新建 Word 文档。

Word 2016 未启动和启动状态下，新建文档的方法不同，具体如下：

① 若当前尚未启动 Word 2016，则可选择"开始"→"所有程序"→"Microsoft Office"→"Microsoft Office Word 2016"命令，启动 Word 2016 的同时会自动生成一份新的 Word 文档，默认名称为"文档1"。

② 若 Word 2016 已经处于启动状态，则选择"文件"→"新建"命令，然后双击"空白文档"（见图 5-12），生成一份空白文档。

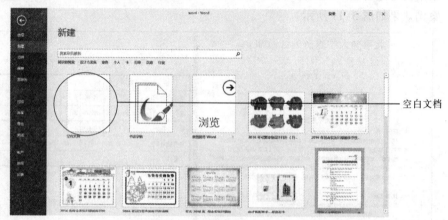

图 5-12　新建文档

步骤 2：保存 Word 文档。

单击"快速访问工具栏"中的"保存"按钮，弹出"另存为"对话框（见图 5-13），在该对话框中，选择路径"E:\第 5 章 案例"，将文件名命名为"通知"，单击"保存"按钮，即可完成文档的保存。

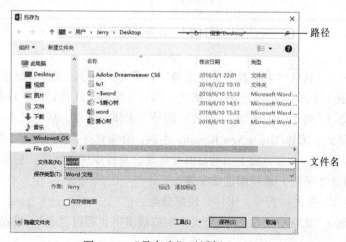

图 5-13　"另存为"对话框

> **小提示**
>
> 在微软新的操作系统中，已经取消了扩展名不超过 3 个字母的限制，所以从 Office 2007 版开始，扩展名就是 4 个字母的，如.docx、.xlsx、.pptx，这个 x 是基于 XML，即可扩展标记语言而来的。

知识讲解

① 新建文档后先保存：很多读者习惯新建一个文档后，直至整个文档编辑完成后，才开始保存文档。这样当因各种原因出现死机或者 Word 程序重启时，所做的工作就会丢失。因此，要养成新建文档后立即保存文档的习惯。

② 定时保存文档：文档第一次保存后，当再次保存时，系统会将文件保存到第一次设置的路径中，文件名保持不变。为防止出现意外而丢失数据，每工作一段时间，应定时保存文档。

③ 文档另存为：若是文档需要改名或者更改路径，则需要选择"文件"→"另存为"命令，可弹出"另存为"对话框，再次选择路径和确定文件名。

④ "保存"快捷键：保存文档是使用频率很高的操作之一，按【Ctrl + S】组合键可以更快地保存文档。

⑤ 再次打开文档：选择"文件"→"打开"命令，即可打开已经存在的文档。

⑥ 最近所用文件：选择"文件"→"最近所用文件"命令，可快速打开近期打开过的文件。

步骤 3：录入文字。

按照图 5-11 录入通知的文字。

> **小提示**
>
> 段落前面的空白部分是通过段落格式设置的，不要录入空格。

步骤 4：插入表格。

选择"插入"→"表格"→"表格"命令，在弹出的面板中选择 6 行 6 列的表格（见图 5-14），即可插入一个 6 行 6 列的表格。

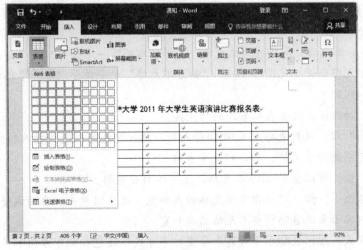

图 5-14　插入表格

步骤 5：表格布局调整。

将表格布局调整为图 5-15 所示的格式。操作步骤如下：

① 将光标置于表格中，在选项卡中会增加两项：设计与布局。

② 选择区域 A1:B1，选择"布局"→"合并"→"合并单元格"命令，合并单元格。

③ 分别合并单元格区域 C1:F1、D4:F4、B5:C5、B6:F6，方法同②。

院系名称（全称）				
选手姓名		性别		专业	
年 级		年龄		电话	
手 机		E-mail			
身份证号			学 号		
备注					

图 5-15　最终的表格布局

知识讲解

① 单元格地址：

- 为了标识表格中的每个单元格，每个单元格都有唯一的地址。

- 单元格的地址用 Mn 表示，代表第 M 列、第 n 行的单元格地址。

- 单元格地址中，列号 M 用英文字母（A，B，C，…）表示；行号 n 用阿拉伯数字（1，2，3，…）表示。例如，单元格 A1 代表第 A 列第 1 行的单元格。

② 区域地址：B6:F6 代表区域，包括从 B6 到 F6 之间的所有单元格。

③ 选择单个单元格：将鼠标移动至目标单元格的左侧，直至出现黑色箭头图标时，按下鼠标左键，即可选中单个单元格。

④ 选择多个连续单元格：单击第一个单元格，鼠标左键保持按下状态，将鼠标向右或者向下移动可以同时选择多个连续单元格。

⑤ 选择多个不连续单元格：首先选择第一个单元格，松开鼠标左键，按【Ctrl】键，然后依次选择其他单元格即可。

⑥ 选择多个不连续区域：首先选择第一个连续区，然后按【Ctrl】键，然后依次选择其他连续区域即可。

⑦ 选择单行：将鼠标移动至目标行的左侧，直至出现空心箭头时，按下鼠标左键，即可选中整行的单元格。

⑧ 选择单列：将鼠标移动至目标列的上方，直至出现黑色箭头时，按下鼠标左键，即可选中整列的单元格。

⑨ 合并/拆分单元格：选择连续单元格，选择"布局"→"合并"→"合并单元格"命令，即可完成单元格合并（见图 5-16）。"拆分单元格"命令位于"合并单元格"的下方，拆分时指定行和列即可。

⑩ "布局"功能区：设置表格布局的功能区。

- "行和列"组：可对表格插入/删除行或列，插入时还可以选择插入的方向。"删除"命令则可以删除单元格、行、列或者表格。

- "合并"组：可以合并/拆分单元格，还可以拆分表格。

- "单元格大小"组：可以指定单元格的高和宽，也可以单击"自动调整"按钮，按照单元格内容由系统自动调整单元格的高和宽。

- "对齐方式"组：包括水平对齐和垂直对齐方式，还包括文字方向和单元格的边距。

- "数据"组："排序"和"公式"可以方便对表格进行排序及计算。此外，当表格数据较多时，"重复标题行"命令可使每页都包含标题行，"转换为文本"命令可以将表格转换成文本信息。

⑪ 表格样式的设置：通过"设计"功能区设置表格的边框、样式等。

⑫ 表格内容格式的设置：表格内容格式的设置同普通字符的设置，在"开始"功能区中设置。

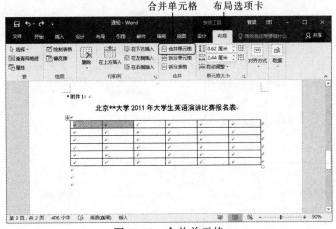

图 5-16　合并单元格

步骤6：字符格式设置。

按照如下格式要求分别对字符和段落格式进行设置：

① 主标题（"北京**大学教务处（通知）"）格式：一号，黑体，红色，居中对齐。

② 小标题（"【2011】第 27 号"）格式：四号，黑体，红色，居中对齐。

③ 小标题（"关于……通知"）格式：四号，宋体，加粗，居中对齐。

④ 正文格式：宋体/Times New Roman，小四，两端对齐，首行缩进 2 字符，1.25 倍行距。

⑤ "附件 1"格式：五号，宋体。

⑥ 表标题（"北京**大学 2011 年大学生英语演讲比赛报名表"）格式：小三，黑体，居中对齐。

知识讲解

① 字符的选择：将光标置于第一个字符之前，按下鼠标左键向右拖动，即可选择单个或多个字符。

② 段落的选择：将光标置于目标段落之前，直至光标变为空心箭头，此时按下鼠标左键，即可选中整个段落。

③ 字符/段落格式设置步骤：首先选中目标对象，然后选择"开始"→"字体"组命令设置字符格式，选择"开始"→"段落"组命令设置段落格式。

④ 右键的应用：选中目标对象后，右击目标对象，在弹出的快捷菜单中选择字体或段落，可分别对字符和段落格式进行设置。

⑤ "字体"对话框：功能区中显示的字体功能仅是部分常用功能，单击右下角的 图标，可以弹出"字体"对话框，以获得更全面的功能。"字体"对话框由"字体"（见图 5-17）和"高级"（见图 5-18）两个选项卡组成。其中"字体"选项卡都是常用功能，除了基本的

字体、字号、颜色之外，还有下画线、着重号、上标、下标等；"高级"选项卡中最常用的是"字符间距"，有标准、加宽、紧缩以及后面的磅值4种选择。单击最下方的"文字效果"按钮，可在弹出的对话框中为字符设置比较炫的效果。

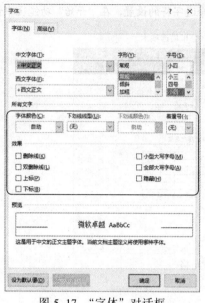

图 5-17 "字体"对话框　　　　　图 5-18 "高级"选项卡

⑥ "段落"对话框：功能区中显示的段落功能仅是部分常用功能，单击右下角的 图标，则可以弹出"段落"对话框，以获得更全面的功能。"段落"对话框由"缩进和间距"（见图 5-19）、"换行和分页"（见图 5-20）和"中文版式"（见图 5-21）3 个选项卡组成，其中前两个是常用功能，第三个选项卡一般使用默认设置即可。

图 5-19 "缩进和间距"选项卡　　图 5-20 "换行和分页"选项卡　　图 5-21 "中文版式"选项卡

- "缩进和间距"选项卡中的几个主要参数的含义如下：
  - 对齐方式：默认两端对齐，根据需要选取相应的对齐方式。
  - 大纲级别：只要不是标题，一般都要选择"正文文本"。
  - 缩进：缩进单位一般采用"字符"，也可以采用"厘米"。"左右缩进"指整个段落相对于页边而言的缩进，而"首行缩进"和"悬挂缩进"指第一行与本段中其他行的缩进关系。
  - 间距：行距默认为单倍行距，也可以设置为多倍行距或者固定值（单位为磅）。段前段后往往以"磅"或者"行"为单位。
- "换行和分页"选项卡中的几个主要参数的含义如下：
  - 孤行控制：选中此项，可以避免段落的首行出现在页面底端，也可以避免段落的最后一行出现在页面顶端。
  - 段中不分页：使一个段落不被分在两个页面中。
  - 与下段同页：将所选段落与下一段落归于同一页。
  - 段前分页：在所选段落前插入一个人工分页符强制分页。

---小技巧---

巧用格式刷："开始"功能区的剪贴板中有一个"格式刷"按钮，其具体使用方法如下：

① 设置第一部分的字符格式和段落格式。

② 选中设置完成的部分。

③ 单击"格式刷"按钮，此时图标变成小刷子形状。

④ 用鼠标单击目标部分，即可完成格式的设置。

步骤7：段前分页设置。

"段前分页"是对段落的格式设置，设置了"段前分页"功能的段落，无论在文章的什么位置，都能保证位于页面的顶端。

设置段前分页的操作步骤如下：

① 将光标置于目标段落的任意位置并右击。

② 在弹出的快捷菜单中选择"段落"命令，弹出"段落"对话框。

③ 选择"换行和分页"选项卡，然后选择"段前分页"复选框。

为"附件1"一段（只有一行）设置段前分页功能。

步骤8：项目编号的使用。

通知中的标号（一、二、三）用项目编号实现，悬挂缩进2字符；标号（1，2）用项目编号实现，左缩进2字符，悬挂缩进2字符。

① 选中需要增加项目编号的行。

② 选择"开始"→"段落"→"编号"命令，如图5-22所示。此时可为目标行增加默认的项目编号。

③ 若对默认编号不满意，可单击"编号"按钮右侧的下三角按钮，在弹出的"编号"对话框中选择自己满意的编号。也可单击最下方的"定义新编号格式"按钮，按照自己的需求创建新的编号。

图 5-22　项目编号和符号

"编号"左侧的按钮为"项目符号"按钮,通过该按钮可为选中的文本设置项目符号,使用方法同"编号",这里不再赘述。

步骤 9:表格内容录入及格式设置。

在表格中录入文字,并设置为宋体,四号,居中对齐。

步骤 10:为表格增加双线边框。

① 将鼠标指针移至表格左上方,直至出现 4 个方向的箭头图标为止,按下鼠标左键,即可选中整个表格。

② 选择"开始"→"段落"→"下框线"→"边框和底纹"命令(见图 5-23),弹出"边框和底纹"对话框,如图 5-24 所示。

③ 分别选择"自定义""双线""2.25 磅"宽度,然后单击右侧的 4 个边框线按钮,直至出现满意的边框效果,单击"确定"按钮即可。

图 5-23　打开"边框和底纹"对话框　　　　图 5-24　"边框和底纹"对话框

步骤 11:确认无误后,最后保存文档,并关闭文档。

文字型文档的撰写

文字型文档通常有如下特征:

① 文档有大标题,位于页面正中,字体偏大,具有醒目、概括的作用。

② 部分文档还有副标题,位于大标题之下,字体大小位于大标题与正文之间。

③ 正文部分段落结构清晰,文字大小适中。

④ 正文部分一般采用段落缩进 2 字符的格式。

⑤ 正文部分为了增强逻辑性,往往会采用编号或者项目符号的形式。

⑥ 上述特点是一般文字型文档的特征，对于部分严格的办公公文，除了上述特征外，还具有严格的格式限制。

文字型文档的修饰相对来讲比较简单，不需要太多的修饰，常用的修饰手法在案例 5-1 中基本都有所涉及，包括字符格式、段落格式、项目符号、项目编号等。撰写时只要注意各部分逻辑清晰、结构整洁就可以了。

文字型文档的撰写首先是内容的录入，然后才是修饰。关于内容的录入，案例 5-1 中讲解了简单文字和表格的录入，除此之外，还有很多其他符号的录入。

（1）插入符号

选择"插入"→"符号"→"符号"命令，弹出一个面板，面板中显示了 20 种常用符号，如图 5-25 所示。选择某个符号，即可将该符号插入到当前插入点。

如果常用符号中没有需要的，则选择"其他符号"选项，弹出"符号"对话框，其中包括两个选项卡：符号和特殊字符，如图 5-26 所示。在该对话框中选择需要的符号，然后单击"插入"按钮，方可将该符号插入到当前插入点。

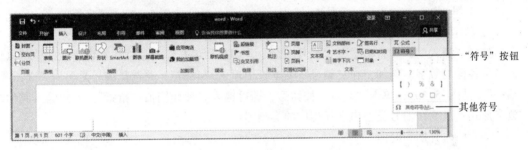

图 5-25　插入符号

在"符号"选项卡中，选择"字体"和"子集"后，可以调出大量的符号，其中有几个常用的字符集：

① 普通文本符号集：在"字体"下拉列表中选择"普通文本"后，"子集"下拉列表中仍有几十种选择，其中"数学运算符"是应用较多的一项，如图 5-26 所示。

② Wingdings 符号集：在"字体"下拉列表中选择 Wingdings，"子集"下拉列表消失，如图 5-27 所示。此时，会调出大量形状各异的图形符号，这些符号常用作项目符号或者文本前面的装饰。

图 5-26　普通文本符号集

图 5-27　Wingdings 符号集

③ Wingdings 2/Wingdings 3 符号集：在"字体"下拉列表中选择 Wingdings 2 或者 Wingdings 3，会调出更多的图形符号，如图 5-28 所示。

"特殊字符"选项卡可调出很多不常见的特殊字符，如图 5-29 所示。

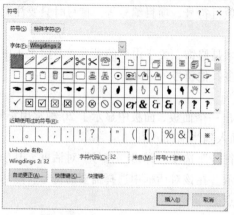

图 5-28　Wingdings 2 符号集

图 5-29　特殊字符

（2）不同数字形式的输入

选择"插入"→"符号"→"编号"命令，弹出"编号"对话框，在该对话框中可以输入各种各样的数字。例如，在"编号"文本框中输入"4837"，并选择编号类型为"壹，贰，叁…"（见图 5-30），单击"确定"按钮后，即可输入"肆仟捌佰叁拾柒"。若想输入其他的数字形式，只要在编号类型中选择相应的类型即可。

（3）插入日期和时间

选择"插入"→"文本"→"日期和时间"命令，弹出"日期和时间"对话框，如图 5-31 所示。在"可用格式"列表框中选择相应的格式，可以输入当前的日期和时间。

图 5-30　插入大写数字

图 5-31　插入日期和时间

（4）自定义项目符号

图 5-32 中"使用说明"下方的各项采用了项目符号，使得该说明更清晰。该项目符号不是项目符号集中自带的，需要自定义添加。具体方法如下：

步骤 1：选中需要添加项目符号的文字。

步骤 2：选择"插入"→"段落"→"项目符号"命令，弹出项目符号面板，如图 5-33 所示。

📖 使用说明：

☐ 将灭蚊器放在蚊子出没比较多的地方，并且放在 1.2 米左右高的地方，避免被其他物体阻挡透蚊光波。在初次使用的时候，建议人离开房间并关灯，这样灭蚊器就是唯一的光源和热源，灭蚊效果极佳。

☐ 灭蚊器要一个晚上连续开着，因为蚊子活动有几个高峰期，白天是伊蚊（花蚊子）出来咬人，傍晚到午夜是按蚊、库蚊活动高峰期，午夜以后是微小伊蚊和按蚊等蚊虫出来吸血。如果您睡前关机，晚出来的蚊子未捕杀，就会影响您的睡眠。

☐ 灭蚊只能一间间房子灭，卧室、看电视的房间安排在晚上至午夜灭蚊，卫生间、厨房或其他房间安排在白天或下午 6 点至 7 点灭蚊，只要坚持一二个星期，家里基本无蚊。

☐ 开始使用时最好放在一米以上的位置，人不要在屋里，其他照明关上，几个小时候人在进去，因为机器本身有个特点是模拟人体气味的，人和机器开始使用时同在影响效果，当然晚上休息时人要在的，只要把别的灯光关上就可以的，本身它也可以当个小夜灯使用的。

图 5-32　自定义项目符号

步骤 3：选择最下方的"定义新项目符号"选项，弹出"定义新项目符号"对话框。

步骤 4：单击"符号"按钮，弹出"符号"对话框（见图 5-34），在"字体"下拉列表中选择 Wingdings 2，然后选择第一行最后一列的图形，单击"确定"按钮，即可用选中符号做项目符号。

除了录入各式各样的符号外，复制、粘贴、查找、替换等功能也是文字录入和修改时经常会用到的。

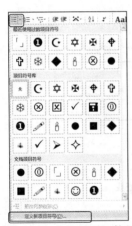

图 5-33　定义新项目符号

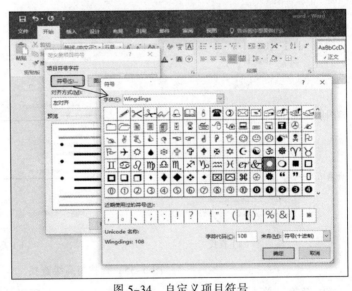

图 5-34　自定义项目符号

（5）复制与粘贴

"复制"与"粘贴"按钮位于"开始"功能区的"剪贴板"组中。

① 复制对象：选择源对象，然后单击"复制"按钮，将光标置于目标地址，单击"粘贴"按钮。

② 移动对象：选择源对象，然后单击"剪切"按钮，将光标置于目标地址，单击"粘贴"按钮。

③ 格式刷：选择源对象，然后单击"格式刷"按钮，光标变成刷子形状；用刷子光标选择目标对象，即可快速将源对象的字符、段落格式应用到目标对象上。

第 5 章　办公自动化——Microsoft Office

复制、粘贴、剪切是使用频率比较高的命令，掌握快捷键，可令复制和移动操作更快速。复制的快捷键为【Ctrl+C】；粘贴的快捷键为【Ctrl+V】；剪切的快捷键为【Ctrl+X】。

（6）查找与替换

"查找与替换"可以快速地定位到目标，并迅速完成大量相同的替换工作。"查找与替换"位于"开始"功能区的"编辑"组中。该组包含"查找""替换""选择"命令按钮。

① 查找：选择"查找"命令，可在左侧的"导航"窗格中出现编辑查找对象的文本框，输入关键字（如 Word），按【Enter】键，即可发现对象出现的位置，如图 5-35（a）所示。单击每一项，可直接定位到关键字出现的位置。

② 高级查找：单击"查找"按钮的下三角按钮，在弹出的下拉列表中选择"高级查找"选项，弹出图 5-35（b）所示的对话框，输入查找内容（如 Word），单击"查找下一处"按钮，即可定位到第一个关键字出现的位置，然后依次单击"查找下一处"按钮。如果还有更多其他查找要求，可通过"更多/更少"按钮，调出下面的搜索选项，选择完毕后，单击"查找下一处"按钮。

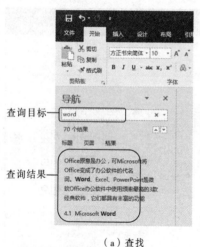

（a）查找　　　　　　　　　　（b）高级查找

图 5-35　查找与高级查找

③ 替换：单击"替换"按钮，可弹出图 5-36（a）所示的对话框。输入"查找内容"与"替换为"（比如输入"微软"和 Microsoft），若有更多要求，则通过"更多/更少"按钮，调出"搜索选项"进行设置。执行替换有两种方式：

- 依次单击"查找下一处"按钮，定位后，单击"替换"按钮。
- 单击"全部替换"按钮。

显然第二种方式效率高，但容易造成误操作，所以，如果不是特别确定，不要用该功能；第一种方式每查找一处，再决定是否替换，所以比较可靠，但效率低。具体使用哪种方式，用户要根据具体情况而定。

此外，"替换"不仅可以完成内容的替换，还可以实现格式的替换，如图 5-36（b）所示的设置，即将所有的"微软"二字替换为红色的"微软"。格式的替换步骤如下：

步骤 1：单击"更多/更少"按钮，调出"搜索选项"。

步骤 2：在"查找内容"文本框中输入被替换的目标，如"微软"。

步骤 3：若被替换的目标无格式，则直接将光标移至"替换为"文本框；若被替换目标有格式，则通过下方的"格式"按钮设置格式。

步骤 4：在"替换为"文本框中输入替换后的内容，因为是格式替换，所以仍然是"微软"，然后单击"格式"按钮为替换后的内容设置格式。

步骤 5：单击"全部替换"按钮即可。

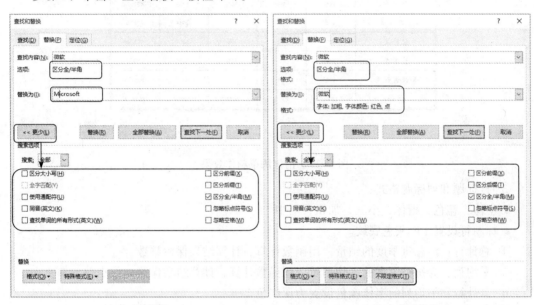

（a）内容替换　　　　　　　　　　　（b）格式替换

图 5-36　"查找和替换"对话框

5.1.3　表格型文档

在以文字擅长的 Word 中之所以会有表格，而且功能还比较丰富，是因为文字、图片的表现能力也是有限的。有时，用很多语言或图片也难以描述清楚的问题，也许用一个简短的表格就一目了然了。

【案例 5-2】销售清单。

案例功能：销售清单是工作中经常用到的表格文档，通过表格形式对于销售情况能更清楚地进行表达，合理、简洁的表格往往胜过千言万语。

案例效果：如图 5-37 所示。

具体要求：

① 标题：蓝色，楷体，二号，加粗，居中。

② 表格布局格式。

● 表格居中。

● 表格文字格式：水平居中，垂直居中，宋体，黑色，五号。

● 标题行行高：2 厘米；其他行行高：1 厘米。

● 标题列列宽：5厘米；其他列列宽：3厘米。

**公司图书销售清单（2015年）

类别＼季度	一季度	二季度	三季度	四季度	平均
教材类	123	287	634	523	391.8
文学类	354	521	723	645	560.8
儿童文学类	244	364	587	623	454.5
心理学类	123	185	202	196	176.5
经济类	587	523	496	605	552.8
艺术类	123	185	146	178	158.0
等级考试类	265	287	303	435	322.5
总计	1819	2352	3091	3205	2616.8

制表人：陈晓
日期：2010-1-8

图 5-37　销售清单制作效果

③ 行标题和列标题格式：

● 字体：蓝色，楷体，小三，加粗，居中。

● 标题行设置 15%灰色底纹。

④ 总计行：汇总每季度的销量，用函数计算，计算结果保留整数。

⑤ 平均列：为每类图书的平均销量，用函数计算，计算结果保留一位小数。

⑥ 总计行和平均列的字体颜色设置为深红色。

⑦ 表格边框：三线式，3磅，蓝色；内部线条：单线，1磅，黑色。

⑧ 表头格式：

● 字体：宋体，小三，加粗。

● 斜线：3磅，蓝色，单线线型。

⑨ 制表人及日期格式设置：宋体，小四，右对齐。

⑩ 文件保存为"销售清单.docx"。

知识列表：插入表格，表格属性，单元格属性，公式与函数，平均分布行/列。

案例操作过程：

步骤1：新建 Word 文档，并保存为"销售清单.docx"。

步骤2：页面设置：纸张方向为横向。

选择"页面布局"→"页面设置"→"纸张方向"→"横向"命令即可。

步骤3：文字的录入与表格的插入。

① 参照图 5-37 录入文字。

② 表格的插入。选择"插入"→"表格"→"插入表格"命令（见图 5-38），在弹出的对话框中设置列数为6，行数为9。

③ 录入表格中的文字。

第1行第1列的表格一般称为表头。Word 2016 取消了自动设置表头的功能，因此需要手动添加。添加方法：在单元格（A1）中输入两行文字：季度和类别，其中"季度"一行右对齐，"类别"一行左对齐。

步骤 4：完成后的效果如图 5-39 所示。

步骤 5：大标题格式设置。

选择大标题"**公司图书销售情况（2015 年）"，设置其字体为：蓝色，楷体，二号，加粗，居中。

步骤 6：表格格式设置。

① 表格居中。选中整个表格，然后选择"开始"→"段落"→"居中"命令即可。

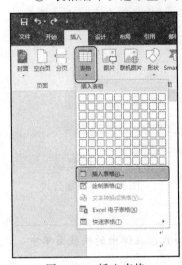

图 5-38　插入表格

**公司图书销售清单（2015年）

季度 类别	一季度	二季度	三季度	四季度	平均
教材类	123	287	634	523	
文学类	354	521	723	645	
儿童文学类	244	364	587	623	
心理学类	123	185	202	196	
经济类	587	523	469	605	
艺术类	123	185	146	178	
等级考试类	265	287	303	435	
总计					

制表人：陈晓
日期：2010-1-8

图 5-39　文字与表格录入后的效果

─小提示─

鼠标移至表格左上方，直至图标呈现为 ⊕，按下鼠标左键，即可选中整个表格，之后所做的操作是针对整个表格的。不用该方式选中的表格，往往是针对表格内容的设置。请注意二者的差别。

② 表格文字格式：水平居中，垂直居中，宋体，黑色，五号。

选中除表头（指第 1 行第 1 列的单元格）之外的所有单元格，单击"布局"→"对齐方式"中的 ≡ 按钮，如图 5-40 所示。其他对齐方式也是一目了然。同时设置字体为宋体，黑色，五号。

③ 标题行行高：2 厘米；其他行行高：1 厘米。

选中标题行，选择"布局"→"单元格大小"命令，设置高度为 2 厘米。

图 5-40　单元格对齐方式

选中其他行，设置行高为 1 厘米。

④ 标题列列宽：5 厘米；其他列列宽：3 厘米。

选中标题列，选择"布局"→"单元格大小"命令，设置宽度为 5 厘米。

选中其他列，设置列宽为 3 厘米。

步骤 7：设置行标题/列标题格式。

① 选中标题行。

② 设置字体：蓝色，楷体，小三，加粗。

③ 标题行设置 15%灰色底纹。

选择"插入"→"段落"→"下框线"→"边框和底纹"→"底纹"命令，在"填充"下拉列表中选择 15%的灰色（第 3 行第 1 列）。

步骤 8：计算总计行：总计行单元格为每季度的销量总计，用函数计算，计算结果保留整数。

① 插入公式。将光标置于单元格（B9）中，选择"布局"→"数据"→"fx 公式"命令，弹出"公式"对话框。在该对话框中设置公式、参数及格式，如图 5–41 所示，单击"确定"按钮即可。其中编号格式：0 代表保留整数。

② 复制公式。单元格 C9:E9 中的公式同 B9 类似，可以逐一添加，也可以将 B9 中的公式复制到右侧的单元格中。

图 5–41　添加公式

—小提示—

　　复制后的公式，数据不会自动更新，还需要右击复制的公式，在弹出的快捷菜单中选择"更新域"命令，才可使数据得到更新。

　　此外，右击公式，在弹出的快捷菜单中选择"切换域代码"命令，可以在公式和计算结果之间进行切换。

知识讲解

① 公式 "=SUM(ABOVE)" 代表计算当前单元格之上的所有单元格的和。SUM 为函数名，ABOVE 为参数。

② 函数名：除了 SUM()函数，常用的函数如下：

● AVERAGE()：求平均数。

● MAX()：求最大值。

● MIN()：求最小值。

● COUNT()：计数。

这些常用函数应该非常熟悉，其他不常用函数可通过"公式"对话框中的"粘贴函数"予以粘贴。

③ 参数：一般每个函数都需要参数，ABOVE 即是参数，代表当前单元格之上的单元格。此外，常用的还有 LEFT，代表当前单元格左边的所有单元格。

此外，参数更通用的形式为：A1:A5，代表从单元格 A1 到 A5 之间的所有单元格。

步骤 9：计算平均列：为每类图书的平均销量，用函数计算，计算结果保留一位小数。

① 插入公式。将光标置于单元格（F2）中，选择"布局"→"数据"→"*fx* 公式"命令，即可弹出"公式"对话框。在该对话框中设置公式、参数及格式，如图 5-42 所示，单击"确定"按钮即可。其中编号格式：0.0 代表保留一位小数。

图 5-42　平均列公式

② 复制公式。将单元格 F2 中的公式复制到下面的各个单元格，并进行更新。

步骤 10：总计行和平均列的字体颜色设置为深红色，加粗。

选中总计行和平均列，设置字体颜色为深红色、加粗，将统计数据与基本数据进行区分。

步骤 11：设置表格边框：三线式，3 磅，蓝色；内部线条：单线，1 磅，黑色。

① 选中整个表格。

② 选择"开始"→"段落"→"边框和底纹"→"自定义"命令。

③ 设置内线：选择 1.0 磅、黑色、单线，单击 2 次内线按钮［见图 5-43（a）］。单击一次按钮，线显示；再单击一次，线消失，在预览部分可以看到预览效果。

④ 设置外框线：设置完内线之后，保持该窗口不变，重新选择 3 磅、蓝色、三线式，然后再单击 2 次各外框线按钮［见图 5-43（b）］，直至预览效果达到目标效果为止。

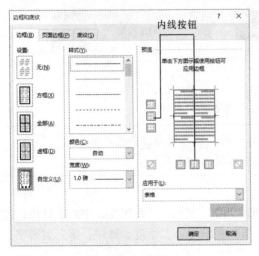
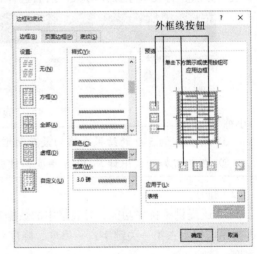

（a）设置内线格式　　　　　　　　　　　　（b）设置外框线格式

图 5-43　设置表格框线

步骤 12：制作表头。

① 表头字体：宋体，小三，黑色，加粗。

② 添加斜线：3 磅，蓝色，单线线型。

将光标置于表格中，会出现"设计"和"布局"选项卡，否则这两个选项卡会消失。

选择"设计"→"边框"，在其中设置 3 磅、蓝色、单线线型［见图 5-44（a）］，然后选择"布局"→"绘图"，单击"绘制表格"按钮［见图 5-44（b）］，鼠标会变为笔的形状，此时，在单元格 A1 中画一条斜线即可。

"绘制表格"功能可以在表格中任意画线，为不规范表格的制作提供了方便。

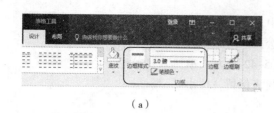（a）

（b）

图 5-44　绘制表格

步骤 13：制表人及日期格式设置：宋体，小四，右对齐。

表格型文档的撰写：

表格型文档除了清晰地表达相关数据外，还有一个功能就是可以对页面进行布局，这样可以使文档格式更整洁。

案例 5-2 中应用了表格相关的大部分知识点，此外，还有少量未涉及的功能，在此予以介绍。

（1）布局的改变

插入表格后，若发现布局不合理，需要增加或删除行/列，或者合并单元格，或者拆分单元格，这些功能都可以通过"布局"功能区（见图 5-45）的"行和列"及"合并"组中的按钮实现。方法：首先选中操作对象，然后选择相应命令即可。

图 5-45　"布局"功能区

— 小练习 —

① 请在案例 5-2 的结果表格的最后面增加一列，列标题为"年度总计"。

② 在新增加的列中计算 2015 年度各种类别书籍的销售总数。

（2）排序

Word 还提供了排序功能，对表格中的数据进行调整。例如，对案例 5-2 中的表格进行排序，排序依据为：第一关键字：一季度，降序；第二关键字：二季度，降序；第三关键字：三季度，降序。

操作步骤如下：

步骤 1：打开文件"销售清单.docx"。

步骤 2：复制表格。为了对比排序前后的数据，将表格复制一份，放置在原表格下方。下面的排序针对复制表格进行。

步骤 3：选中除总计行之外的所有行。

步骤 4：选择"布局"→"数据"→"排序"，弹出"排序"对话框（见图 5-46），按照排序依据设置 3 个关键字，并降序排列，然后单击"确定"按钮，完成排序。

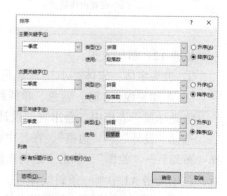

图 5-46　"排序"对话框

步骤 5：排序前和排序后的表格如图 5-47 所示。

季度 类别	一季度	二季度	三季度	四季度	平均
教材类	123	287	634	523	391.8
文学类	354	521	723	645	560.8
儿童文学类	244	364	587	623	454.5
心理学类	123	185	202	196	156.3
经济类	587	523	496	605	552.8
艺术类	123	185	146	178	158.0
等级考试类	265	287	303	435	322.5
总计	1819	2271	3091	3205	2596.5

（a）排序前

季度 类别	一季度	二季度	三季度	四季度	平均
经济类	587	523	496	605	552.8
文学类	354	521	723	645	560.8
等级考试类	265	287	303	435	322.5
儿童文学类	244	364	587	622	454.5
教材类	123	287	634	523	391.8
心理学类	123	185	202	196	156.3
艺术类	123	185	146	178	158.0
总计	1819	2271	3091	3205	2596.5

（b）排序后

图 5-47　排序前后对比图

（3）应用样式

Word 提供了很多形式各异的表格样式，可直接应用。具体步骤如下：

步骤 1：选中表格。

步骤 2：选择"设计"→"表格样式"（见图 5-48），然后选择相应的样式即可。如果没有合适的样式，则只能通过前面学习的表格修饰手法自己进行设计。

图 5-48　"设计"功能区

5.1.4　图文混排型文档

很多时候需要制作一些具有一定吸引力和影响力的娱乐性的文档，例如音乐会宣传、社团招新、旅游景点宣传、服装表演宣传等。虽然前面学习的字符与段落的修饰方法仍然可用，但修饰效果却差强人意，此时，必须借助更丰富的图来装饰文档。

【案例 5-3】宣传小报

案例功能：宫××是著名动画片导演，其经典作品感动了一代又一代人，通过本宣传小报宣传他的作品。

案例效果：如图 5-49 所示。

案例分析：宣传小报的制作，需要几个主要环节。

① 首要的是素材，根据制作主题搜集相关素材。

② 对素材进行合理布局。

③ 通过图文等各种修饰手法美化宣传小报。

本案例属于图文混排型的文档，用到了各种图的元素（图片、艺术字、文本框），还有表格、项目符号等修饰手法。

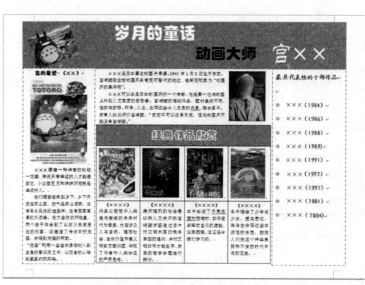

图 5-49　宣传小报制作效果

具体要求：为了方便读者练习，本案例所用素材都已提供在"案例 5-3 素材"文件夹中。

① 在素材文件夹中选取合适的资料，按照图 5-49 所示的样式进行设计。

② 将编辑好的通知保存为"宣传小报.docx"。

知识列表：图片、形状、表格、分栏、首字下沉、文本框、项目符号、表格。

案例操作过程：

步骤 1：新建 Word 文档，并保存为"宣传小报.docx"。

步骤 2：页面设置，如图 5-50 所示。

① 选择"布局"→"页面设置"，设置"纸张方向"为"横向"。

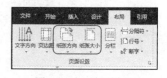

② 选择"布局"→"页面设置"→"页边距"→"自定义页边距"命令，在弹出的对话框中将上和下分别设置为 0.6 厘米，左右分别设置为 1.5 厘米。

图 5-50　页面设置

步骤 3：插入文件"宫××简介"。

选择"插入"→"文本"→"对象"→"文件中的文字"命令（见图 5-51），在弹出的"插入文件"对话框中选择"宫××简介.docx"，即可将该部分文字插入。

图 5-51　插入文件中的文字

步骤 4：布局。

① 在"宫××简介"文字段落之上插入一个矩形框（高 3.8 厘米，宽 26.7 厘米，形状填充：浅蓝；形状轮廓：无轮廓），文字环绕：四周型。

② 在"宫××简介"文字段落左侧插入一个文本框（高 16 厘米，宽 6 厘米，形状填充：

无填充颜色；形状轮廓："0.25 磅，虚线：划线-点"），文字环绕：四周型。

③ 在"宫××简介"文字段落右侧插入一个文本框（高 16 厘米，宽 6 厘米，形状填充：无填充颜色；形状轮廓："0.25 磅，虚线：划线-点"），文字环绕：四周型。

④ 在"宫××简介"文字段落下方插入一个表格（3 行 4 列），表格居中对齐；表格内容第 1、2 行居中对齐，第 3 行两端对齐。

知识讲解

① 形状的插入：选择"插入"→"形状"命令，在弹出的面板中选择相应的图形对象即可完成形状的插入，如图 5-52 所示。

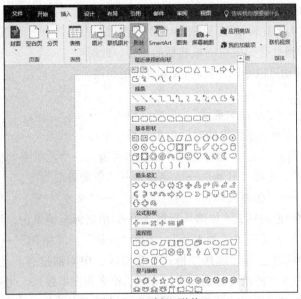

图 5-52　插入形状

② 形状的格式设置：选中形状对象，可发现在功能区中增加一个项目"格式"。在"格式"功能区中有很多按钮可对形状对象进行格式设置。使用频率比较高的是图 5-53 中部矩形框中的 3 个按钮：形状填充、形状轮廓、形状效果。

图 5-53　形状的格式设置

③ 表格居中对齐：将鼠标指针移至表格左上角，直至鼠标指针呈现为 ⊞，此时按下鼠标左键，可选中整个表格。然后选择"开始"→"段落"，单击"居中对齐"按钮 ≡ 即可。

④ 表格内容居中对齐：将鼠标指针移动至第 1 行左侧，直至鼠标指针呈现为空心箭头，此时按下鼠标左键，可选中第 1 行；鼠标左键保持按下状态，向下移动鼠标，则可同时选中第 1 行和第 2 行；松开鼠标左键；选择"开始"→"段落"，单击"居中对齐"按钮即可。

——注——

表格内容默认是两端对齐。

⑤ 形状对象以及图的四周环绕：选择图或者形状对象，选择"格式"→"自动换行"→"四周型环绕"命令即可将图设置为四周环绕型。"格式"→"自动换行"下面的菜单中还有多种环绕效果可供选择。

—注—

> 新插入的图片默认为"嵌入型"，此时，图片作为一个符号，不可以任意移动。只有变成非嵌入型时，方可任意移动。

步骤 5：标题部分制作。

① 插入图片——猫 1.jpg。选择"插入"→"图片"命令，弹出"插入图片"对话框，选择路径及文件即可。

② "猫 1"图片的旋转。选中图片对象，上方会出现一个绿色小圆点，称为"旋转柄"（见图 5-54）。将鼠标指针移至旋转柄，鼠标指针会变成包围旋转柄的模样，此时按下鼠标左键，左右移动可以令图片旋转，直到理想的角度，松开鼠标左键即可。

③ 插入艺术字——"岁月的童话"。选择"插入"→"文本"→"艺术字"命令，在弹出的对话框中选择一个接

图 5-54　图片的旋转

近的样式（如第 1 行第 4 列），用鼠标左键单击，即可输入一个艺术字的框架，此时在框中输入文字"岁月的童话"，选择"开始"→"字体"→"华文琥珀"。

④ 插入艺术字——"动画大师"。选择"插入"→"文本"→"艺术字"命令，在弹出的对话框中选择一个接近的样式（如第 4 行第 3 列），用鼠标左键单击，即可输入一个艺术字的框架，此时在框中输入文字"动画大师"，选择"开始"→"字体"→"华文琥珀"。

在艺术字被选中的状态下，选择"格式"功能区，中间部位有"艺术字样式"组，如图 5-55 所示，右侧的 3 个按钮可分别设置填充色、轮廓和文本效果。此处将轮廓设置为"无轮廓"。单击右下角的对话框启动器按钮，可弹出"设置文本效果格式"对话框，如图 5-55 所示。在"文本填充"区域中选择"纯色填充"单选按钮，并选择填充颜色为"黑色"。

⑤ 插入艺术字——"宫××"。同上，字体为"华文隶书"。

步骤 6：宫××简介部分制作。

① 段落设置：首行缩进 2 字符。

② 插入图片——"宫××.bmp"，并将该图片大小设置为"高 4 厘米"，四周环绕。

步骤 7：左侧文本框制作。

① 输入"我的最爱-《猫》"，并设置为黑体，小四，加粗，居中对齐。

② 插入图片——"猫 2.jpg"，居中对齐。

③ 插入文字——猫我的最爱（来自"其他文字素材.docx"）。

图 5-55　"格式"功能区

- 打开文件"其他文字素材.docx"。
- 选择"猫我的最爱"部分的文字。
- 按【Ctrl+C】组合键：将选中文字复制到剪贴板上。
- 返回宣传小报文件，将当前插入点置于左侧文本框图片下方。
- 按【Ctrl+V】组合键：将剪贴板上的文字粘贴到当前插入点的位置。

> 注
> 　　复制、粘贴也可通过"开始"→"剪贴板"中的按钮实现。

　④ 设置段落格式。将左侧文本框中的文字（不含标题）选中，设置为宋体，5 号，首行缩进 2 字符。

　步骤 8：右侧文本框制作。

　① 插入文字——最具代表性的十部作品（来自"其他文字素材.docx"）。

　② 设置字符及段落格式：四号，楷体，紫色，应用自定义项目符号。

　步骤 9：最下方表格制作。

　① 合并第 1 行的 4 个单元格。选中第 1 行，选择"布局"→"合并单元格"命令即可。

　② 为第 1 行设置底纹。选中第一行，选择"开始"→"段落"→"下框线"→"边框和底纹"→"底纹"→"浅蓝色"。

　③ 在第 1 行输入"经典作品欣赏"，并设置为华文彩云，小一，居中对齐。

　④ 在第 2 行插入图片。自左向右依次插入图片"风谷.jpg""天空城.jpg""千寻.jpg""金鱼公主.jpg"。

　⑤ 设置图片大小。将刚刚插入的 4 幅图片设置为"高 4 厘米"。

　⑥ 在第 3 行插入文字（来自"其他文字素材.docx"）。

　步骤 10：最终效果调整，调整完毕如图 5-49 所示，保存关闭。

图文混排型文档的撰写

　图的组成主要有图片、艺术字、剪贴画、形状，这些元素的加入，使文档更加生动，更具吸引力。这种图文混合的文档称为"图文混排型"文档。

　此类文档的撰写要点如下：

　① 搜集丰富的素材。

　② 有时需要对素材做加工，常用工具软件是 Photoshop。

　③ 对整个页面做整体布局。一般此类文档只包含 1 页，要充分利用空间。

　④ 灵活插入各种图元素。

　⑤ 灵活对各种图元素进行格式设置。

> 实践建议
> 　　图的格式设置参数非常多，形式也千变万化。因此，需要读者在练习中多尝试不同风格的效果，通过亲身感受，逐渐达到对格式设置的灵活掌握。

　图的组成，除了案例 5-3 中提到的元素外，还有背景、水印等几种，下面一一说明其用法。

（1）背景的设置

　选择"设计"→"页面背景"中的命令可对背景进行设置。页面颜色可以设置页面的背景颜色；页面边框可以为页面增加艺术边框。

给一些重要文件加上水印，例如"绝密""保密"的字样，可以让获得文件的人都知道该文档的重要性。不过有时水印只是为了获得某种艺术效果。

水印的设置有3种形式：无水印、图片水印、文字水印，如图5-56所示。

（3）分栏

分栏也是图文混排型文档的常用修饰手法。一般选中目标段落或文本后，选择"布局"→"页面设置"→"分栏"，然后选择分栏效果。若这些效果都不理想，则选择"更多分栏"进行设置。

（4）首字下沉

首字下沉也是图文混排型文档的常用修饰手法。首字下沉是针对段落的，因此首先要选取一个完整的段落（段落结束符也要包括在内），然后选择"插入"→"文本"→"首字下沉"选择下沉样式。对于比较精确的参数，可选择"首字下沉选项"命令，在弹出的对话框中进行设置，如图5-57所示。

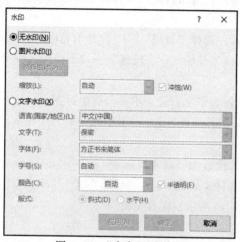

图 5-56 "水印"对话框

图 5-57 "首字下沉"对话框

5.1.5 长文档

每本书都有图5-58所示的目录,如何从几百页的书中将这些目录项及页码提取出来呢?当书的内容修改后，怎样相应地调整目录呢?

如果仍用前面学过的知识来做这些事情，几乎是不可能办到的。其实针对长文档，Word提供了很多专用的功能，只需要一个命令就可以从几百页的书中将这些目录提取出来。下面通过案例5-4来体验一下长文档。

【**案例 5-4**】体验长文档的神奇。

案例功能：快速生成目录，体验长文档的神奇。

具体要求：

① 打开素材文件"目录的插入素材.docx"。

② 在"目录"之后自动生成目录。

知识列表：导航目录。

图 5-58　长文档目录

案例操作过程：

步骤 1：打开素材文件"目录的插入素材.docx"。

步骤 2：选中"视图"→"显示"，选择"导航窗格"复选框，在左侧呈现该文件的导航结构图，如图 5-59 所示。

步骤 3：将光标定位到"目录"之后的段落，如图 5-60 所示。

图 5-59　打开导航，定位到目录

步骤 4：选择"引用"→"目录"→"自定义目录"命令（见图 5-60），弹出"目录"对话框，如图 5-61 所示。

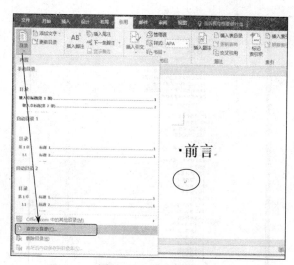

图 5-60　插入目录

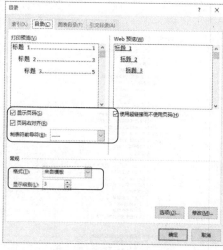

图 5-61　目录的设置

步骤5：在"目录"对话框中选择"目录"选项卡。在该选项卡中有几个需要设置的参数：

① 显示页码：是否显示页码。

② 页码右对齐：是否要求页码右对齐。

③ 制表符前导符：设置目录中标题与页码之间的符号。

④ 格式：通过下拉列表选择目录的样式。

⑤ 显示级别：目录显示到第几级标题，默认为3。

一般情况下，保持默认值即可，若有特殊需要，则可调整上述几项。最后单击"确定"按钮，即可自动生成目录，如图5-62所示。

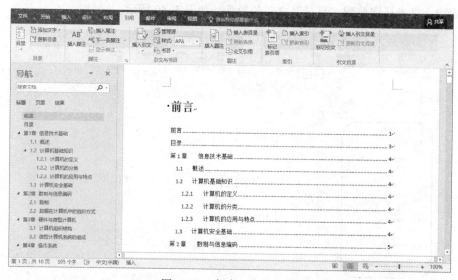

图 5-62　自动生成的目录

只需通过一个命令就可以从长文档中提取出目录，但是一个前提：长文档中的文字必须是分级别的。将这个前提条件做好，要比生成目录烦琐得多。因此，长文档神奇的功能和前期大量的准备工作是分不开的。下面通过案例5-5完整地学习长文档的制作，包括如何做准备、如何自动生成目录、图索引、表索引及如何为长文档设置整洁的外观。

【案例5-5】毕业论文。

案例功能：四年的大学生活是很快的，转眼就要毕业了，每个同学都需要撰写毕业论文。如何将自己毕业设计期间查阅的资料、所做的工作通过毕业论文体现出来对每个同学都很重要。

案例效果如图5-63所示。

图5-63 毕业论文制作效果

具体要求：

1）总体要求

① 毕业论文保存为"毕业论文.docx"。

② 撰写过程中用到的文字和图表，来自"毕业论文素材"文件夹。

③ 毕业论文最终效果请参见"毕业论文范本.pdf"。

2）格式要求

（1）页面设置

纸张大小为A4，纵向，页边距为：上（2.54 cm），下（2.54 cm），左（2.6 cm），右（2.4 cm），奇偶页不同。

（2）毕业论文共分三节

① 第一小节：封皮。

② 第二小节：前言、摘要、Abstract、目录、图索引、表索引。

③ 第三小节：正文、参考文献、致谢。

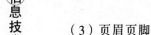

（3）页眉页脚

① 第一节（封皮）：无页眉页脚。

② 第二节：

- 页眉："北京**大学"（左对齐），"再生纤维素溶解性能研究"（右对齐）。

- 页脚：页码。位于页面外侧，即奇数页右对齐，偶数页左对齐。

- 码格式为：罗马数字（I、II、III、IV...）；页码两边各加一条横线，字号为小五号。

③ 第三节：

- 页眉："北京**大学"（左对齐），"再生纤维素溶解性能研究"（右对齐）。

- 页脚：页码。位于页面外侧，即奇数页右对齐，偶数页左对齐。

- 页码格式为：阿拉伯数字（1 、2、3、4...）；页码两边各加一条横线，字号为小五号。

（4）封皮格式设置

封皮格式如图 5-64 所示。

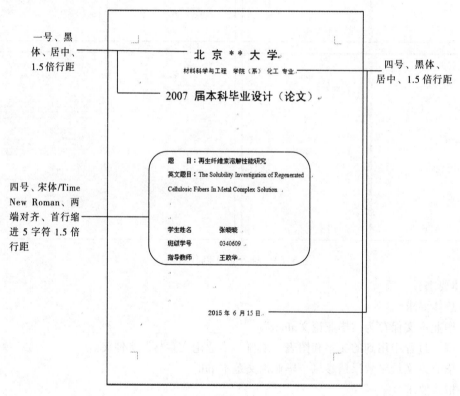

图 5-64　封皮样式

（5）标题设置

第 1 章　×××××　　（标题 1，段前分页）

1.1　×××××　　（标题 2）

1.1.1　×××××　　（标题 3）

第 2 章　×××××

2.1　×××××

（6）正文样式设置

① 样式名称：论文正文。

② 具体格式：中文使用小四号宋体，西文及数字使用小四号 Times New Roman 字体，大纲级别：正文文本，1.5 倍行距，首行缩进 2 字符。

（7）插图和表格

① 文中的所有插图要有图标题，表格要有表标题。

② 图标题位于图的下方，表标题位于表的上方。

③ 图标题格式："图 章号–序号"，如"图 2-3　××××"。

④ 表标题格式："表 章号–序号"，如"表 5-3　××××"。

⑤ 图号与表号，一定要在文字中提到，并一一对应。

3）其他要求

① 目录、图索引、表索引要自动生成。

② 文字直接从"毕业论文素材之文字.docx"中获取，利用复制、粘贴完成。

─── 注　意 ───

粘贴过来的文字，一定要应用"论文正文"样式。

③ 图要通过"插入"→"图片"方式插入，图的格式为"嵌入式"，居中。

④ 表可从"毕业论文素材之表格.docx"中获取，利用复制、粘贴完成，要居中。

知识列表：分节、样式的设置与应用、页眉/页脚、图片的插入、题注与引用、自动生成目录、自动生成图索引、自动生成表索引。

案例操作过程：

（1）准备工作

步骤 1：新建文档并保存。

新建文档，并保存为"毕业论文.docx"。

步骤 2：页面设置。

选择"页面布局"→"页面设置"，单击对话框启动器按钮，弹出"页面设置"对话框，按照如下要求依次设置即可：

① 纸张大小为 A4，纵向。

② 页边距为：上（2.54 cm），下（2.54 cm），左（2.6 cm），右（2.4 cm）。

③ 奇偶页不同。

步骤 3：样式的修改与新建。

知识讲解

长文档中用到的样式较多，这些样式不仅关系到美观，更关系到文档的逻辑结构是否正确，如果样式不规范很容易造成最终无法生成正确的目录。

Word 本身提供了多种样式，但有时仍需自己新建或修改已有的样式。本案例需要新建一个样式、修改一个样式。

① 论文正文（新建）：中文：小四号宋体；西文：小四号 Times New Roman；大纲级别：正文文本；1.5 倍行距，首行缩进 2 字符。

② 标题1（修改）：居中，段前分页。

由于标题1修改后会影响正文的操作，因此，标题1的修改放在后面进行。

注 意

> 由于很多样式是基于"正文"样式的，因此，不要对"正文"样式进行修改。

"论文正文"样式的新建。选择"开始"→"样式"，单击对话框启动器按钮，在弹出的窗格中单击"新建样式"按钮，如图 5-65 所示，弹出"根据格式设置创建新样式"对话框，如图 5-66 所示。

图 5-65　新建样式

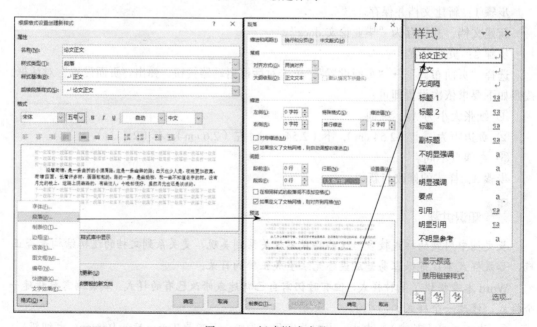

图 5-66　新建样式步骤

在"根据格式设置创建新样式"对话框中做如下设置：

- 输入样式名称：论文正文。
- 样式基准：正文。
- 字符格式：中文：小四号宋体；西文：小四号 Times New Roman。
- 段落格式：单击左下角的"格式"按钮，在弹出的下拉列表中选择"段落"选项，弹出"段落"对话框，在该对话框中设置 1.5 倍行距，首行缩进 2 字符，单击"确定"按钮，返回后，发现"样式"窗格中出现了"论文正文"样式，表示样式新建成功。

（2）构建文档结构

步骤 1：切换到大纲视图。

可通过右下角的"大纲视图"按钮快速切换。

步骤 2：设置标题。

按照图 5-67 输入文档结构，注意每级标题的样式。在工作区中，文字分为 3 级：最左边的是标题 1；中间的是标题 2；最右边的是标题 3。

步骤 3：为文档结构加上多级编号。

① 选择从"文献综述"至"结论"部分。

② 选择"开始"→"段落"→"多级列表"→"定义新的多级列表"命令，弹出"定义新多级列表"对话框，如图 5-68 所示。

图 5-67　无编号的大纲视图

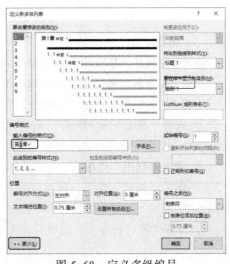

图 5-68　定义多级编号

③ 在对话框中选择左上方列表中的"1"，然后在"输入编号的格式"文本框中的"1"之前增加一个"第"，"1"之后增加一个"章"，此时，在右上方的预览窗口中可以看到一级编号变为"第 1 章"。

④ 在对话框的左下方有一个"更多"按钮，单击该按钮，按钮上的文字变为"更少"，此时对话框右侧出现一系列设置项。在"将级别链接到样式"下拉列表中选择"标题 1"，可以将设置的编号与标题 1 建立链接。

⑤ 选择对话框左上方列表中的"2"，并选择"将级别链接到样式"下拉列表中选择"标题 2"，将编号与标题 2 建立链接。按照同样的方法，建立编号 3 与标题 3 的链接关系。然后单击"确定"按钮，此时发现全部的标题都增加了编号。

⑥ 选择"前言"至"表索引"以及"参考文献"至"致谢"部分，选择"开始"→"段落"→"编号"命令，即可为不需要编号的标题取消编号。最终生成的带多级编号的文档结构，如图 5-69 所示。

图 5-69　带编号的大纲视图

（3）编辑正文文字

步骤 1：打开"毕业论文文字素材.docx"。

步骤 2：将各个部分文字依次插入论文中，所有正文格式均为"论文正文"。

步骤 3：为标题 1 增加"段前分页"和居中功能。

① 选择"开始"→"样式"，右击"标题 1"，在弹出的快捷菜单中选择"修改"命令（见图 5-70），弹出"修改样式"对话框。

② 单击"居中"按钮。

③ 单击"格式"按钮，在弹出的下拉列表中选择"段落"选项，弹出"段落"对话框，如图 5-71 所示。

④ 选择"换行和分页"选项卡，选中"段前分页"复选框，然后单击"确定"按钮返回即可。

— 注 —

此时会发现所有一级标题都位于页面的顶端。

— 小提示 —

标题 1 的样式修改为什么不在任务 1 完成？

若过早地修改标题 1 的样式，由于标题 1 的格式为段前分页，则当在标题 1 之后插入正文文本时，新插入的正文文本也是段前分页格式，为插入正文文本增加了不必要的麻烦。因此，选择在正文文本插入完毕之后再修改标题 1 的样式。

图 5-70 选择"修改"命令

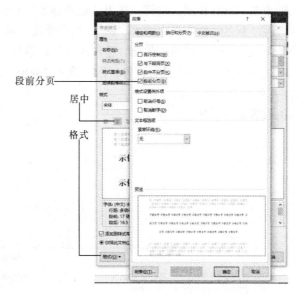

图 5-71 修改样式步骤

（4）插入图片并添加题注

长文档中一般有大量的图和表，每张图和表都要有唯一的编号。Word 提供了插入题注的功能，可以为每张图和表添加编号。

步骤 1：插入图 1-1。

① 将光标移动到 1.2.1 节中"【此处添加图 1-1】"之前（见图 5-72），将这些文字删除。

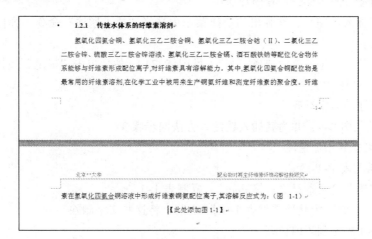

图 5-72 插入图 1-1

② 选择"插入"→"插图"→"图片"命令，在弹出的对话框中选择"图片素材"文件夹中的"图 1-1.jpg"，然后单击"插入"按钮。

③ 选择新插入的图片，选择"开始"→"段落"→"居中"命令，设置图片居中效果。

步骤 2：为图 1-1 插入题注。

① 右击新插入的图片，在弹出的快捷菜单中选择"插入题注"命令，弹出"题注"对话框。

② 单击"新建标签"按钮，弹出"新建标签"对话框，如图5-73（a）所示。

③ 在"标签"文本框中输入"图"，然后单击"确定"按钮，返回"题注"对话框。

④ 单击"编号"按钮，弹出"题注编号"对话框。

⑤ 按照图5-73（b）进行设置，然后单击"确定"按钮，发现新插入的图下方增加了一个题注，名称为"图1-1"。

⑥ 设置题注为居中对齐。

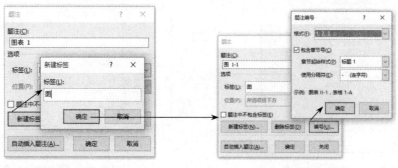

（a）插入题注步骤（1）　　　　　　　　（b）插入题注步骤（2）

图5-73　插入题注

步骤3：插入"图1-2"，并为其插入题注。

① 找到"【此处添加图1-2】"的位置，删除这些文字，并在该位置插入"图片素材"文件夹中的图片"1-2.jpg"。

② 选中新插入的图片，设置图片居中。

③ 右击新插入的图片，在弹出的快捷菜单中选择"插入题注"命令，弹出"题注"对话框。

④ 在"标签"下拉列表中选择"图"（见图5-74），然后单击"确定"按钮，即可在图片下方插入题注"图1-2"。

⑤ 设置题注为居中对齐。

步骤4：插入图3-1，并为其插入题注，方法同步骤3。

（5）插入表格并添加题注

步骤1：插入表1-1。

① 打开"毕业论文素材之表格.docx"，复制表1-1。

② 将光标移动到"【此处添加表1-1】"之前，将这些文字删除。

③ 将表1-1粘贴到当前位置。

④ 选中整个表格，设置居中对齐。

步骤2：为表1-1插入题注。

① 右击新插入的表，在弹出的快捷菜单中选择"插入题注"命令，弹出"题注"对话框。

② 单击"新建标签"按钮，弹出"新建标签"对话框。

③ 在"标签"文本框中输入"表"，然后单击"确定"按钮，返回"题注"对话框。

④ 单击"编号"按钮，弹出"题注编号"对话框。

⑤ 按照图5-75进行设置，然后单击"确定"按钮，返回"题注"对话框。发现新插入

的表上方增加了一个题注，名称为"表1–1"。

步骤3：插入表1–2，并为其插入题注。

① 找到"【此处添加表1–2】"的位置，删除这些文字，并将"毕业论文素材之表格.docx"文件中的表1–2复制到该位置。

② 选中新插入的表格，设置表格居中。

③ 右击新插入的表格，在弹出的快捷菜单中选择"插入题注"命令，弹出"题注"对话框。

④ 在"标签"下拉列表中选择"表"（见图5–76），然后单击"确定"按钮，即可在表格上方插入题注"表1–2"。

图5–74　再次插入题注

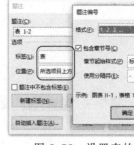
图5–75　设置表的题注

图5–76　再次插入表题注

步骤4：插入其他表格，并为其插入题注，方法同步骤3。

（6）为图和表添加引用

文章中图和表编号后，一般在正文中会对其进行描述，比如"如图1–1所示"等文字。此处的图1–1若是采用手工输入，当图表发生增加或删除情况时，正文中的描述都要进行修改，因此经常用引用正文中对图编号的描述。这样，当图表发生增加或删除情况时，引用自动会修改，节省了时间、提高了效率。

找到图1–1，将其上方的括号中的"图1–1"删除（见图5–77），保持光标在括号内，选择"引用"→"题注"→"交叉引用"命令，弹出"交叉引用"对话框，按图5–78进行设置，单击"插入"按钮。此时发现在当前位置插入了"图1–1"，将光标轻放在插入的文字上，发现文字有灰色底纹，代表该文字为"域"，域是一种可以动态改变的对象。

利用同样的方法为论文中的图和表添加交叉引用。

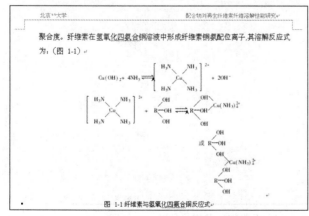
图5–77　插入引用

图5–78　"交叉引用"对话框

（7）节的设置

步骤 1：将光标放置于"前言"之前，选择"页面布局"→"页面设置"→"分隔符"→"分节符（下一页）"命令。

步骤 2：将光标放置于"第 1 章"之前，选择"页面布局"→"页面设置"→"分隔符"→"分节符（下一页）"命令。

此时，论文被分成 3 个小节：

① 第一小节：封皮。

② 第二小节：摘要、Abstract、目录、图索引、表索引。

③ 第三小节：正文、参考文献、致谢。

（8）封皮的制作

参照图 5-64 制作封皮。

（9）页眉/页脚的设置

步骤 1：进入页眉/页脚编辑状态。

选择"插入"→"页眉和页脚"→"页眉"→"编辑页眉"命令，进入页眉/页脚编辑状态。

知识讲解

页眉/页脚状态下，可以很清楚地看到分节状况，而且由于页面设置中设置了"奇偶页"不同，因此，每个小节既有奇数页，也有偶数页。

默认情况下，所有小节的奇数页页眉格式一致，所有小节的偶数页页眉格式一致。这是由一个属性（与上一节相同，见图 5-79）决定的，该属性为默认值。选择"设计"→"导航"→"链接到前一条页眉"命令可以关闭该属性，这样可以分别对不同小节设置各自的页眉。

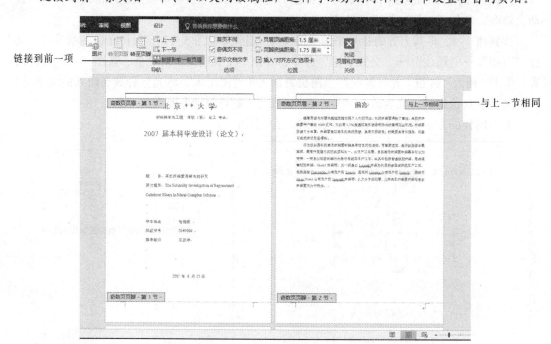

图 5-79　页眉/页脚编辑状态

步骤 2：设置页眉。

页眉要求如下：

① 第一节页眉：无。

② 第二节页眉："北京**大学"（左对齐），"再生纤维素溶解性能研究"（右对齐）。

③ 第三节页眉：与第二节相同。

页眉的设置步骤如下：

① 将光标放置于第二节奇数页页眉。

② 选择"设计"→"导航"→"链接到前一条页眉"命令，此时会发现第二节奇数页的"与上一节相同"消失。

③ 选择"设计"→"页眉和页脚"→"页眉"→"空白（三栏）"，在第一栏和第三栏中分别输入"北京**大学"和"再生纤维素溶解性能研究"，删除第二栏。

④ 将光标置于第二节的偶数页页眉，重复②和③，设置第二节偶数页页眉。

> **注**
>
> 由于第二节和第三节默认是相同的，因此，设置第二节页眉的同时，第三节页眉也设置完成。

⑤ 将光标置于第一节页眉位置。第一节要求无页眉，但现在有一条横线，需要将其删除。可是无论如何也不能将横线选中，因为它不是一条线，而是一个边框。所以，选择横线上方的空白段落，然后选择"开始"→"段落"→"边框和底纹"将边框设置为无即可。

步骤 3：设置页脚。

页脚的要求如下：

① 第一节页脚：无。

② 第二节页脚：罗马数字（I，II，III，IV，…）；页码两边各加一个横杠，字号为小五号。其中奇数页右对齐，偶数页左对齐。

③ 第三节页脚：阿拉伯数字（1，2，3，4，…）；页码两边各加一个横杠，字号为小五号。其中奇数页右对齐，偶数页左对齐。

页脚的设置步骤如下：

① 关闭第二节"与上一节相同"属性，关闭第三节"与上一节相同属性"（由于奇偶页，因此，奇数页和偶数页都要将该属性关闭）。

② 设置第二节奇数页页脚：

- 将光标置于第二节奇数页页脚。
- 选择"设计"→"位置"→"插入对齐方式选项卡"命令，在对话框中设置"右对齐"，单击"确定"按钮，发现光标移至页脚最右端。
- 选择"设计"→"页眉和页脚"→"页码"→"设置页码格式"，弹出图 5-80 所示的对话框。在该对话框中设置"编号格式"及"起始页码"，单击"确定"按钮返回。
- 选择"设计"→"页眉和页脚"→"页码"→"当前位置"→"普通数字"命令即可。

③ 设置第二节偶数页页脚：

- 将光标置于第二节偶数页页脚。

第 5 章 办公自动化——Microsoft Office

- 选择"设计"→"位置"→"插入对齐方式选项卡"命令，在对话框中设置"左对齐"，单击"确定"按钮，发现光标移至页脚最右端。
- 选择"设计"→"页眉和页脚"→"页码"→"设置页码格式"，弹出图 5-80 所示的对话框。在该对话框中设置"编号格式"及"起始页码"，单击"确定"按钮返回。
- 选择"设计"→"页眉和页脚"→"页码"→"当前位置"→"普通数字"命令即可。

④ 设置第三节奇数页页脚；同②，但页码格式如图 5-81 所示。

⑤ 设置第三节偶数页页脚；同③，但页码格式如图 5-81 所示。

步骤 4：退出页眉/页脚编辑状态。

用鼠标双击正文文本的任何地方，即可退出页眉/页脚编辑状态，返回正常编辑状态。

图 5-80　设置页码格式（第二节）　　图 5-81　设置页码格式（第三节）

若再需对页眉页脚进行编辑，双击页眉或者页脚即可。

（10）自动生成目录与索引

步骤 1：生成目录。

① 将光标置于一级标题"目录"之后。

② 选择"引用"→"目录"→"目录"→"插入目录"命令，在弹出的对话框中选择默认设置，单击"确定"按钮即可。

步骤 2：生成图索引。

① 将光标置于一级标题"图索引"之后。

② 选择"引用"→"题注"→"插入表目录"命令，在弹出的对话框中设置"题注标签"为"图"，如图 5-82 所示，单击"确定"按钮即可。

步骤 3：生成表索引。

① 将光标置于一级标题"表索引"之后。

② 选择"引用"→"题注"→"插入表目录"命令，在弹出的对话框中设置"题注标签"为"表"，如图 5-83 所示，单击"确定"按钮即可。

长文档的撰写

文字型文档、图文混排型文档、表格型文档虽然采用不同的修饰手法，但它们具有共同的特点，就是一般只有一页或者几页。而长文档一般少则几十页，多则几百页，对于长文档的驾驭能力可以充分检验用户对 Word 工具软件掌握的程度。

图 5-82　插入图索引　　　　　　　　　图 5-83　插入表索引

长文档在工作中的应用机会还是比较多的，如毕业论文、商务文档、员工手册、投标标书等。现在将长文档撰写的一般步骤总结如下：

① 准备工作：主要包括页面设置、样式的修改与新建。

② 构建文档结构：

- 在大纲视图下编辑文档结构，本环节是所有长文档工作的基础，要对各级标题设置正确的级别。

- 为文档结构加上多级编号：多级编号使得长文档的编号变得轻松，且不宜出现错误；而且图和表的编号往往也依赖于该编号。多级编号可以采用系统提供的，也可以自定义。

③ 编辑正文文字。

④ 插入图片并添加题注：长文档中一般有大量的图和表，每张图和表都要有唯一的编号。Word 提供了插入题注的功能，可以为每张图和表添加编号。自动编号令图的编号更容易，且不宜出错，而且当文档中图片出现增加或删除情况时，只要一条更新域命令，就可以对所有的图和表更新编号，大大提高了工作效率。

⑤ 插入表格并添加题注：作用同图片。一般情况下，图的题注置于图之下，表的题注置于表之上。

⑥ 为图和表添加引用：文章中图和表编号后，一般在正文中会对其进行描述，例如"如图 1-1 所示"等文字。此处的"图 1-1"若是采用手工输入，当图表发生增加或删除情况时，正文中的描述都要进行修改，因此正文中对图编号的描述经常用引用。这样，当图表发生增加或删除情况时，引用自动会修改，为用户节省了时间，提高了效率。

⑦ 节的设置：为了对长文档不同部分设置不同的页眉和页脚，往往需要将长文档分成若干节。

⑧ 封皮的制作：按照文字型文档中的修饰手法，制作合适的封皮。

⑨ 页眉页脚的设置。

⑩ 自动生成目录与索引。在前面的工作完成之后，可以轻松地生成目录与索引，这些

第 5 章　办公自动化——Microsoft Office

目录与索引对读者阅读长文档提供了方便。

5.1.6 Word 高级应用

1. 主题

主题是对于背景图像、项目符号、字体、对齐方式等统一的设计元素和颜色方案。利用主题，可使文档在短时间内改头换面，以非常轻松的方式创造出设计精美、具有专业水准的文档。

选择"页面布局"→"主题"→"主题"命令，在弹出的面板中有很多风格各异的主题，双击某个主题，即可将该主题应用到当前文档。

2. 邮件合并

对于录取通知书等如此大量（每个学校一般都要在几百甚至几千份）、类似的文档有没有技巧避免逐份编辑呢？Word 确实提供了这个功能，即"邮件合并"。虽然名称为"邮件合并"，但并不专用于写邮件，所有大量内容相似的文档都可以通过"邮件合并"功能实现。

【案例 5-6】录取通知书。

案例功能：通过邮件合并功能快速制作多份类似的录取通知书。

案例效果：如图 5-84 所示。

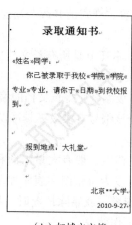

（a）主文档　　　　　　　（b）加域主文档　　　　　　（c）最终效果

图 5-84　录取通知书制作效果

具体要求：

① 利用邮件合并功能制作录取通知书（7 份）（见图 5-84）。

② 灰色、倾斜的"录取通知书"为水印。

知识列表：邮件合并、水印。

案例操作过程：

步骤 1：新建 Word 文档，并保存为"主文档.docx"。

参照图 5-84（a）录入主文档内容。

步骤 2：新建 Word 文档，并保存为"录取名单.docx"。

① 在"录取名单"文件中，录入表 5-1 所示的内容。

表 5-1 录 取 名 单

姓　　名	学　　院	专　　业	日　　期
李平	艺术设计	摄影	9月1日
章小力	艺术设计	动画	9月1日
丁惟其	商	市场营销	9月1日
常文静	商	市场营销	9月1日
肖丽平	商	电子商务	9月1日
陈小姣	商	电子商务	9月1日
王雪桦	服装设计	服装设计	9月1日

② 关闭"录取名单"文件。

步骤 3：开始邮件合并。

① 切换到"主文档"。

② 选择"邮件"→"开始邮件合并"→"邮件合并分步向导"命令，在右侧弹出"邮件合并"窗格，如图 5-85（a）所示。

③ 选择"信函"单选按钮，单击"下一步"链接，直至第③步，如图 5-85（b）所示。

④ 单击"浏览"链接，在弹出的对话框中选择"录取名单.docx"文件，单击"确定"按钮后，弹出图 5-85（c）所示的对话框，单击"确定"按钮，到达第④步。

⑤ 在第 4 步中，将光标置于"同学"之前，单击"其他项目"链接，在弹出的对话框中选择"姓名"，单击"插入"按钮，即可在"同学"之前插入一个域，如图 5-85（d）所示。

⑥ 重复⑤，将 4 个域（姓名、学院、专业、日期）分别插入主文档中，如图 5-85（e）所示。

⑦ 根据向导，继续单击"下一步"链接，至第⑤步。此时可通过"邮件"→"预览结果"中的箭头按钮［见图 5-85（f）］依次预览每一份即将生成的文档。确认无误后，单击"下一步"链接，至第⑥步，此时可打印全部录取通知书（共 7 份）。

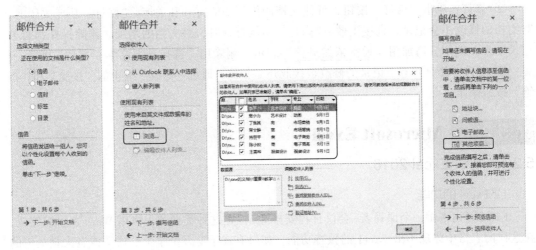

　（a）"邮件合并"窗格　（b）单击"浏览"链接　　　　（c）插入录取名单　　　（d）单击"其他项目"链接

图 5-85　邮件合并步骤

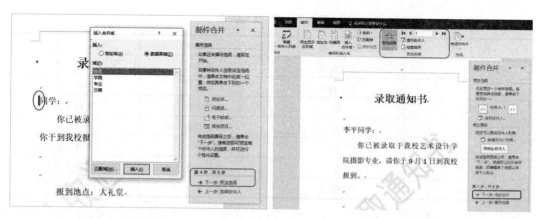

（e）插入域　　　　　　　　　　　　　　　（f）预览即将生成的文档

图 5-85　邮件合并步骤（续）

3. 审阅文档

当审阅别人的文档时，往往会提出自己的修改建议，如果直接在文档上改，就将原作者的内容删除了，失去了对比性。理想的做法是保留原件的同时，提出修改建议，然后再传回原作者那里，由原作者再决定是否采纳该建议。这一系列功能在"审阅"功能区（见图 5-86）中完成。

图 5-86　"审阅"功能区

① 批注：选择某部分文本，然后单击"新建批注"按钮，可以在侧面添加对该段文字的评价或说明。

② 修订：单击"修订"按钮，可使文档的修订功能打开和关闭。"修订"功能关闭时，对文档的修改不会记录，直接生效。"修订"功能打开时，对文档的增加、删除操作都会被记录下来。例如，增加用"<u>天空依然湛蓝</u>"表示，删除用"~~选择某部文本，然后~~"表示。

③ 更改：修订状态下记录的修改被接收还是拒绝，通过"更改"组中的"接受"和"拒绝"按钮操作。

5.2　Microsoft Excel

5.2.1　初识 Excel 2016

1. Excel 的功能

Excel 可用来做一个课程表、会议日程安排等，但是这种类型的表格用 Word 也可以完成，在这样的表格中体现不出 Excel 的独特功能。如果有成千上万个学生的成绩或者大量员工的基本资料、工资、福利等需要处理，此时就要用 Excel。超强的大量数据管理能力是 Excel 所擅长的。本节将通过一次完整的学生成绩分析统计过程感受 Excel 强大的数据管理能力。

2. Excel 2016 工作界面

选择"开始"→"所有应用"→Excel 2016 命令，即可启动 Excel 2016。启动后的 Excel 2016 界面如图 5-87 所示。

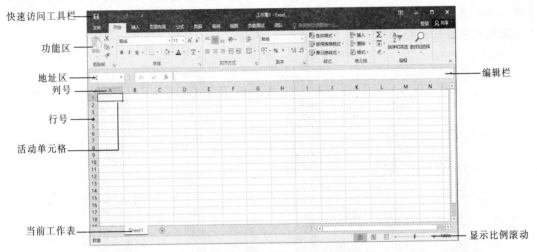

图 5-87　Excel 2016 工作界面

Excel 2016 工作界面与 Word 2016 类似，同样包括快速访问工具栏、9 个基本功能区和显示比例滚动条。若当前操作对象为图片或者形状，会自动增加一个"格式"功能区；若当前操作对象为图表，会自动增加"设计""格式"功能区。

Excel 2016 工作界面中包含一些其他的组成部分：

（1）列号与行号

Excel 工作区是由二维表格组成的。每列有一个列号，用字母表示，依次为 A、B、C……；每行有一个行号，依次为 1、2、3……。列号最多有 16 384 个，行号最多有 1 048 576 个。一般只用到其中很少的一部分。

（2）地址区

① Excel 中每个单元格都有一个唯一的地址。

② 单元格地址的构成：列号和行号，如 A1。

③ 同一时刻只能有一个单元格处于活动状态，称为活动单元格。

④ 地址区显示的地址即是活动单元格的地址。

（3）当前工作表

① 一个 Excel 文件称为一个工作簿。

② 一个工作簿一般会包含若干个工作表（Sheet），但同时只能有一个处于可编辑状态，称为当前工作表。

③ 在 Excel 工作界面中，当前工作表的名称处于选中状态（见图 5-87）。

④ 当前工作表中由若干单元格构成，但只有活动单元格，处于可编辑状态。

⑤ 活动单元格的内容显示在"编辑栏"，可以进行编辑。

5.2.2　工作表的基本操作

【**案例 5-7**】成绩单的录入及格式设置。

案例功能:表格内容的编辑是所有 Excel 后续功能的基础,通过本案例的学习,掌握 Excel 表格数据的录入及格式设置。

案例效果如图 5-88 所示。

图 5-88　成绩单录入效果

具体要求:

① 打开"学生成绩单.xlsx"文档。

② 复制工作表"原始成绩单"至本工作簿的最后,并将副本重命名为"案例 5-7"。下面操作在"案例 5-7"工作表中进行。

③ 从单元格 A867 开始的位置,输入如下数据:

2003040701	计算机应用基础	材料科学与工程学院	刘梅梅	70
2003040702	计算机应用基础	材料科学与工程学院	张玲敏	73

④ 在"准考证"列之前增加一列,并将列标题设置为"序号"。

⑤ 在"姓名"列之前增加一列,并将列标题设置为"班级"。

⑥ 将"科目"列移至最后一列。

⑦ 利用自动填充功能,在"序号"列中依次输入 1、2、3 等。

⑧ 利用函数功能,从准考证号中计算出每位同学的班级号。

⑨ 设置标题行格式:蓝色、黑体、16 号字。

⑩ 设置所有单元格的对齐方式:居中。

⑪ 删除 867 行和 868 行。

⑫ 为表格设置边框,内线为细线,外框线为粗线。

知识列表：单元格、选择单元格格式、自动填充、工作表的移动与复制、工作表重命名、函数、表格、边框。

案例操作过程：

步骤1：打开"学生成绩单.xlsx"文档。

① 打开Excel文档。常用的有两种方式，选择其一即可：

● 双击"学生成绩单.xlsx"图标，即可打开该文件。

● 若Excel软件处于启动状态，则选择"文件"→"打开"命令，在"打开文件"对话框中选择"学生成绩单.xlsx"，即可打开该文件。

─ 注 意 ─
　在制作过程中，每工作一段时间，要注意存盘，防止意外丢失数据。

② 观察Excel数据。打开文件后发现这是一个很庞大的表：5列，866行。其中包含了865位同学的成绩。每位同学的数据，依次包含准考证号、科目、学院、姓名、成绩。

步骤2：复制工作表。

① 右击工作表名称"原始成绩单"，在弹出的快捷菜单中选择"移动或复制"命令，弹出"移动或复制工作表"对话框。

② 在"下列选定工作表之前"列表框中选择"移至最后"，并选中"建立副本"复选框，如图5-89所示，然后单击"确定"按钮。在"原始成绩单"后面增加一个新的工作表，名称为"原始成绩单（2）"，如图5-90所示。

图5-89　移动或复制工作表

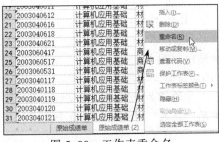

图5-90　工作表重命名

③ 右击"原始成绩表（2）"工作表名称，在弹出的快捷菜单中选择"重命名"命令，将该工作表命名为"案例5-7"。

步骤3：输入数据。

① 将工作表"案例5-7"作为当前工作表。

② 将单元格A867作为当前单元格，依次输入下列数据：

| 2003040701 | 计算机应用基础 | 材料科学与工程学院 | 刘梅梅 | 70 |
| 2003040702 | 计算机应用基础 | 材料科学与工程学院 | 张玲敏 | 73 |

③ 选择单元格A867，编辑栏中显示2003040701，在数字前面增加一个单引号，可将数字型数据变为文本型数据。对单元格A868中做同样的操作。

① 新数据输入后的效果如图 5-91 所示。我们会发现 E 列的数据右对齐，A、B、C、D 列数据左对齐。这是因为每类数据都有默认的对齐方式，数值型是右对齐，文本型是左对齐，日期型是右对齐。A 列中的准考证号在这里并没有大小的含义，所以应该是文本型。

② 如何将数字作为文本型数据呢？只需要在数字前面增加一个单引号即可（单引号一定要是英文输入法下的单引号，中文的不可以）。

	A	B	C	D	E
861	2003010416	计算机应用基础	造型艺术学院	邓小敏	74
862	2003010417	计算机应用基础	造型艺术学院	廖佳思	70
863	2003010418	计算机应用基础	造型艺术学院	唐思路	74
864	2003010419	计算机应用基础	造型艺术学院	肖路骅	77
865	2003010420	计算机应用基础	造型艺术学院	张九飞	74
866	2003010421	计算机应用基础	造型艺术学院	张飞重	78
867	2003040701	计算机应用基础	材料科学与工程学院	刘梅梅	70
868	2003040702	计算机应用基础	材料科学与工程学院	张玲敏	73
869					

图 5-91 输入数据

步骤 4：增加/删除列。

① 按【Ctrl + Home】组合键迅速将光标移至单元格 A1。

② 单击 A 列标题则可选中 A 列的所有单元格。

③ 右击所选择对象，在弹出的快捷菜单中选择"插入"命令，即可在 A 列之前增加一列。新的一列，称为 A 列，原来的 A 列变为 B 列。

④ 在单元格 A1 中输入"序号"。

⑤ 同样，在"姓名"列之前插入一列，并在单元格 E1 中输入"班级"。

⑥ 选中"科目"一列，按【Ctrl+X】组合键，将该列剪切到剪贴板中。

⑦ 选中 H 列，按【Ctrl+V】组合键，将"科目"一列移动到 H 列，原来的 C 列变成空列。

⑧ 选中 C 列并右击，在弹出的快捷菜单中选择"删除"命令，即可删除该列，完成后的成绩单如图 5-92 所示。

—小提示—

行的增加与删除操作与列的类似。通过单击行号选择整行，然后通过右键快捷菜单中的"插入""删除"等命令完成行的增加或删除。

	A	B	C	D	E	F	G
1	序号	准考证号	学院	班级	姓名	成绩	科目
2		2003040102	材料科学与工程学院		庞佰飞	61	计算机应用基础
3		2003040104	材料科学与工程学院		潘飞露	63	计算机应用基础
4		2003040105	材料科学与工程学院		孙露东	60	计算机应用基础
5		2003040106	材料科学与工程学院		杨海鹏	67	计算机应用基础
6		2003040108	材料科学与工程学院		庞鹏霄	66	计算机应用基础
7		2003040109	材料科学与工程学院		刘芳依	61	计算机应用基础
8		2003040110	材料科学与工程学院		李依芬	67	计算机应用基础
9		2003040111	材料科学与工程学院		魏楚娅	40	计算机应用基础
10		2003040112	材料科学与工程学院		张菲铄	64	计算机应用基础
11		2003040113	材料科学与工程学院		孙怅霍	73	计算机应用基础
12		2003040114	材料科学与工程学院		刘彩梅	70	计算机应用基础
13		2003040116	材料科学与工程学院		张玲甜	73	计算机应用基础
14		2003040502	材料科学与工程学院		武甜威	64	计算机应用基础
15		2003040507	材料科学与工程学院		浦威超	91	计算机应用基础
16		2003040509	材料科学与工程学院		李超朝	74	计算机应用基础
17		2003040510	材料科学与工程学院		袁大耀	84	计算机应用基础
18		2003040511	材料科学与工程学院		金耀翔	72	计算机应用基础
19		2003040611	材料科学与工程学院		赵翔龙	68	计算机应用基础
20		2003040612	材料科学与工程学院		肖晓飞	75	计算机应用基础

图 5-92 列调整后的效果

步骤 5：输入序号（序号列从 1 开始，然后依次递增）。

① 在单元格 A2 中输入 "1"。

② 在单元格 A3 中输入 "2"。

③ 同时选择 A2、A3（选择第一个单元格，鼠标保持按下状态，移动鼠标则可选择连续的单元格，选择完成后，松开鼠标）。

④ 将鼠标移动至单元格 A3 的右下角，直至光标变为黑色十字图标时，连续双击鼠标左键，即可为序号列中其他单元格完成填充。

知识讲解

1. 数据自动填充的步骤

① 选择数据自动填充的依据，一般为第一个单元格或者前两个单元格。

② 将光标放置于选中单元格的右下角，直至出现实心的十字形光标，此时按下鼠标左键。

③ 鼠标左键保持按下状态，将鼠标向右或者向下拖动，即可完成自动填充。

2. 自动填充的规律

数据的自动填充，主要通过数据的规律性来实现。数据的规律性体现在：

（1）内容的规律性

若单元格内容为纯数字和纯文本，则自动填充时，填充内容保持不变。

若单元格内容为数字与文本的混合，则自动填充时，文本不变，数字递增。

当单元格内容为纯数字时，若给出前两个单元格的内容，然后选中前两个单元格，进行自动填充，则后续单元格按照前两个单元格内容的差进行填充。例如：若前两个单元格内容为 1 和 4，则自动填充时，后续单元格内容依次为 7、10、13……

（2）位置的规律性

自动填充的单元格是连续的一系列单元格，由其位置上的规律性决定填充内容的规律。

步骤 6：利用函数计算班级。

班级是从准考证号中获取的，来自准考证号的第 6 位至第 8 位，因此，需要借助函数来实现。

① 将单元格 D2 作为当前单元格。

② 单击编辑栏左侧的 *fx* 按钮，弹出"插入函数"对话框，如图 5-93（a）所示。选择"文本"类别，然后选择函数 MID，单击"确定"按钮，弹出如图 5-93（b）所示的对话框。

（a）插入函数步骤 1

（b）插入函数步骤 2

图 5-93　插入函数步骤

③ 将光标置于 Text 文本框中，然后用鼠标单击 B2 单元格，即可输入 Text 的内容：B2。

④ 在 Start_num 文本框中输入 6；在 Num_chars 文本框中输入 3，单击“确定”按钮，即可在 D2 单元格中输入公式“=MID(B2,6,3)”。此时发现 D2 单元格中的内容显示为“401”，编辑栏中显示“ =MID(B2,6,3)”，如图 5-94 所示。

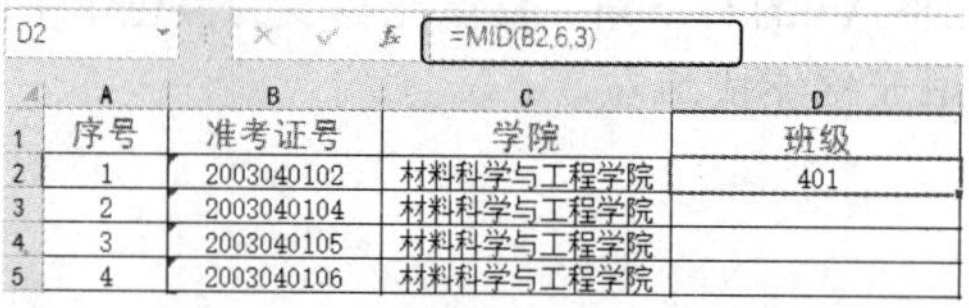

	A	B	C	D
1	序号	准考证号	学院	班级
2	1	2003040102	材料科学与工程学院	401
3	2	2003040104	材料科学与工程学院	
4	3	2003040105	材料科学与工程学院	
5	4	2003040106	材料科学与工程学院	

图 5-94　单元格及编辑栏中的函数

知识讲解：函数 MID(text, start_num, num_chars)

① 函数功能：从字符串 text 中，取出从 start_num 开始的 num_chars 个字符。

比如：B2 单元格中内容为“2003040102”，而 D2 中的内容为“=MID(B2,6,3)”，意指从单元格 B2 的内容中取出从第 6 个字符开始的 3 个字符，因此，D2 的结果为“401”。

② 单元格中输入函数后，显示的是运算后的结果，如图 5-94 所示，D2 单元格显示“401”，但是从编辑栏可以看出该单元格中保存的是函数。因此，当 B2 单元格中数据发生变化时，D2 也会自动改变。

③ 函数的插入：Excel 提供了大量函数，为数据处理提供了方便。函数的插入方法如下：

- 选择目标单元格。
- 单击编辑栏左侧的 *fx* 按钮，弹出“插入函数”对话框。
- 选择相应函数，单击“确定”按钮，弹出“函数参数”对话框。
- 设置参数后，单击“确定”按钮即可。

④ 常用的文本型函数：文本型函数，除了 MID(text, start_num, num_chars)外，还有 LEFT(text, num_chars)和 RIGHT(text, num_chars)，其功能分别是从左侧和右侧取子字符串。

步骤 7：利用函数复制输入班级。

D2 单元格通过函数计算出了班级，其实所有同学的准考证号和班级都有相同的关系，因此，这个公式对其他同学也适用，这里考虑通过公式复制的方式计算其他同学的班级。

① 将光标移至 D2 单元格右下角，直至图标变为黑色十字形图标。

② 此时，双击该十字形图标，即可完成公式的复制，为所有学生计算出班级。

步骤 8：设置标题行格式：蓝色、黑体、16 磅字。

① 选择标题行。

② 在“开始”选项卡“字体”功能区中设置字体、字号和字体颜色。

步骤 9：所有单元格对齐方式：居中。

① 单击“序号”列的列号，选择“序号”列。

② 保持鼠标按下状态，鼠标向右移动至最后一列。

③ 在“开始”选项卡“对齐方式”功能区中单击“居中”按钮即可。

步骤 10：删除 867 行和 868 行。

① 单击行号：867，即可选中 867 行。

② 鼠标左键保持按下状态，向下拉动，同时选中 868 行，然后松开鼠标左键。

③ 右击选中区域，在弹出快捷菜单中选择"删除"命令，即可删除 867 行和 868 行。

步骤 11：为表格设置边框。

① 单击单元格 A1。

② 利用滚动条向下滚动，直至能看到最右下角的单元格。

③ 按下【Shift】键不松开，选择最后一个单元格，则可选中两个单元格之间的所有区域。

④ 选择"开始"→"字体"→"边框"→"所有框线"，观察表格的变化。

⑤ 选择"开始"→"字体"→"边框"→"粗外侧框线"，观察表格的变化。

拓展与提高

在案例 5-7 中，应用了很多工作表的基本功能，由于这些功能非常烦琐，所以在此对这些功能进行汇总，并补充案例 5-7 中未涉及的知识点。

（1）Excel 文件的基本操作

① 新建文件：启动 Excel 程序，选择"文件"→"新建"命令，双击"空白文档"。

② 打开文件：双击 Excel 文件；或者在 Excel 环境中，选择"文件"→"打开"命令。

③ 保存文件：按【Ctrl+S】组合键；或者在快速访问工具栏中单击 按钮。

④ 另存文件：选择"文件"→"另存为"命令。

⑤ 关闭文件：单击工作界面右上角的"关闭"按钮。

（2）工作表的基本操作

① 新建工作表：工作表名称的右侧有个图标 ，单击该图标即可生成新的工作表。

② 打开工作表：单击目标工作表的名称即可。

③ 工作表重命名：右击工作表名称，在弹出的快捷菜单中选择"重命名"命令。

④ 工作表的复制：右击工作表名称，在弹出的快捷菜单中选择"移动或复制工作表"命令，在弹出的对话框中选择目标地址，选择"建立副本"复选框。

⑤ 工作表的移动：右击工作表名称，在弹出的快捷菜单中选择"移动或复制工作表"命令，在弹出的对话框中选择目标地址，取消选择"建立副本"复选框。

⑥ 工作表的删除：右击工作表名称，在弹出的快捷菜单中选择"删除"命令。

⑦ 设置工作表标签颜色：右击工作表名称，在弹出的快捷菜单中选择"工作表标签颜色"命令。

（3）工作表内容的编辑

① 单元格的地址。

② 单元格的选择：包括单个单元格、多个连续单元格、多个不连续单元格。

③ 选择整行、整列。

④ 增加/删除行或者列。

⑤ 不同类型数据的输入：文本、数字、日期等，尤其是数字型文本的录入，需要在数字之前增加一个半角的单引号。

（4）工作表格式的设置

① 字体设置：选择"开始"→"字体"中的命令。

② 对齐方式：选择"开始"→"对齐方式"中的命令。

③ 边框格式：选择"开始"→"对齐方式"，单击对话框启动器按钮，选择"边框"选项卡。

④ 行高和列宽的设置。右击选中的行，在弹出的快捷菜单中选择"行高"命令，在弹出的对话框中进行设置；右击选中的列，在弹出的快捷菜单中选择"列宽"命令，在弹出的对话框中进行设置。

⑤ 数字格式：选择"开始"→"数字"，单击右下角的对话框启动器按钮，弹出"设置单元格格式"对话框，如图 5-95 所示，在该对话框中设置单元格内容的格式。

⑥ 单元格自动填充：包括系统提供序列和有规律的数据填充。填充普通数据时，文本数据保持不变；数字数据保持不变；文本+数字，则文本不变，数字持续增加。

图 5-95 "设置单元格格式"对话框

（5）数据验证

数据验证可以防止输入非法数据。例如，输入成绩时，有可能误操作，输入了大于 100 的成绩，若设置了数据验证功能，则 Excel 会及时给出提示信息，从而防止非法数据的输入。选择"数据"→"数据工具"→"数据验证"→"数据验证"命令，弹出"数据验证"对话框，如图 5-96 所示。

在该对话框中有 4 个选项卡：

① "设置"选项卡：设置数据的验证条件。如图 5-96 所示，设置有效数据为 0～100 之间的小数。

② "输入信息"选项卡：当准备输入数据时，自动给出提示信息。

③ "出错警告"选项卡：当输入非法数据时，给出错误提示信息。

图 5-96 数据验证对话框

④ "输入法模式"选项卡：包括随意、打开和关闭英文模式 3 种选择，一般选择默认的"随意"即可。

单击"数据验证"对话框中的"全部清除"按钮，可取消数据验证的设置。

此外，还有两个相关的数据验证命令：

① 选择"数据"→"数据工具"→"数据验证"→"圈释无效数据"命令，可以将无效数据圈释出来。

② 选择"数据"→"数据工具"→"数据验证"→"清除验证标识圈"命令，可以清除无效数据的标识。

（6）函数的基本应用

① 函数的插入：选择目标单元格，然后插入函数。函数的插入有 3 种方式：

● 单击编辑栏左侧的图标 *fx* 按钮，可弹出函数参数对话框，在该对话框中选择函数并设置参数。

● 单击"公式"选项卡中的"*fx* 插入函数"按钮，也可弹出函数参数窗口，然后选择函数并设置参数。

● 选择"公式"→"函数库"中的具体函数，可直接选择函数，在弹出的对话框中设置函数参数即可。

② 函数的复制：

● 连续单元格的复制：设置第一个单元格的函数。选择第一个单元格，鼠标移至右下角呈现黑色十字形图标时，双击该图标即可。

● 不连续单元格的复制：设置第一个单元格的函数。选择第一个单元格，按【Ctrl+C】组合键，选择目标单元格，按【Ctrl+V】组合键。

5.2.3　公式与函数

案例 5-7 中使用了函数计算学生的班级号，让我们体会到了函数功能的强大。Excel 提供了大量的各种类型的函数，此外，还可以使用数学运算符、文本运算符、关系运算符等输入公式。

【案例 5-8】成绩单的统计。

案例功能：利用公式计算总成绩、总评，并分别计算"成绩"与"总成绩"的最高分、最低分和平均分。

案例效果如图 5-97 所示。

具体要求：

① 打开"学生成绩单.xlsx"文档。

② 复制工作表"案例 5-7"至本工作簿的最后，并将副本重命名为"案例 5-8"。下面操作在"案例 5-8"工作表中进行。

③ 在表格后面增加 3 列，列标题分别为平时成绩、总成绩和总评。

④ 输入平时成绩（假定平时成绩每个同学都是 10 分）。

⑤ 总成绩计算（总成绩 = 成绩*90% + 平时成绩），保留整数。

⑥ 总评计算（总成绩≥90，优秀；75≤总成绩<90，良好；60≤总成绩<75，及格；总成绩<60，不及格）。

⑦ 表格最后面增加 3 行：分别计算成绩与总成绩单的最高分、最低分和平均分。

⑧ 冻结窗口：冻结第 1 行及第 1、2 列的数据。

⑨ 应用条件格式将总评为不及格的单元格设置为：黄色底纹、红色字体。

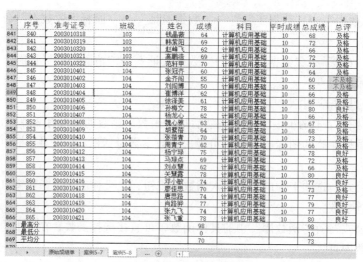

	A	B	D	E	F	G	H	I	J
1	序号	准考证号	班级	姓名	成绩	科目	平时成绩	总成绩	总评
841	840	2003010318	103	钱晶薇	64	计算机应用基础	10	68	及格
842	841	2003010319	103	韩紫阳	69	计算机应用基础	10	72	及格
843	842	2003010320	103	赵峰飞	62	计算机应用基础	10	66	及格
844	843	2003010321	103	高鹏浩	69	计算机应用基础	10	72	及格
845	844	2003010322	103	范轩甲	70	计算机应用基础	10	73	及格
846	845	2003010401	104	张冠齐	60	计算机应用基础	10	64	及格
847	846	2003010402	104	金齐闾	55	计算机应用基础	10	60	不及格
848	847	2003010403	104	刘闾博	50	计算机应用基础	10	55	不及格
849	848	2003010404	104	崔博洋	62	计算机应用基础	10	66	及格
850	849	2003010405	104	徐泽美	61	计算机应用基础	10	65	及格
851	850	2003010406	104	孙梅文	78	计算机应用基础	10	80	良好
852	851	2003010407	104	杨龙心	62	计算机应用基础	10	66	及格
853	852	2003010408	104	魏心雅	63	计算机应用基础	10	67	及格
854	853	2003010409	104	胡鹭箔	64	计算机应用基础	10	68	及格
855	854	2003010410	104	张笛青	70	计算机应用基础	10	73	及格
856	855	2003010411	104	周青宁	62	计算机应用基础	10	66	及格
857	856	2003010412	104	杨宁璟	75	计算机应用基础	10	78	良好
858	857	2003010413	104	马璟点	69	计算机应用基础	10	72	及格
859	858	2003010414	104	刘点慧	62	计算机应用基础	10	66	及格
860	859	2003010415	104	关慧霞	78	计算机应用基础	10	80	良好
861	860	2003010416	104	邓小敏	74	计算机应用基础	10	77	良好
862	861	2003010417	104	廖佳思	70	计算机应用基础	10	73	及格
863	862	2003010418	104	唐思路	74	计算机应用基础	10	77	良好
864	863	2003010419	104	肖筠骅	77	计算机应用基础	10	79	良好
865	864	2003010420	104	张九飞	74	计算机应用基础	10	77	良好
866	865	2003010421	104	张飞重	78	计算机应用基础	10	80	良好
867	最高分				98			98	
868	最低分				0			10	
869	平均分				70			73	

图 5-97　成绩单统计效果

知识列表：公式、函数嵌套条件格式、冻结窗口。

案例操作过程：

步骤 1：打开文件及复制工作表。

① 打开"学生成绩单.xlsx"文档（注：本实验用到前面实验的结果）。

② 复制工作表"案例 5-7"至本文档中，并将副本重命名为"案例 5-8"。

③ 将工作表"案例 5-8"设置为当前工作表。

步骤 2：表格最后增加 3 列。

① 在 H1、I1、J13 个单元格中分别输入"平时成绩"、"总成绩"和"总评"，即为表格增加了 3 列。

② 在单元格 H2 中输入"10"，然后将光标移至 H2 右下角，直至出现十字形图标时，双击该图标，完成自动填充。设置所有学生的平均成绩为 10 分（注：数字型数据的自动填充，内容保持不变）。

步骤 3：计算总成绩。

① 选择单元格 I2，输入公式"=F2*0.9 + H2"。

② 选择单元格 I2 并右击，在弹出的快捷菜单中选择"设置单元格格式"命令，弹出"设置单元格格式"对话框，选择"数字"选项卡，在"分类"下拉列表框中选择"数值"选项，设置小数位数为 0，单击"确定"按钮，如图 5-98 所示。

③ 复制 I2 的公式，到 I 列其余单元格（注：复制完成后，发现复制单元格的值没发生变化，此时只需保存一下文档即可进行更新）。

步骤 4：计算总评（总评的计算要用到 IF 函数的嵌套）。

① 选择单元格 J2，单击编辑栏左侧的 fx 按钮，弹出"插入函数"对话框，在"常用函数"中选择 IF 函数。

图 5-98　设置数字格式

② 输入 IF 函数参数：I2>=90；"优秀"。将光标置于 Values_if_false 文本框中，然后单击左上角的 IF 按钮，如图 5-99（a）所示。

③ 输入 IF 函数参数：I2>=75；"良好"。将光标置于 Values_if_false 文本框中，然后单击左上角的 IF 按钮，如图 5-99（b）所示。

④ 输入 IF 函数参数：I2>=60；"及格"；"不及格"，然后单击"确定"按钮，如图 5-99（c）所示。

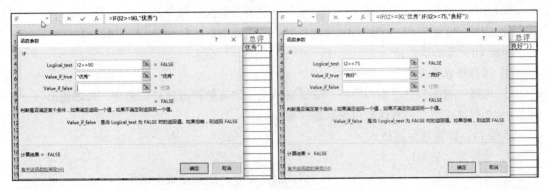

（a）IF 函数嵌套 1　　　　　　　　　　　　　（b）IF 函数嵌套 2

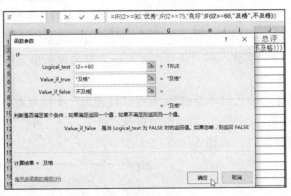

（c）IF 函数嵌套 3

图 5-99　IF 函数嵌套

⑤ 复制 J2 的公式，到 J 列其余单元格（注：复制完成后，发现复制单元格的值没发生变化，此时只需保存一下文档即可进行更新）。

步骤 5：在表格末尾增加 3 行。

分别在单元格 A867、A868、A869 中输入"最高分""最低分"和"平均分"，即在末尾增加 3 行。

步骤 6：计算成绩最高分和总成绩最高分。

① 选择单元格 F867，输入函数"=MAX(F2:F866)"。其中，F2:F866 代表 F2 至 F866 之间的所有单元格。

② 选择单元格 I867，输入函数"=MAX(I2:I866)"。

步骤 7：计算成绩最低分和总成绩最低分。

① 选择单元格 F868，输入函数"=MIN(F2:F866)"。

② 选择单元格 I868，输入函数"=MIN(I2:I866)"。

步骤 8：计算成绩平均分和总成绩平均分。

① 选择单元格 F869，输入函数 "=AVERAGE(F2:F866)"。

② 选择单元格 I869，输入函数 "=AVERAGE (I2:I866)"。

步骤 9：设置表格格式：外边框加粗，表格内容居中。

① 选择单元格 A1，然后按下【Shift】键，保持不变，单击单元格 J869，可选中所有单元格。

② 选择 "开始" → "对齐方式" → "居中" 命令。

③ 选择 "开始" → "字体" → "边框" → "所有框线" 命令。

④ 选择 "开始" → "字体" → "边框" → "粗外侧框线" 命令。

步骤 10：冻结单元格。

① 选择单元格 C2。

② 选择 "视图" → "窗口" → "冻结窗格" → "冻结拆分窗格" 命令，可以使第 1 行和第 1、2 列被冻结，一直保持可见状态。

步骤 11：设置列标题格式。

① 选择单元格 G1。

② 选择 "开始" → "剪贴板" → "格式刷" 命令，图标变成小刷子形状。

③ 用刷子图标刷单元格 H1:J1。

步骤 12：应用条件格式将总评为不及格的单元格设置为黄色底纹、红色字体。

① 选择 "总评" 列。

② 选择 "开始" → "样式" → "条件格式" → "突出显示单元格规则" → "等于" 命令，如图 5-100（a）所示。

③ 在弹出的对话框中输入 "不及格"，并在 "设置为" 下拉列表中选择 "自定义格式" 选项，单击 "确定" 按钮，在弹出的对话框中选择 "填充" → "黄色"，选择 "字体" → "红色"，单击 "确定" 按钮即可，如图 5-100（b）所示。

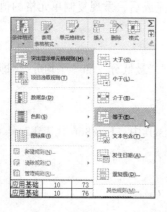

（a）选择 "条件格式" 命令

（b）设置 "条件格式" 参数

图 5-100　应用条件格式步骤

【案例 5-9】 成绩段分布统计。

案例功能：统计不同分数段学生的人数及比重。

案例效果如图 5-101 所示。

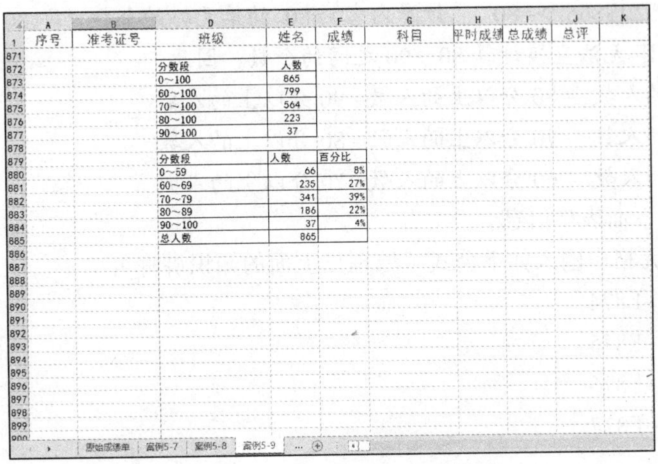

图 5-101　成绩段分布统计效果

具体要求：

① 打开"学生成绩单.xlsx"文档。

② 复制"案例 5-8"工作表至本工作簿的最后，并将副本重命名为"案例 5-9"。下面操作在"案例 5-9"工作表中进行。

③ 分别统计各分数段的学生人数，以及在全体学生中的百分比。分数段包括 0～59、60～69、70～79、80～89、90～100。

知识列表：统计函数、公式。

案例操作过程：

步骤 1：打开文件及复制工作表。

① 打开"学生成绩单.xlsx"文档（注：本实验用到前面实验的结果）。

② 复制工作表"案例 5-8"至本文档中，并将副本重命名为"案例 5-9"。

③ 将工作表"案例 5-9"作为当前工作表。

步骤 2：输入统计框架。

在单元格 D872:F885 中输入如图 5-102 所示的内容，并设置边框线。

步骤 3：统计上面表格信息。

① 将光标置于单元格 E873 中。

② 输入函数 "=COUNTIF(I$2:I$866,">=0")"，按【Enter】键后发现 E873 中的值为 865。

③ 将 E873 中的公式复制到 E874:E877 中。

图 5-102　输入统计表格框架

知识讲解：COUNTIF 函数

① 功能：针对统计对象，计算满足条件的有多少个单元格。

② 条件设置：

=COUNTIF(I\$2:I\$866,">=0")：计算内容>=0 的单元格的个数，即总人数。

=COUNTIF(I\$2:I\$866,">=90")：计算内容>=90 的单元格的个数，即 90 分以上的人数。

=COUNTIF(I\$2:I\$866,">=80")：计算内容>=80 的单元格的个数，即 80 分以上的人数。

由于 COUNTIF 无法直接计算 80～90 之间的个数，因此：

80～90 之间的人数 = 80 分以上的人数– 90 分以上的人数

70～80 之间的人数 = 70 分以上的人数– 80 分以上的人数

60～70 之间的人数 = 60 分以上的人数– 70 分以上的人数

步骤 4：统计下面表格信息。

① 在下面单元格中输入如下公式（原理见上面的知识讲解）：

- E880=E873–E874。

- E881=E874–E875。

- E882=E875–E876。

- E883=E876–E877。

- E884=E877。

- E885=E873。

② 将光标置于单元格 F880 中，输入公式"=E880/E\$885"，并设置单元格数字格式为"百分比"，小数位数为 0。

③ 将单元格 F880 中的公式复制到 F881:E884 中。

拓展与提高

（1）公式

公式是 Excel 的核心，Excel 强大、灵活的计算、统计功能均通过公式实现。公式由操作数和操作符两个基本部分组成。操作数可以是常量，如 123、"beijing"，也可以是单元格的地址，如 A5、D8 等；也可以是区域，如 A5:D8 等。操作符包括算术运算符、关系运算符和文本运算符，具体如下：

① 算术运算符：

- +、–、*、/（加减乘除）：基本的四则运算符。

- –（负号）：负号运算符。与减号形式相同，不同之处在于负号只有一个操作数，而减号需要两个操作数。

- %（百分号）：对操作数做除 100 的运算。

- ^（乘方）：乘方运算，如 5^2，代表 5^2，运算结果为 25。

② 文本运算符：&（字符串连接）：连接两个字符串，如"中国" & "北京"，运算结果为"中国北京"。

③ 关系运算符。关系运算的结果只有两种：TRUE 和 FALSE，具体符号表示为=（等于）、>（大于）、>=（大于等于）、<（小于）、<=（小于等于）、<>（不等于）。

当公式中含有多个运算符时，运算必须按照优先级进行。Excel 运算符的优先级别为：算术运算符最高、其次是文本运算符，最后是关系运算符。其中，算术运算符的优先级为：负号、百分号和乘幂、乘和除，最后为加和减。6 种关系运算符具有同等的级别。对于同等级别的运算按照自左向右的方式顺序依次进行。

公式必须以"="开始，表示输入的数据是个公式。需要注意的是运算符和单元格地址中不可以出现空格。公式输入完毕后，按【Enter】键，公式生效，并将计算结果显示在相应的单元格中，而公式则在编辑栏中显示。因此若需要修改公式，需将光标定位于编辑栏，然后进行修改。

（2）函数

Excel 函数是预先定义的、执行计算、分析等处理数据任务的特殊公式。每个函数都有一个函数名，它确定了函数的功能。此外，利用函数运算时，仅有函数名是不够的，还需要提供给函数运算的对象，称之为参数。如求和函数 SUM()，函数名为 SUM，其功能为：计算指定单元格区域中所有数值之和。它的语法是"SUM(number1，number2，...)"，其中 number1、number2 为参数，省略号代表该函数的参数最多可以有 N 个。

因此，每个函数是由函数名和一对小括号组成，括号中是函数的参数，括号前后不能有空格。使用函数时，首先要根据计算目的，确定使用的函数名；然后确定函数的参数就可以了。

函数的参数形式可以多样，可以是常量，也可以是单元格地址；可以是连续的单元格地址，也可以是不连续的单元格地址。以 SUM 函数为例：

- SUM(A1,A10)：计算单元格 A1 与单元格 A10 中数值之和。
- SUM(A1:A10)：计算区域 A1:A10（包含从 A1 到 A10 的 10 个单元格）的数值之和。
- SUM(A1,10)：计算单元格 A1 与常量 10 之和。

Excel 提供了一个庞大的函数库，提供多种功能完备且易于使用的函数，如 SUM、AVERAGE、MAX、MIN、IF 等，现将工作中经常用到的函数进行汇总：

① 数学与三角函数类：

- ABS(number)：返回指定数值的绝对值，即去掉参数的符号。例如：ABS(−372)，结果为 372。
- INT(number)：返回指定数值的整数部分，舍去小数部分。例如：INT(123.583)，结果为 123。
- ROUND(number, num_digits)：对数值的指定位数进行四舍五入，num_digits 一般取正数或者 0。例如：ROUND(number,2)，表示对小数点后面的第二位四舍五入；ROUND(number，0)，表示对整数部分四舍五入。num_digits 也可以取负数，如 ROUND(number，−1)，表示对十位进行四舍五入，该用法比较少见。

当需要取整时，要注意 ROUND 函数与 INT 函数的区别。前者会做四舍五入，后者则直接舍弃小数部分。例如：INT(123.583)，结果为 123；ROUND(123.583，0)，结果为 124。

- SUM(number1,number2,...)：返回指定数值或者区域的数值之和。
- SUMIF(range,criteria,sum_range)：对满足条件的单元格求和。例如：SUMIF(A1:A10，">5")，表示计算区域 A1:A10 中，单元格内容大于 5 的单元格数值之和。
- POWER(number,power)：返回某数的乘幂。例如：POWER(5,3)，返回 5^3。
- SQRT(number)：返回某数的平方根。当参数为负数时，计算结果显示"#NUM!"表示参数不正确。
- MOD(number, divisor)：返回两数相除的余数。例如：MOD(10,3)，结果为 1。
- RAND()：返回（0，1）之间的一个随机数。该函数没有参数。

② 统计类：

- AVERAGE(number1,number2,...)：返回指定数值或者区域的数值平均值。
- MAX(number1,number2,...)：返回指定数值或者区域的最大值。
- MIN(number1,number2,...)：返回指定数值或者区域的最小值。
- COUNT(value1,value2,...)：返回指定区域的单元格数目。
- COUNTIF(range,criteria)：返回指定区域满足条件的单元格数目。

③ 逻辑类：

IF(logical_test, value_if_true, value_if_false)：判断是否满足某个条件，如果满足，返回一个值；如果不满足，则返回另一个值。当条件比较多时，往往会采取 IF 函数嵌套的方式。具体 IF 函数的嵌套，参见案例 5-8。

④ 文本类：

- MID(text,start_num,num_chars)：从字符串 text 中，取从 start_num 开始的 num_chars 个字符。例如：MID("201113060406", 8,3)，结果为"604"。
- LEFT（text, num_chars）：从字符串 text 的左侧取 num_chars 个字符。例如：LEFT("201113060406", 3)，结果为"201"。
- RIGHT（text,num_chars）：从字符串 text 的右侧取 num_chars 个字符。例如：RIGHT("201113060406", 3)，结果为"406"。
- LEN(text)：统计字符串中字符的数目。例如：LEN("201113060406")，结果为 12。

⑤ 日期与时间类：

- DATE(year，month，day)：给出指定数值的日期。
- YEAR（serial_number）：返回指定日期的年份。
- MONTH（serial_number）：返回指定日期的月份，返回值位于区间[1～12]。
- DAY（serial_number）：返回指定日期在该月份中的第几天，返回值位于区间[1～31]。
- WEEKDAY（serial_number，return_type）：返回指定日期为本周的第几天，返回值位于区间[0～7]。return_type 有 3 种取值(1,2,3)，1 为默认值。
    - ➤ return_type 取 1，表示星期日=1，星期六=7。
    - ➤ return_type 取 2，表示星期一=1，星期日=7。
    - ➤ return_type 取 3，表示星期一=0，星期日=6。
- HOUR(serial_number)：返回指定时间的小时数，返回值位于区间[0～23]。
- MINUTE(serial_number)：返回指定时间的分钟数，返回值位于区间[0～59]。
- SECOND(serial_number)：返回指定时间的秒数，返回值位于区间[0～59]。
- NOW()：返回当前的日期和时间。
- TODAY()：返回当前的日期。
- DAYS360()：返回两个指定日期之间的相差的天数（以每年 360 天计算）。
- DATEDIF(start_date，end_date，unit)：计算返回两个日期参数的差值（以每年 365 天计算）。
    - ➤ start_date 代表时间段内的起始日期。
    - ➤ end_date 代表时间段内的结束日期。
    - ➤ unit 为所需信息的返回类型。unit 取值有"Y""M""D"三种。"Y"时间段中的整年数；"M"时间段中的整月数；"D"时间段中的天数。例如：

> DATEDIF("2009-8-4", "2011-5-2", "Y")，结果为：1。
> DATEDIF("2009-8-4", "2011-5-2", "M")，结果为：20。
> DATEDIF("2009-8-4", "2011-5-2", "D")，结果为：636。

DATEDIF 函数在完全安装的 Excel 中才可看到，若采用典型安装，则在插入函数对话框中找不到该函数，但可以自行输入，不影响使用。

上面仅仅列举了部分常用函数，更多函数请查看附录 B。对于其他未涉及的函数，可以借助于"插入函数"对话框学习，如图 5-103 所示。首先选择函数的类别，然后选择函数。当某个函数被选中时，窗口的下方会显示该函数的功能简介以及参数的含义，然后根据函数向导及文字说明再选择相应的参数即可。

函数与公式既有区别又互相联系。如果说前者是 Excel 预先定义好的特殊公式，后者就是由用户自行设计对工作表进行计算和处理的计算式。

以公式"=SUM(A1:D1)*E1+10"为例，它要以等号"="开始，其内部可以包括函数、引用、运算符和常量。上式中的"SUM(A1:D1)"是函数，"A1"则是对单元格 A1 的引用，"10"则是常量，"*"和"+"则是算术运算符。

图 5-103　"插入函数"对话框

（3）相对地址、绝对地址与混合地址

案例 5-8 中，用到了一个公式 I2=F2*0.9+H2，该公式用到的地址称为相对地址。

① 相对地址：指当该公式被复制到其他位置时，公式中的地址会自动发生改变的地址，例如 A2。

② 绝对地址：指当该公式被复制到其他位置时，公式中的地址会不会发生改变的地址，例如$A$2。

③ 混合地址：指当该公式被复制到其他位置时，公式中的地址只有行或者列会发生改变的地址，例如：A$2、$A2。其中，被$修饰的部分是不发生改变的，没有$修饰的部分将会发生改变。

那么当进行公式复制时，相对地址以及混合地址中的相对部分该如何发生改变呢？这个取决于 3 个因素：源单元格地址、目的单元格地址以及源单元格公式。公式中地址变化的准则为：公式中地址的变化规律与源单元格与目的单元格的地址变化规律相同。该规律包含两个要素：一个是列的变化规律；一个是行的变化规律。比如，源单元格为 A2，目的单元格为 C5，则目的与源单元格地址的变化规律是：列增加 2，行增加 3，那么公式中地址的变化也与之相同。若 A2 中的公式为"=D8"，则复制到 C5 之后，公式变为"=F11"。

假设 I2 单元格中是一个公式，现在要将 I2 复制到 J3 单元格中，则 I2 中公式采用 3 种形式的地址时，目标单元格的公式会不一样，如表 5-2 所示。

请利用相对地址与绝对地址完成课后习题中操作题的第 5 题，进一步体会相对地址与绝对地址的区别，并能灵活运用。

表 5-2　相对地址与绝对地址

源　公　式	目　的　公　式
I2= F2*0.9+H2	J3 = G3*0.9 + I3
I2= $F$2*0.9+ $H$2	J3 = $F$2*0.9+ $H$2
I2= $F2*0.9+H$2	J3=$F3*0.9+ I$2

5.2.4　图表的应用

【案例 5-10】成绩段分布统计图。

案例功能：Excel 的图表功能往往使统计数据更形象、更直观。下面通过案例学习如何根据数据生成统计图表，以及图表的内容、样式、格式、位置等的设置。

本案例将案例 5-9 中生成的统计数据用图表进行表达。

案例效果如图 5-104 所示。

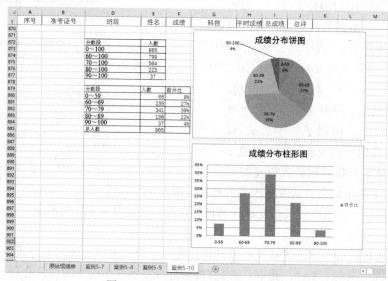

图 5-104　成绩段分布统计图效果

具体要求：

① 打开"学生成绩单.xlsx"文档。

② 复制"案例 5-9"工作表至本工作簿的最后，并将副本重命名为"案例 5-10"。下面操作在"案例 5-10"工作表中进行。

③ 为分数段统计人数及比例创建饼图。

④ 为分数段统计人数及比例创建柱形图。

知识列表：插入图表、图表格式化。

案例操作过程：

步骤 1：打开文件及复制工作表。

① 打开"学生成绩单.xlsx"文档（注：本实验用到前面实验的结果）。

② 复制工作表"案例 5-9"至本文档中，并将副本重命名为"案例 5-10"。

③ 将工作表"案例 5-10"作为当前工作表。

步骤2：插入饼图。

① 选择不连续区域：D879:D884、F879:F884。

选择连续区域 D879:D884；按下【Ctrl】键的同时选择连续区域 F879:F884。

② 单击"插入"→"图表"→"饼图"→"饼图"按钮，即可在表格旁边生成饼图，如图 5-105 所示。

③ 选择新插入的饼图，单击"图表工具-设计"→"图表布局"→"快速布局"→"布局1"按钮，可发现饼图的样式发生改变。

④ 选择图表的标题"百分比"，双击标题，改变标题为"成绩分布饼图"。

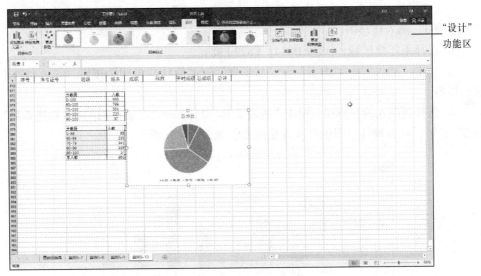

图 5-105　插入饼图

⑤ 右击图表，在弹出的快捷菜单中选择"设置图表区域格式"命令（见图 5-106），在弹出"设置图表区格式"对话框，如图 5-107 所示。

⑥ 在"设置图表区格式"对话框中，可以对图表区的填充与线条、效果、大小与属性等进行设置。本案例设置图表大小为：高 8 厘米，宽 13 厘米。

⑦ 用鼠标将饼图图表移动到 G870 开始的单元格区域。

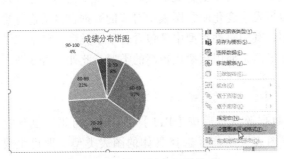

图 5-106　设置图表区域格式

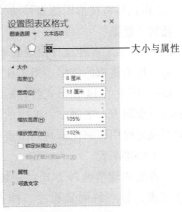

图 5-107　"设置图表区格式"对话框

知识讲解："设计"功能区

① 选择图表对象后，会自动在工作界面中增加"设计"功能区（见图5-105）。

② "设计"功能区提供了若干对图表对象的内容、格式进行调整的工具。

● 图表布局：改变图表布局。

● 图表样式：改变图表的样式外观。

● 数据：改变图表的数据范围。

● 类型：改变图表的类型。

● 位置：设置图表位置是在存放本工作表中，还是存放在一张新的工作表中。

步骤3：插入柱形图。

① 选择不连续区域：D879:D884，F879:F884。

② 单击"插入"→"图表"→"柱形图"→"簇状柱形图"按钮，即可在表格旁边生成柱形图。

③ 选择新插入的柱形图，单击"图表工具-设计"→"图表布局"→"快速布局"→"布局2"按钮，可发现柱形图的样式发生改变，如图5-108所示。

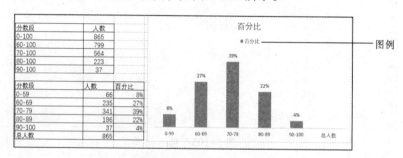

图 5-108　柱形图

④ 选择图例，按【Del】键，删除图例。

⑤ 选择图表的标题"百分比"，双击标题，改变标题为"成绩分布柱形图"。

⑥ 右击图表，在弹出的快捷菜单中选择"设置图表区域格式"命令，设置图表大小为：高8厘米，宽13厘米。

⑦ 用鼠标将柱形图图表移动到柱形图的下方。

拓展与提高

Excel提供了多种统计图表表示数据，可以更形象、更直观地反映出数据变化的规律和发展趋势，作为决策的依据。当工作表中的数据发生变化时，图表中对应的数据也自动进行更新。Excel提供了14种形式各样的图表类型，其中每种类型中又包含若干子类型，包括二维图表和三维图表。案例5-10中的饼图和柱形图是使用频率比较高的类型。此外，折线图、条形图也是使用频率比较高的图表类型。

（1）创建图表

图表的创建有两种方式：一种是选择数据源，然后按【F11】功能键，可迅速创建柱形图图表；另一种则是通过"插入"→"图表"功能区选择具体的图表类型，即可生成图表。

当图表被选中时，会增加 2 个功能区：设计、格式。

① "设计"功能区：包含图表布局、图表样式、数据、类型、位置 5 个分组。图表布局功能区用于设置图表的布局，图表样式功能区用于设置图表的样式，数据功能区用于设置图表数据源，类型功能区用于设置图表类型，位置功能区用于设置图表的位置，有新工作表和工作表中的对象两种选择。

② "格式"功能区：包含当前所选内容、插入形状、形状样式、艺术字样式、排列、大小 6 个分组，用于美化图表的各个组成部分。

（2）编辑图表

图表的编辑主要包含 3 种：图表数据的编辑、对象的编辑和文字的编辑。数据是图表的灵魂，数据选择的正确与否决定了图表是否有价值；图表中除了核心的数据外，图例、标题、坐标轴、数据标签等图表对象可以令图表更丰富；而图表中的文字是辅助描述图表的，恰当、合理的文字描述令图表更容易被人理解，更形象、直观。

① 数据的编辑：图表创建完毕后，图表和数据源之间就建立了链接，当数据源发生改变时，图表中的数据自动进行更新。

- 删除数据系列：当图表中某个系列不再需要显示时，直接单击系列中的一点，可选中整个系列，然后按【Delete】键，即可从图表中删除一个系列。
- 增加数据系列：选择"图表工具–设计"→"数据"→"选择数据"命令，弹出"选择数据源"对话框，如图 5-109 所示。在该对话框中，单击"添加"按钮，可添加数据系列。单击"图表数据区域"右侧的按钮则可以重新选择数据源。

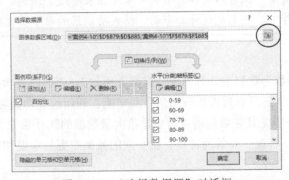

图 5-109 "选择数据源"对话框

② 图表对象的编辑：一般完整的图表对象由图表区、绘图区、图表标题、图例、水平轴、水平轴标题、垂直轴、垂直轴标题、垂直轴刻度、数据系列、数据标签等组成，如图 5-110 所示。具体使用中，可根据具体情况决定显示哪些图表对象。图表对象的增加和删除主要通过"图表工具–设计"→"图表布局"→"添加图表元素"实现。

③ 文字的编辑：单击图表中的文字，即可对图表中的文字进行编辑。

（3）格式化图表

图表的格式化是指对图表中各个对象进行格式设置，主要包括：文字、数值的格式、颜色、外观等。选择具体的图表对象，右击弹出快捷菜单，通过快捷菜单中的命令可以对该对象进行具体的格式化。

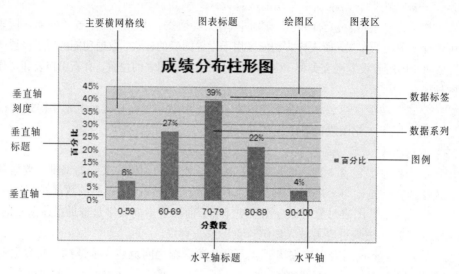

图 5-110   图表中的对象

思考题

复制工作表"案例 5-8",将副本重命名为"图表思考题",并置于工作簿最后。在新工作表中分别统计优秀、良好、及格以及不及格学生的人数,并用统计图进行表示。请选择合适的图表类型,试着应用各种图表对象(图表标题、图例、水平轴标题、垂直轴标题、数据标签等),并利用设计、布局、格式功能区的命令美化统计图。

5.2.5   数据管理

Excel 的公式与函数为数据的计算和统计带来方便,Excel 的图表功能使得数据更直观、形象。除此之外,Excel 还具有数据库管理的一些功能,利用这些功能可以对数据进行筛选、排序、分类汇总等操作,尤其是数据透视表更是给大量数据的统计带来方便。Excel 的数据管理工作具有操作方便、直观、高效的特点,比一般的数据库更易掌握和应用。

1. 数据清单

Excel 中能进行数据库操作的二维表称为数据清单,也称数据列表。数据清单与普通的Excel 工作表的区别在于:

① 数据清单中列称为字段,行称为记录。

② 数据清单中每个字段必须有字段名。

③ 数据清单不可以有空行或空列。

④ 每列要求具有同样的数据类型。

⑤ 任何两行不可以完全相同。

不满足上述条件的二维表不是数据清单,不可以进行数据库相关的操作,例如:筛选、排序、分类汇总、创建数据透视表等。而且,不要在一张工作表中创建多份数据清单。

当数据清单比较大时,通过鼠标选择数据清单不太方便,此时可首先选中数据清单中任意一个单元格,然后通过【Ctrl+A】组合键迅速选择整个数据清单。

2. 数据筛选

当面对大量数据时，很多时候需要处理的只是其中一部分，筛选功能可以将目前暂时不关心的数据隐藏起来，方便对数据的处理。当数据处理完毕后，可以取消筛选功能，将数据再次显示出来。

【案例 5-11】成绩单的筛选。

案例功能：筛选出不及格的学生名单及优秀的学生名单。

案例效果如图 5-111 所示。

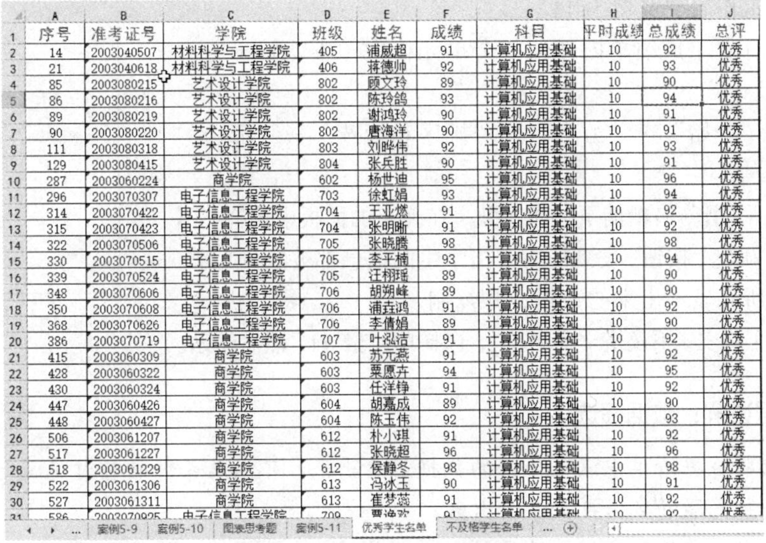

	A	B	C	D	E	F	G	H	I	J
1	序号	准考证号	学院	班级	姓名	成绩	科目	平时成绩	总成绩	总评
2	14	2003040507	材料科学与工程学院	405	浦威超	91	计算机应用基础	10	92	优秀
3	21	2003040618	材料科学与工程学院	406	蒋德帅	92	计算机应用基础	10	93	优秀
4	85	2003080215	艺术设计学院	802	顾文玲	89	计算机应用基础	10	90	优秀
5	86	2003080216	艺术设计学院	802	陈玲鸽	93	计算机应用基础	10	94	优秀
6	89	2003080219	艺术设计学院	802	谢鸿玲	90	计算机应用基础	10	91	优秀
7	90	2003080220	艺术设计学院	802	唐海洋	91	计算机应用基础	10	91	优秀
8	111	2003080318	艺术设计学院	803	刘时伟	92	计算机应用基础	10	93	优秀
9	129	2003080415	艺术设计学院	804	张兵胜	90	计算机应用基础	10	91	优秀
10	287	2003060224	商学院	602	杨世迪	95	计算机应用基础	10	96	优秀
11	296	2003070307	电子信息工程学院	703	徐虹娟	93	计算机应用基础	10	94	优秀
12	314	2003070422	电子信息工程学院	704	王亚燃	91	计算机应用基础	10	92	优秀
13	315	2003070423	电子信息工程学院	704	张明晰	91	计算机应用基础	10	92	优秀
14	322	2003070506	电子信息工程学院	705	张晓腾	98	计算机应用基础	10	98	优秀
15	330	2003070515	电子信息工程学院	705	李平楠	93	计算机应用基础	10	94	优秀
16	339	2003070524	电子信息工程学院	705	汪柯瑶	89	计算机应用基础	10	90	优秀
17	348	2003070606	电子信息工程学院	706	胡朔峰	89	计算机应用基础	10	90	优秀
18	350	2003070608	电子信息工程学院	706	浦焱鸿	91	计算机应用基础	10	92	优秀
19	368	2003070626	电子信息工程学院	706	李倩娟	89	计算机应用基础	10	90	优秀
20	386	2003070719	电子信息工程学院	707	叶泓洁	91	计算机应用基础	10	92	优秀
21	415	2003060309	商学院	603	苏元燕	91	计算机应用基础	10	92	优秀
22	428	2003060322	商学院	603	粟愿卉	94	计算机应用基础	10	95	优秀
23	430	2003060324	商学院	603	任洋铮	91	计算机应用基础	10	92	优秀
24	447	2003060426	商学院	604	胡嘉成	89	计算机应用基础	10	90	优秀
25	448	2003060427	商学院	604	陈玉伟	92	计算机应用基础	10	93	优秀
26	506	2003061227	商学院	612	朴小祺	91	计算机应用基础	10	92	优秀
27	517	2003061227	商学院	612	张晓超	96	计算机应用基础	10	96	优秀
28	518	2003061229	商学院	612	侯静令	98	计算机应用基础	10	98	优秀
29	522	2003061306	商学院	613	冯冰玉	90	计算机应用基础	10	91	优秀
30	527	2003061311	商学院	613	崔梦蕊	90	计算机应用基础	10	91	优秀
31	586	2003070925	电子信息工程学院	709	贾海欢	91	计算机应用基础	10	92	优秀

图 5-111 成绩单筛选效果

具体要求：

① 打开"学生成绩单.xlsx"文档。

② 复制工作表"案例 5-8"至本工作簿的最后，并将副本重命名为"案例 5-11"。下面操作在"案例 5-11"工作表中进行。

③ 在工作表"案例 5-11"之后增加两个新工作表，分别命名为"优秀学生名单"及"不及格学生名单"。

④ 筛选出优秀的学生名单，复制到工作表"优秀学生名单"。

⑤ 筛选出不及格的学生名单，复制到工作表"不及格学生名单"。

案例操作过程：

步骤 1：打开文件及复制工作表。

① 打开"学生成绩单.xlsx"文档（注：本实验用到前面实验的结果）。

② 复制工作表"案例 5-8"至本文档中，并将副本重命名为"案例 5-11"。

③ 在工作表"案例 5-11"之后新增两个工作表，依次命名为"优秀学生名单"和"不及格学生名单"。

④ 将工作表"案例 5-11"设置为当前工作表。

步骤 2：筛选优秀学生。

① 将光标置于成绩单内任何一个单元格中（不能置于空白单元格中）。

② 选择"开始"→"编辑"→"排序和筛选"→"筛选"命令，会发现每个列标题右侧出现了一个下三角按钮。

③ 单击"总评"右侧的下三角按钮，在弹出的面板中选择"优秀"（见图 5-112），单击"确定"按钮，发现所有非优秀学生的信息都被隐藏起来。

④ 选中所有显示出来的数据，并复制。

⑤ 打开工作表"优秀学生名单"，选择单元格 A1，然后粘贴。

步骤 3：筛选不及格学生。

① 打开工作表"案例 5-11"。

② 将光标置于成绩单内任何一个单元格中（不能置于空白单元格中）。

③ 选择"开始"→"编辑"→"排序和筛选"→"筛选"命令。

④ 单击"总评"右侧的下三角按钮，在弹出的面板中选择"不及格"，单击"确定"按钮，发现所有及格学生的信息都被隐藏起来。

⑤ 选中所有显示出来的数据，并复制。

⑥ 打开工作表"不及格学生名单"，选择单元格 A1，然后粘贴。

图 5-112　筛选面板

知识讲解：数据筛选

数据筛选将数据清单中满足条件的数据显示出来，不满足条件的暂时隐藏起来。当数据筛选清除后，被隐藏的数据再次显示出来。

数据筛选包括筛选和高级筛选两种。筛选是对单个字段建立筛选，多个字段之间是逻辑与的关系，操作简便，易于掌握，可满足大部分筛选要求。而高级筛选则条件复杂，应用范围更广，但是操作比较复杂。

（1）筛选

① 选择数据清单中任何一个单元格。

② 选择"开始"→"编辑"→"排序和筛选"→"筛选"命令，即可发现数据清单中的每个列标题右侧出现了一个下拉按钮。

③ 通过该下拉按钮，可以设置每列的条件。

④ 当多个列设置条件时，列之间为逻辑与的关系。

（2）高级筛选

高级筛选步骤比较复杂，具体如下：

① 构造筛选条件。根据筛选要求，构造筛选条件。筛选条件一般是一个二维表，二维表中包含数据清单中的相关列，这些列都有标题，而且与数据清单中标题必须一致。例如，在学生成绩单中筛选商学院大于 80 分的学生和材料科学与工程学院姓李的学生，筛选条件如图 5-113（a）所示。同一行的条件之间是逻辑与；不同行的条件之间是逻辑或。

② 选中数据清单中任何一个单元格，然后用【Ctrl+A】组合键可迅速选中整个数据清单。

③ 选择"数据"→"排序和筛选"→"高级"命令，弹出"高级筛选"对话框，如图 5-113（b）所示；在窗口中，通过后面的区域选择按钮依次选取"列表区域"和"条件区域"。若选择第二种方式，则还需要通过区域选择按钮选择"复制到"的区域，选择"复制

到"区域的第一个单元格即可。

④ 单击"确定"按钮，即可完成高级筛选，高级筛选完成后的结果如图5-114所示。

（3）取消筛选

① 选择数据清单中任何一个单元格。

② 选择"开始"→"编辑"→"排序和筛选"→"筛选"命令，即可取消筛选。

请利用高级筛选功能完成课后习题之操作题的第6题。

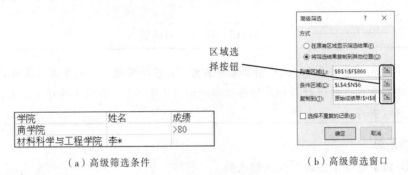

（a）高级筛选条件 （b）高级筛选窗口

图 5-113 高级筛选

3. 数据排序

Excel可以根据一列或多列的数据对数据清单进行排序，排序可以按照升序或降序进行。按照单一字段（列）进行的排序称为简单排序；按照多个字段（列）进行的排序称为复杂排序。排序时，英文按照字母顺序排序，中文可选择按拼音或笔画排序。

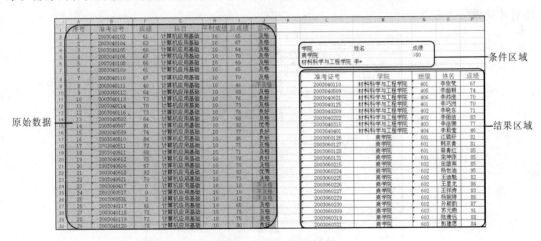

图 5-114 高级筛选结果

① 简单排序：选择数据清单中需要排序的列中的任意一个单元格，然后选择"开始"→"编辑"→"排序和筛选"→"升序"（或"降序"）命令即可。

② 复杂排序：选择数据清单中任意一个单元格，然后选择"开始"→"编辑"→"排序和筛选"→"自定义排序"命令，弹出图5-115所示的对话框。单击"添加条件"按钮，可依次添加主要关键字和次要关键字，并设置关键字的排序依据和次序即可。

图 5-115 "排序"对话框

思考题

　　复制工作表"案例5-8"，将副本重命名为"排序思考题"，置于工作簿最后。请在新工作表中对学生成绩进行排序，排序依据：学院（降序）、班级（升序）、总成绩（升序）、姓名（升序）。

---

4. 分类汇总

　　【案例5-12】分类汇总各学院选修人数。

　　案例功能：分类汇总提供了查看不同级别统计数据的功能，统计信息和明细信息只需要单击级别按钮即可实现。

　　本案例利用分类汇总功能统计各学院选修人数，并制作统计图表。

　　案例效果：如图 5-116 所示。

　　案例分析：分类汇总的前提：数据必须按照分类字段排序。因此，本案例首先要做排序，然后才能做分类汇总。

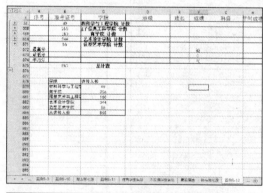

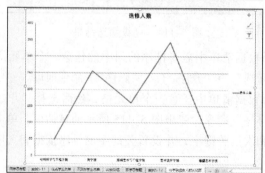

图 5-116 分类汇总各学院选修人数

具体要求：

① 打开“学生成绩单. xlsx”文档。

② 复制“案例 5-8”工作表至本工作簿的最后，并将副本重命名为“案例 5-12”。下面操作在“案例 5-12”工作表中进行。

③ 分类汇总各学院选修人数。

④ 在新工作表中为各学院系选修人数创建折线图，新工作表名称为“各学院选修人数折线图”。

知识列表：排序分类汇总。

案例操作过程：

步骤 1：打开文件及复制工作表。

① 打开“学生成绩单.xlsx”文档（注：本实验用到前面实验的结果）。

② 复制工作表“案例 5-8”至本文档中，并将副本重命名为“案例 5-12”。

③ 将工作表“案例 5-12”作为当前工作表。

步骤 2：排序。

① 选择“学院”列中任意一个有数据的单元格。

② 选择“开始”→“编辑”→“排序和筛选”→“升序”命令，成绩单按学院排序。

步骤 3：分类汇总。

① 选择“数据”→“分级显示”→“分类汇总”命令，弹出图 5-117 所示的“分类汇总”对话框。

② 设置参数：将分类字段设置为“学院”，汇总方式设置为“计数”，在“选定汇总项”列表框中选择“准考证号”，然后单击“确定”按钮，结果如图 5-118 所示。通过单击图 5-118 中的分级显示按钮，可以得到不同级别的汇总结果。

图 5-117 “分类汇总”对话框

	A	B	C	D	E	F	G	H	I	J
1	序号	准考证号	学院	班级	姓名	成绩	科目	平时成绩	总成绩	总评
2	1	2003040102	材料科学与工程学院	401	庞佰飞	61	计算机应用基础	10	65	及格
3	2	2003040104	材料科学与工程学院	401	潘飞露	63	计算机应用基础	10	67	及格
4	3	2003040105	材料科学与工程学院	401	孙露东	60	计算机应用基础	10	64	及格
5	4	2003040106	材料科学与工程学院	401	杨海鹏	67	计算机应用基础	10	70	及格
6	5	2003040108	材料科学与工程学院	401	庞鹏菁	66	计算机应用基础	10	69	及格
7	6	2003040109	材料科学与工程学院	401	刘芳依	61	计算机应用基础	10	65	及格
8	7	2003040110	材料科学与工程学院	401	李依梵	67	计算机应用基础	10	70	及格
9	8	2003040111	材料科学与工程学院	401	魏楚娅	40	计算机应用基础	10	46	不及格
10	9	2003040112	材料科学与工程学院	401	张菲铄	64	计算机应用基础	10	68	及格
11	10	2003040113	材料科学与工程学院	401	孙铄霞	73	计算机应用基础	10	76	良好
12	11	2003040114	材料科学与工程学院	401	刘彩梅	70	计算机应用基础	10	73	及格
13	12	2003040116	材料科学与工程学院	401	张玲甜	73	计算机应用基础	10	76	良好
14	13	2003040502	材料科学与工程学院	405	武甜威	64	计算机应用基础	10	68	及格
15	14	2003040507	材料科学与工程学院	405	浦威超	91	计算机应用基础	10	92	优秀
16	15	2003040509	材料科学与工程学院	405	李超朝	74	计算机应用基础	10	77	良好
17	16	2003040510	材料科学与工程学院	405	羡大耀	84	计算机应用基础	10	86	良好
18	17	2003040511	材料科学与工程学院	405	金耀翔	72	计算机应用基础	10	75	及格
19	18	2003040611	材料科学与工程学院	406	赵翔龙	68	计算机应用基础	10	71	及格
20	19	2003040612	材料科学与工程学院	406	肖晓飞	75	计算机应用基础	10	78	良好
21	20	2003040616	材料科学与工程学院	406	王腾强	67	计算机应用基础	10	70	及格
22	21	2003040618	材料科学与工程学院	406	蒋德帅	92	计算机应用基础	10	93	优秀
23	22	2003040621	材料科学与工程学院	406	李帅澄	70	计算机应用基础	10	73	及格
24	26	2003040117	材料科学与工程学院	401	张小秀	61	计算机应用基础	10	65	及格
25	27	2003040118	材料科学与工程学院	401	冯春秋	72	计算机应用基础	10	75	及格
26	28	2003040119	材料科学与工程学院	401	刘春京	72	计算机应用基础	10	75	及格
27	29	2003040120	材料科学与工程学院	401	安京萌	78	计算机应用基础	10	80	良好
28	30	2003040121	材料科学与工程学院	401	王萌蕾	73	计算机应用基础	10	76	良好
29	31	2003040122	材料科学与工程学院	401	谢蕾寒	72	计算机应用基础	10	75	及格
30	32	2003040123	材料科学与工程学院	401	张寒慧	62	计算机应用基础	10	66	及格

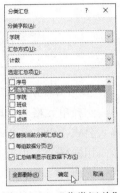

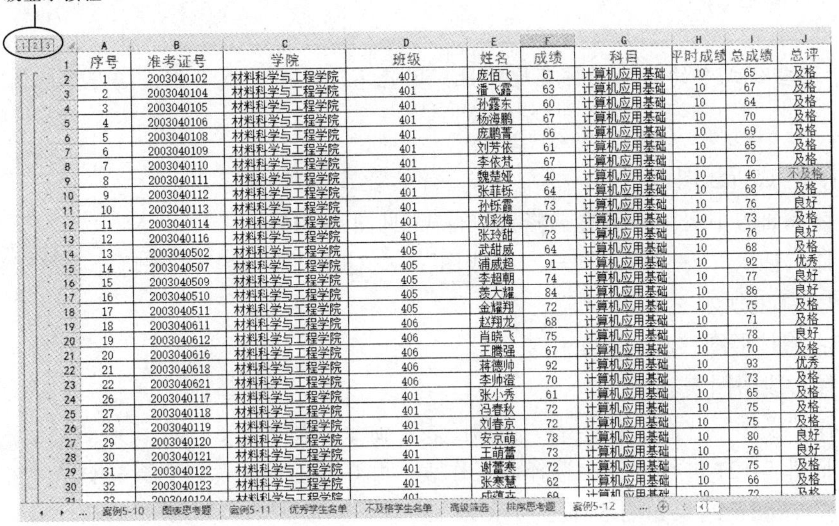

图 5-118 分类汇总结果

③ 单击分级按钮"2"得到二级分类汇总表，如图 5-119 所示。从该表中可以很清楚地看到每个学院的选修人数。

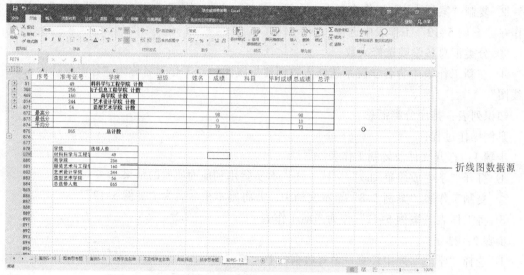

图 5-119　二级分类汇总表

④ 在单元格 B878 开始的区域输入图 5-119 所示的信息。

选择单元格 C879，输入"="，然后单击单元格 B51，按【Enter】键，即可为单元格 C879 输入公式：C879 = B51。

用同样的方式为下面的单元格输入下列公式：

- C880 = B308。
- C881 = B469。
- C882 = B814。
- C883 = B871。
- C884 = B875。

── 注　意 ──

由于这些公式中的地址不再有规律性，因此不可以用公式复制，需要单独输入每个公式。

步骤 4：生成折线图。

① 选择下面的小表（不选总选修人数行），见图 5-119。

② 选择"插入"→"图表"→"折线图"→"折线图"命令，即可在表格旁边生成折线图，如图 5-120 所示。

步骤 5：将柱形图移动到新工作表。

① 选择折线图图表。

② 选择"设计"→"位置"→"移动图表"命令，弹出图 5-121 所示的对话框。

③ 按照图 5-121 进行设置。选择新工作表，并在后面输入"各学院选修人数折线图"，单击"确定"按钮，结果如图 5-122 所示。

④ 将工作表"各学院选修人数折线图"移动到最后，效果如图 5-116 所示。

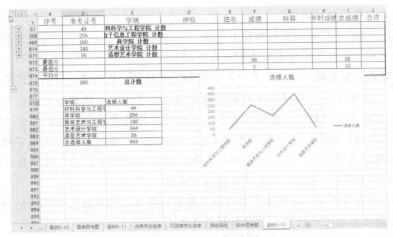

图 5-120　插入折线图

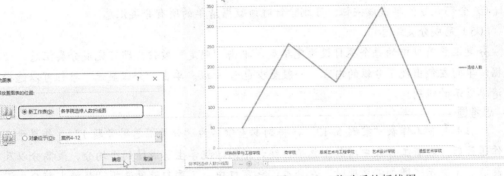

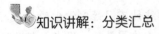

图 5-121　"移动图表"对话框

图 5-122　移动后的折线图

知识讲解：分类汇总

分类汇总是指按照某字段进行分类，将字段值相同的连续记录作为一类，进行求和、平均、计数等汇总运算。针对同一个分类字段，可进行多种汇总。

需要注意的是，分类汇总之前必须按照分类字段进行排序，否则汇总将失去意义。分类汇总的步骤如下：

（1）选择数据清单

选择数据清单中任意一个单元格，然后按【Ctrl+A】组合键，即可选中整个数据清单。

（2）排序

分类字段：分类汇总首先要确定根据哪个字段进行分类，这个字段称为分类字段。例如，分类汇总不同学院的选修人数，分类字段为"学院"；分类汇总不同班级的平均成绩，则分类字段为"班级"。

确定了分类字段后，必须按照分类字段进行排序（升序、降序均可）。

（3）启用分类汇总命令

选择"数据"→"分级显示"→"分类汇总"命令，弹出分类汇总对话框。

（4）设置分类汇总对话框

分类汇总对话框中需要设置的项目比较多，具体如下：

① 分类字段：通过下拉列表可选择分类字段。

② 汇总方式：常用的汇总方式有计数、求和、平均值、最大值、最小值，此外还有一些专业的方差、标准偏差等。根据具体的汇总要求确定汇总方式，比如分类汇总不同学院的选修人数，汇总方式为"计数"；分类汇总不同班级的平均成绩，则汇总方式为"平均值"。

③ 选定汇总项：确定对哪个字段进行汇总，可以选择一个字段或者多个字段。例如，分类汇总不同学院的选修人数，选定汇总项可以为"序号""准考证号"或"姓名"；分类汇总不同班级的平均成绩，则选定汇总项只能为"成绩"。

④ 替换当前分类汇总：选中该复选框时将用新的分类汇总替换已经存在的分类汇总；未选中时，则在原来分类汇总的基础上增加新的分类汇总。

⑤ 每组数据分页：选中该复选框时每组数据分页；未选中时，不同组的数据不分页。

⑥ 汇总结果显示在数据下方：选中该复选框时，汇总结果在数据下方；未选中时，汇总结果在数据上方。

⑦ 全部删除：单击该按钮，可删除针对该数据清单的所有分类汇总。

（5）完成分类汇总

分类汇总窗口中的每个项目设置完毕后，单击"确定"按钮，即可完成分类汇总。此时数据清单的左侧出现了分级的内容，一般至少包含 3 级。单击"分级显示"按钮可以选择数据清单显示的级别。

思考题

（1）复制工作表"案例 5-12"，将副本重命名为"分类汇总思考题 1"，并置于工作簿最后；在新工作表中增加汇总项，统计不同学院学生总成绩的平均分、最高分以及最低分（提示：增加汇总项时，在分类汇总窗口中，不要勾选复选框"替换当前分类汇总"）。

（2）某部门想统计学生姓氏的分布情况，请用分类汇总统计不同姓氏学生的人数，将统计结果工作表重命名为"分类汇总思考题 2"，并置于工作簿最后。思考如何为统计数据生成统计图（提示：需要增加一个新列，保存每个学生的姓氏，然后利用分类汇总统计）。

5. 数据透视表

分类汇总可以对大量数据进行快速汇总统计，但是分类汇总只能针对一个字段进行分类，对一个或多个字段进行汇总。当用户需要按照多个字段分类并汇总时，分类汇总就会受到限制。Excel 提供了数据透视表功能可以实现按照多个字段进行分类汇总。

如果要统计每个学院中每个班级的人数，则既要按照学院分类，又要按照班级分类，这时必须利用数据透视表来解决。下面以统计各学院每个班级的人数及平均成绩为例说明数据透视表的用法。

步骤 1：打开文件。

① 打开"学生成绩单.xlsx"文档。

② 将工作表"案例 5-8"作为当前工作表。

步骤 2：启动数据透视表功能。

① 选择整个数据清单。

② 选择"插入"→"表格"→"数据透视表"→"数据透视表"命令，弹出"创建数据透视表"对话框，如图 5-123（a）所示。

③ 在"创建数据透视表"对话框设置透视表的数据区域，然后单击"确定"按钮，在工作表"案例 5-8"的左侧产生一个新的工作表，名称为 Sheet*x*，如图 5-123（b）所示。

步骤 3：设置数据透视表参数。

① 在图 5-123（b）所示窗口的右上角选择要添加到报表的字段，依次选择"学院""班级""准考证号"和"总成绩"，结果如图 5-123（c）所示。

② 对图 5-123（c）所示窗口右下角的行标签和数值区进行调整。将行标签中的准考证号拖至数值区的"求和项：总成绩"之上，变为"计数项：准考证号"，如图 5-123（d）所示。

③ 调整汇总方式。单击数值区中每个项目的下拉按钮，可弹出快捷菜单，选择"值字段设置"菜单项，即弹出"值字段设置"对话框，如图 5-123（e）所示。在该对话框中可调整计算类型，通过"数字格式"按钮可设置值的数字格式。将"求和项：总成绩"调整为"平均值项：总成绩"，并设置数字格式为：数值，保留 2 位小数。

步骤 4：工作表重命名及移动工作表。

将包含数据透视表的工作表重命名为"数据透视表"，并移至工作簿最后。完成后的数据透视表如图 5-123（f）所示。

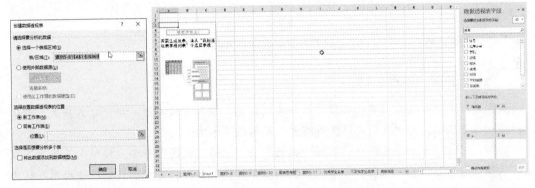

（a）步骤之 1　　　　　　　　　　　　　　　（b）步骤之 2

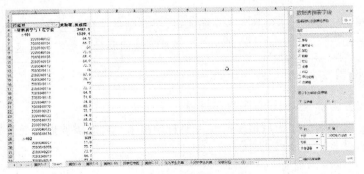

（c）步骤之 3

图 5-123　数据透视表生成步骤

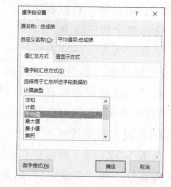

（d）步骤之 4　　　　　　　　　　　（e）步骤之 5

（f）数据透视表结果

图 5-123　数据透视表生成步骤

知识讲解：数据透视图

数据透视表实现了按照多个字段进行分类的汇总，使用非常灵活，功能非常强大。数据透视图则在生成数据透视表的同时生成图表。具体使用方法：

选择"插入"→"图表"→"数据透视图"→"数据透视图"命令，按照向导依次选取数据区域、行标签以及数值区，即可同时生成数据透视表和数据透视图。数据透视图默认为"簇状柱形图"。

──思考题──

请用数据透视图统计不同姓氏学生的人数，并将结果工作表重命名为"数据透视图"，置于工作簿最后。思考用数据透视图和分类汇总完成同样的功能有什么区别。

5.2.6　页面设置与打印

【案例 5-13】成绩单页面设置与打印设置。

案例功能：表格制作完毕后很多时候需要打印出来，此时需要做页面设置、添加页眉/页脚、打印参数设置等工作。

案例效果：如图 5-124 所示。

具体要求：

① 打开"学生成绩单.xlsx"文档。

② 复制"案例 5-8"工作表至本工作簿的最后，并将副本重命名为"案例 5-13"。下面操作在"案例 5-13"工作表中进行。

计算机应用基础考试成绩（2015）

序号	准考证号	学院	班级	姓名	成绩	科目	平时成绩	总成绩	总评
1	2015040102	材料科学与工程学院	401	虎恒飞	61	计算机应用基础	10	65	及格
2	2015040104	材料科学与工程学院	401	潘飞霖	63	计算机应用基础	10	67	及格
3	2015040105	材料科学与工程学院	401	孙雍东	60	计算机应用基础	10	64	及格
4	2015040106	材料科学与工程学院	401	杨海鹏	67	计算机应用基础	10	70	及格
5	2015040108	材料科学与工程学院	401	虎娜蒂	66	计算机应用基础	10	69	及格
6	2015040109	材料科学与工程学院	401	刘芳依	61	计算机应用基础	10	65	及格
7	2015040110	材料科学与工程学院	401	李依党	67	计算机应用基础	10	70	及格
8	2015040111	材料科学与工程学院	401	魏荃媛	40	计算机应用基础	10	46	不及格
9	2015040112	材料科学与工程学院	401	张菲琳	64	计算机应用基础	10	68	及格
10	2015040113	材料科学与工程学院	401	孙晓璐	73	计算机应用基础	10	76	良好
11	2015040114	材料科学与工程学院	401	刘彩格	70	计算机应用基础	10	73	及格
12	2015040116	材料科学与工程学院	401	张玲丽	73	计算机应用基础	10	76	良好
13	2015040502	材料科学与工程学院	405	武晓威	64	计算机应用基础	10	68	及格
14	2015040507	材料科学与工程学院	405	滑贼超	91	计算机应用基础	10	92	优秀
15	2015040509	材料科学与工程学院	405	李超朋	74	计算机应用基础	10	77	良好
16	2015040510	材料科学与工程学院	405	崔大耀	84	计算机应用基础	10	86	良好
17	2015040511	材料科学与工程学院	405	金耀明	72	计算机应用基础	10	75	及格
18	2015040611	材料科学与工程学院	406	赵卯龙	68	计算机应用基础	10	71	及格
19	2015040612	材料科学与工程学院	406	肖晓飞	75	计算机应用基础	10	78	良好
20	2015040616	材料科学与工程学院	406	王腾强	67	计算机应用基础	10	70	及格
21	2015040618	材料科学与工程学院	406	蒋梅帅	92	计算机应用基础	10	93	优秀
22	2015040621	材料科学与工程学院	406	李帅澄	70	计算机应用基础	10	73	及格
26	2015040117	材料科学与工程学院	401	张小秀	61	计算机应用基础	10	65	及格
27	2015040118	材料科学与工程学院	401	冯春秋	72	计算机应用基础	10	75	及格
28	2015040119	材料科学与工程学院	401	刘奎京	72	计算机应用基础	10	75	及格
29	2015040120	材料科学与工程学院	401	安友颖	78	计算机应用基础	10	80	良好
30	2015040121	材料科学与工程学院	401	王頔賽	73	计算机应用基础	10	76	及格
31	2015040122	材料科学与工程学院	401	谢智豪	72	计算机应用基础	10	75	及格
32	2015040123	材料科学与工程学院	401	张豪譬	62	计算机应用基础	10	66	及格
33	2015040124	材料科学与工程学院	401	成疆并	69	计算机应用基础	10	72	及格
34	2015040125	材料科学与工程学院	401	李巧洲	70	计算机应用基础	10	73	及格
35	2015040126	材料科学与工程学院	401	刘金狗	72	计算机应用基础	10	75	及格

第 1 页、共 28 页

图 5-124 页面设置效果

③ 页面设置：A4，横向，页边距设置为"普通"；第 1 行为顶端标题行。

④ 按照图 5-124 设置页眉/页脚。

知识列表：页面视图，打印标题行及设置页眉页脚。

案例操作过程：

步骤 1：打开文件及复制工作表。

① 打开"学生成绩单.xlsx"文档（注：本实验用到前面实验的结果）。

② 复制工作表"案例 5-8"至本文档中，并将副本重命名为"案例 5-13"。

③ 将工作表"案例 5-13"作为当前工作表。

步骤 2：选择"页面布局"→"页面设置"，设置如下参数：A4，横向，页边距——普通。

知识讲解："页面布局"功能区

① 页面设置通过"页面布局"功能区进行，如图 5-125 所示。

② 主题：设置表格的主题。

图 5-125 "页面布局"功能区

③ 页面设置：大小、方向、页边距。

④ 背景：为表格设置图片背景。

⑤ 打印标题：当表格数量较多时，往往会打印若干页，打印标题可以保证每张打印页上都有相同的标题。

步骤 3：设置顶端标题行。

① 选择"页面布局"→"页面设置"→"打印标题"命令，弹出"页面设置"对话框，在"工作表"选项卡中单击"顶端标题行"右侧的 [图] 按钮，如图 5-126（a）所示。

② 单击第 1 行的行号，弹出图 5-126（b）所示的对话框，单击 [图] 按钮，返回"页面设置"对话框。

③ 单击"确定"按钮。

（a）设置顶端标题行步骤 1

（b）设置顶端标题行步骤 2

图 5-126　设置顶端标题行

步骤 4：设置页眉页脚。

① 选择"视图"→"工作簿视图"→"页面布局"命令，弹出图 5-127 所示的对话框，要求取消"冻结窗格"，单击"确定"按钮，得到图 5-128 所示的效果。

② 单击图 5-128 中的"添加页眉"，输入页眉"计算机应用基础考试成绩 2015"。

图 5-127　取消冻结窗格

图 5-128　设置页眉

③ 切换到页脚，将光标定位于页脚中部，选择"设计"→"页眉和页脚"→"页脚下三角按钮"→"第 1 页，共?页"，如图 5-129 所示。

图 5-129　插入页码

步骤 5：打印设置。

选择"文件"→"打印"命令，在右侧窗格中出现打印预览界面，在左边可以进行参数设置，如图 5-130 所示。设置好参数，如份数、打印机等，单击"打印"按钮。

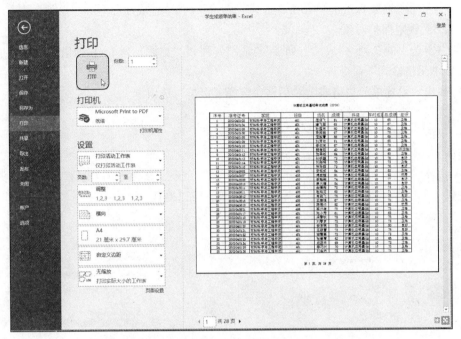

图 5-130　打印设置

5.2.7　工作表的保护

【案例 5-14】成绩单的保护。

案例功能：工作表中的数据有些是不能随意修改的，保护工作表功能可以避免重要数据遭到破坏。

具体要求：

① 打开"学生成绩单.xlsx"文档。

② 复制工作表"案例 5-8"至本工作簿的最后，并将副本重命名为"案例 5-14"。

③ 保护工作表"案例 5-14"中的"成绩""总成绩"和"总评"3 列，不允许被修改。

知识列表：锁定单元格，保护工作表，撤销工作表保护。

案例操作过程：

步骤 1：打开文件及复制工作表。

① 打开"学生成绩单.xlsx"文档（注：本实验用到前面实验的结果）。

② 复制工作表"案例 5-8"至本文档中，并将副本重命名为"案例 5-14"。

③ 将工作表"案例 5-14"作为当前工作表。

步骤 2：选择整个工作表中。单击表格左上角的单元格，即会选中全部的单元格。

步骤 3：去掉默认的"锁定"功能。

① 右击，在弹出的快捷菜单中选择"设置单元格格式"命令。

② 弹出"设置单元格格式"对话框，选择"保护"选项卡。

③ 取消选择"锁定"复选框，如图 5-131 所示。

④ 单击"确定"按钮。

步骤 4：选择需要保护的单元格，选择"成绩"列、"总成绩"列和"总评"列。

步骤 5：锁定保护对象。

① 右击选中的 3 列（"成绩"列、"总成绩"列和"总评"列），在弹出的快捷菜单中选择"设置单元格格式"命令。

② 弹出"设置单元格格式"对话框，选择"保护"选项卡。

③ 选择"锁定"复选框。

④ 单击"确定"按钮。

步骤 6：保护工作表。

① 选择"审阅"→"更改"→"保护工作表"命令，在弹出的对话框中输入取消保护时的密码（见图 5-132），根据提示再次输入一次，予以确认。

图 5-131 去掉锁定功能

图 5-132 "保护工作表"对话框

② 保存文件，并关闭。

③ 当再次打开时，即具有了保护功能（被保护的部分不能修改，未被保护的部分可以修改）。

步骤 7：撤销保护。

需要撤销保护时，只需要选择"审阅"→"更改"→"撤销工作表保护"命令，输入密码即可。

5.3　Microsoft PowerPoint

PowerPoint（简称 PPT）是 Microsoft 公司推出的 Office 系列产品之一，是制作和演示幻灯片的应用软件。PowerPoint 可以将文字、图形、图像、声音、视频等多种媒体元素集合在一起，由其制作出的幻灯片被广泛应用于公开演讲、商务沟通、经营分析、课程培训等场合。随着办公自动化的日益普及，PowerPoint 的应用也越来越广泛。

5.3.1 初识 PowerPoint 2016

1. PowerPoint 的功能

PowerPoint 不是微软公司最初发明的,而是美国名校伯克利大学一位名叫 Robert Gaskins 的博士生(见图 5-133)在 1984—1987 年间发明的,后来被微软公司收购。职场对 PowerPoint 的评价如图 5-134 所示。

图 5-133 PowerPoint 的发明者 Robert Gaskins   图 5-134 职场对 PowerPoint 的评价

目前,PowerPoint 常被应用于商业、教育和娱乐三大领域中,如图 5-135 所示。不同的用户对 PPT 提出不同的需求,但使用 PPT 的目的只有一个——Make your point more power!

图 5-135 PPT 在商业、教育和娱乐领域中的应用举例

2. PowerPoint 2016 工作界面

Microsoft PowerPoint 2016 是 PowerPoint 的最新版本。先前版本包括 PowerPoint 2013、PowerPoint 2010 和 PowerPoint 2007 等。PowerPoint 2016 与 Windows 10、Windows 8.1 和 Windows 7 兼容。

选择"开始"→"所有应用"→"PowerPoint 2016"命令,即可启动 PowerPoint 2016。启动后的 PowerPoint 2016 界面如图 5-136 所示。用户不仅可以创建空白演示文稿,还可以选择系统自带的模板和主题创建新文档。此外,也可以联机搜索更多的模板和主题。

如果使用"空白演示文稿"模板,则不应用任何主题,此时创建的演示文稿默认名称为"演示文稿 1.pptx",如图 5-137 所示。

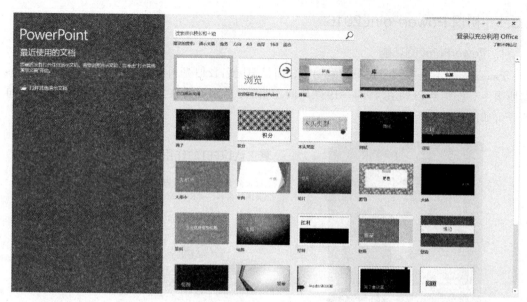

图 5-136　PowerPoint 2016 开始界面

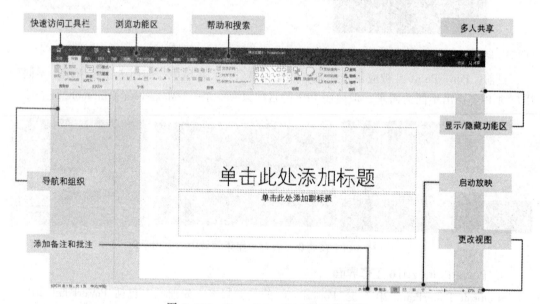

图 5-137　PowerPoint 2016 的工作界面

　　PowerPoint 2016 工作界面与 Word 2016 类似，同样包括快速访问工具栏、10 个基本功能区和显示控制区等。若当前操作对象为图片或者其他对象，会自动增加若干个功能选项区。

　　PowerPoint 2016 工作界面中还包含一些其他的组成部分：

　　（1）导航与组织窗格

　　单击幻灯片缩略图可切换到该幻灯片，或者拖动幻灯片使其在列表中上移或下移，便于用户快速浏览整个演示文稿，并轻松地重新排列、添加或删除幻灯片，如图 5-138 所示。

　　如果通过"视图"功能区切换到"大纲视图"（见图 5-139），除文本以外的所有信息均被屏蔽掉，因此这是用户撰写文本类内容的理想场所，用户可以捕获灵感，更好地规划自己所要表述的观点。

图 5-138　导航与组织窗格

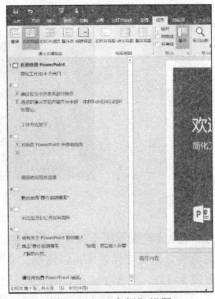
图 5-139　"大纲"视图

┌─小技巧───
│　　　若只想打印演示文稿中的文本信息（就像大纲视图中所显示的那样），而不打印背景
│　及图形部分，则选择"文件"→"打印"→"整页幻灯片"→"大纲"，单击"打印"
│　按钮即可。
└──

（2）幻灯片窗格

该窗格显示当前幻灯片的大视图。在此视图中可以添加文本以及插入图片、表格、
SmartArt 图形、图表、图形对象、文本框、视频、声音、超链接和动画等。

（3）备注窗格

该窗格中可以输入针对于当前幻灯片的备注。用户也可以将备注打印出来并在放映演示
文稿时进行参考。通过合理设置幻灯片的放映方式可以实现演讲者看到备注，而观众看不到
备注的特殊效果。

（4）视图切换及显示控制区

该区域的作用是控制幻灯片的显示方式
及显示比例，具体内容如图 5-140 所示。

① 普通视图是 PowerPoint 2016 的默认视
图，主要用于输入、编辑幻灯片内容以及输入
备注信息，如图 5-141 所示。

② 幻灯片浏览视图中用户以缩略图形式

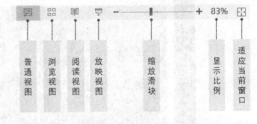
图 5-140　视图切换及显示控制区

观看幻灯片，因此可以轻松地对演示文稿的顺序进行排列和组织，还可以为幻灯片添加节。

③ 阅读视图用于在自己的计算机上翻看演示文稿，而不面向其他观众。在该视图中不
需要启用全屏模式，这样用户既可以方便地审阅演示文稿，也可以通过任务栏随时切换到其
他视图。

图 5-141　普通视图下的效果

④　幻灯片放映视图用于向观众放映演示文稿，此时幻灯片将占据整个计算机屏幕，幻灯片中的动画效果及切换效果得以体现，直至按【Esc】键退出幻灯片放映视图。

通过图 5-142～图 5-144 可以对比同一个幻灯片在不同视图下的显示效果。

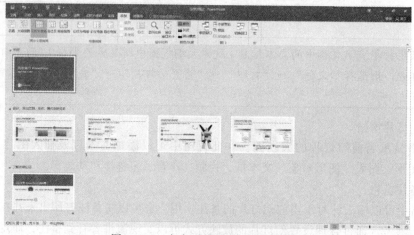

图 5-142　幻灯片浏览视图下的效果

图 5-143　阅读视图下的效果

图 5-144　幻灯片放映视图下的效果

—小技巧—

　　PowerPoint 2016 任务栏中还包含一个"使幻灯片适应当前窗口"按钮，单击该按钮，幻灯片将依据目前窗口大小以最合适的显示比例出现在用户面前，避免了用户反复拖动缩放滑块来确定显示比例的操作。

5.3.2　最基本的演示文稿

　　【案例 5-15】学校简介。

　　案例说明：新学期开始了，许多大一新生走进了美丽的校园，请制作一个介绍学校概况及校园风光的演示文稿，在新生见面会上向同学们展示，表达对新同学的热烈欢迎。

　　案例效果：如图 5-145 所示。

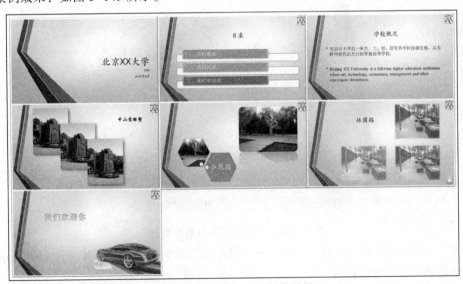

图 5-145　案例 5-15 制作效果

具体要求：

① 使用内置主题"视差"创建演示文稿。

② 在母版中添加学校徽标。

③ 新建两个"标题与内容"版式的幻灯片。

④ 编辑幻灯片 1～3 中的内容。

⑤ 新建两个"仅标题"版式的幻灯片和两个"空白"版式的幻灯片。

⑥ 编辑幻灯片 4～7 中的内容。

⑦ 设置幻灯片之间的超链接，实现"封面–目录–具体内容"的整体结构。

⑧ 保存文件为"学校简介.pptx"。

知识列表：主题、版式、母版、文字、SmartArt、图片、艺术字、超链接。

备注信息：演示文稿要求风格清新明快，具有时尚气息，体现学校科学与艺术的特色。

案例操作过程：

（1）创建一个新演示文稿

步骤 1：启动 PowerPoint 2016，在页面上选择"视差"主题，并单击"创建"按钮。此时系统创建出一个带有"视差"主题的演示文稿。

步骤 2：依次新建两张"内容与标题"版式的幻灯片、两张"仅标题"版式的幻灯片、两张"空白"版式的幻灯片。

步骤 3：在母版中添加学校徽标。选择"视图"→"幻灯片母版"命令，进入母版编辑模式，单击位于左侧窗格最上方的幻灯片母版页面，选择"插入"→"图片"命令，将"学校徽标.png"插入该页，并将图片拖动至图 5–146 所示的位置。并使用"图片工具–格式"选项卡中的"颜色/设置透明色"，将徽标的背景色设置为透明。关闭母版视图，返回幻灯片的编辑状态。

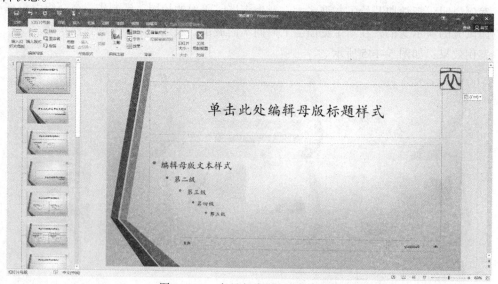

图 5–146　在母版中添加学校徽标

步骤 4：保存幻灯片。选择"文件"→"另存为"命令，将其保存为"学校简介.pptx"。

（2）编辑幻灯片中的内容

依次在第 1～3 页中添加内容，具体如下：

步骤 1：修改幻灯片 1 中原有的文字，如图 5–147 所示。

① 主标题：文字"北京××大学"，字体为"华文行楷"，字号为"72 磅"，使用"加粗"及"文字阴影"修饰文字。

图 5-147　幻灯片 1 制作效果

② 副标题：输入报告人姓名或所属单位等信息。

③ 日期和时间：选择"插入"→"日期和时间"
命令，自动插入日期。若在图 5-148 所示的对话框中选
择"自动更新"复选框，则每次打开演示文稿时都显示
当天的日期。

图 5-148　插入日期和时间

步骤 2：在幻灯片 2 中，插入 SmartArt 图形，选择
"垂直框列表"样式，单击"确定"按钮，如图 5-149
所示。编辑 SmartArt 中的文字，如图 5-150 所示。字体
为"宋体"，字号为"32 磅"。

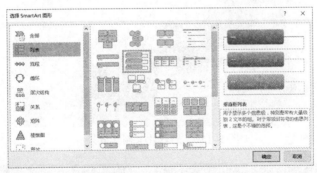

图 5-149　SmartArt 样式选择

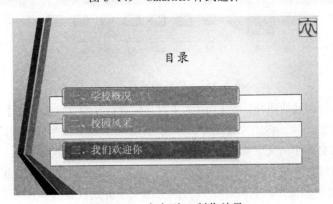

图 5-150　幻灯片 2 制作效果

步骤 3：修改幻灯片 3 中原有的文字，如图 5-151 所示，文字信息来自"文字素材.txt"。中文字体为"宋体"，字号均为"28 磅"，西文字体为 Times New Roman，西文部分对齐方式为"两端对齐"。

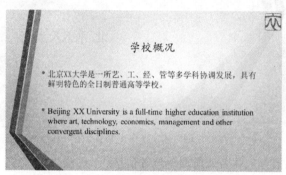

图 5-151　幻灯片 3 制作效果

（3）编辑幻灯片中的内容

依次在第 4～7 页中添加图片及艺术字，具体如下：

步骤 1：在幻灯片 4 中，选择"插入"→"图片"命令，将"中山装雕塑.jpg"插入该页左上角处，如图 5-152 所示。双击图片进入"图片工具"功能区，设置图片格式为"矩形投影"。格式工具选项列表如图 5-153 所示。

图 5-152　幻灯片 4 制作效果

图 5-153　图片格式选项列表

步骤 2：单击处理好的图片，按【Ctrl+C】组合键进行复制，再按两次【Ctrl+V】组合键进行粘贴。双击复制的图片，将图片高度分别修改为 10 厘米和 8 厘米。合理设置 3 张图片的位置及层次关系。将页面中的文字修改为"中山装雕塑"，字体为"华文行楷"，字号为"32 磅"。

步骤 3：在幻灯片 5 中，插入"林荫路.jpg"，设置图片格式为"柔化边缘矩形"。复制该图片，再执行 2 次粘贴操作，在图片工具的颜色选项中分别设置 3 张图片为"红色""淡紫"和"酸橙色"，如图 5-154 和图 5-155 所示。

图 5-154　幻灯片 5 制作效果

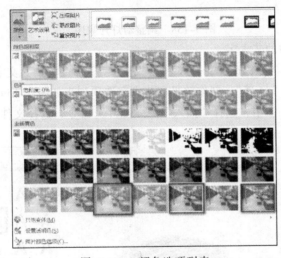

图 5-155　颜色选项列表

步骤 4：在幻灯片 6 中，插入"小花园.jpg"，设置图片格式为"映像圆角矩形"。复制该图片，粘贴后将图片版式设置为"六边形群集"，如图 5-156 和图 5-157 所示。

图 5-156　幻灯片 6 制作效果

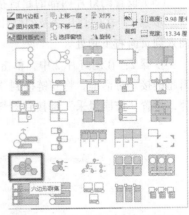

图 5-157　图片版式选项列表

步骤 5：调整幻灯片的顺序。将视图切换至"幻灯片浏览"模式，用鼠标拖动第六页幻灯片到第五页的位置上，如图 5-158 所示。

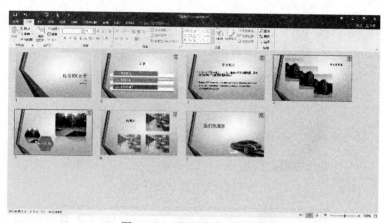

图 5-158　调整幻灯片顺序

（4）编辑幻灯片中的艺术字

步骤 1：在幻灯片 7 中，选择"插入"→"艺术字"命令，输入文字"我们欢迎你"，字体为"宋体"，字号为"54 磅"，制作效果和艺术字选项列表如图 5-159 和图 5-160 所示。

步骤 2：在幻灯片 7 中，选择"插入"→"图片"命令，选择文件"汽车.jpg"，将其添加到幻灯片中，并设置背景色为透明。

图 5-159　幻灯片 7 制作效果

图 5-160　艺术字选项列表

（5）设置幻灯片内部的超链接

步骤 1：在幻灯片 3 及幻灯片 6 中，选择"插入"→"图片"命令，将"返回按钮.png"插入到页面右下角处。

步骤 2：在幻灯片 2 中，单击"学校概况"，选择"插入"→"超链接"命令，弹出"编辑超链接"对话框，将其链接到"本文档中的位置"→"3.学校概况"，如图 5-161 所示。同理，设置"校园风采"链接到幻灯片 4，设置"我们欢迎你"链接到幻灯片 7。

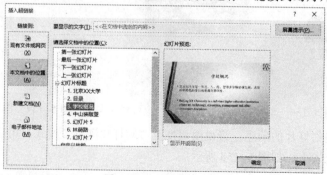

图 5-161　设置超链接

步骤3：在幻灯片3及幻灯片6中，将返回按钮图标链接到幻灯片2。整个幻灯片的内部超链接结构如图5-162所示。

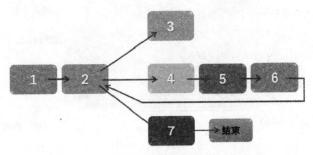

图5-162　幻灯片内部超链接结构示意图

知识讲解

① 版式：版式包含了一页幻灯片中所有内容的摆放位置、格式设置及占位符，想要做出专业级的演示文稿，版式的设计至关重要。图5-163所示为版式在演示文稿中的成功应用。

图5-163　版式在演示文稿中的成功应用举例

PowerPoint 2016中内置的幻灯片版式如图5-164所示，用户也可以创建自定义版式。

版式中用虚线标出的矩形框称为占位符，它是版式中的容器，可容纳文本（包括标题、正文、项目符号）、表格、图表、SmartArt图形、影片、声音、图片及剪贴画等内容。同时，版式中也包含幻灯片的主题（颜色、字体、效果和背景）。图5-165中列出了幻灯片中可以包含的各类版式元素。

② 母版：幻灯片母版是幻灯片层次结构中的顶层，用于规划每张幻灯片的预设格式。使用母版可以让多张幻灯片迅速拥有统一的背景、统一的标题格式、共同的图形标志等。每个演示文稿可以拥有一个或者多个幻灯片母版。

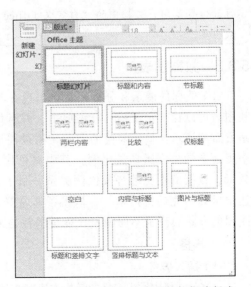

图5-164　PowerPoint中内置的幻灯片版式

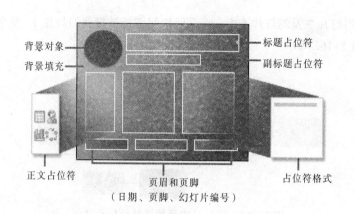

图 5-165　幻灯片中可以包含的版式元素

—小提示—

　　对幻灯片母版的编辑将影响到整个幻灯片的外观，因此最好先编辑幻灯片母版，然后再开始构建各张具体的幻灯片。在幻灯片母版视图下，通过"插入版式"可以创建该母版中的一个自定义版式，用户通过"插入占位符"可以在该版式上自由规划，从而得到理想的自定义版式效果。

　　③ 模板：模板是一种已经编排好的母版式幻灯片，它包括版式、主题、背景样式甚至部分内容，即使不熟悉 PowerPoint 的用户通过模板也可以快速创建出非常专业的演示文稿。用户可以在 PowerPoint 2016 起始页面上，通过联机搜索到众多的模板。如果用户制作完成了一个自己十分满意的演示文稿，也可以将其存储为模板，并且在今后的工作中复用或者与他人共享。

—小提示—

　　将演示文稿存储为模板的方法是：选择"文件"→"另存为"命令，将保存类型设置为"PowerPoint 模板（*.potx）"，输入文件名，单击"保存"按钮。模板文件的默认存储位置是用户文档中的"自定义 Office 模板"文件夹，用户也可以自行修改模板的存放位置。

5.3.3　数据图表

　　对于数据的展示和分析经常会出现在演示文稿中，好的图表胜过千言。合理运用表格和图表可以让演示文稿具有说服力，并且传递更加丰富的信息。图 5-166 所示为一家网站发布的演示文稿，左侧的演示文稿以柱形图的方式表现了从 1896—2008 年间，参与夏季奥运会的男女运动员比例，其中深色代表了男运动员的数量，浅色代表了女运动员的数量，数据的变化趋势及比例关系一目了然。设计者通过合理叠加透明背景图，清晰传达出奥林匹克的拼搏精神，取得了非常好的视觉效果。右侧的演示文稿通过条形图和折线图的方式表现了不同国家在能量消耗与 CO_2 排放量之间的关系。

1. 表格

（1）插入表格

　　向演示文稿中插入表格的常用方法有 3 种，分别是利用表格占位符插入新表格、利用"插入"→"表格"命令插入新表格，以及从 Word 或 Excel 文档中复制已有的表格，如图 5-167 所示。

图 5-166　数据图表在演示文稿中的成功应用举例

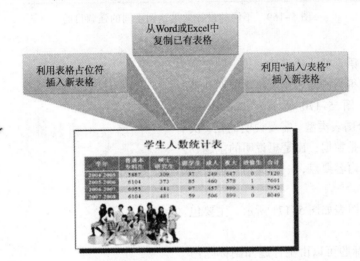

图 5-167　插入表格的 3 种方法

（2）美化表格

从 Word 或 Excel 文档中复制过来的表格往往显得单调不美观，使用 PowerPoint 的表格工具可以将其快速变为清晰明了、视觉效果较好的表格页面。表格美化前后的对比如图 5-168 所示。

学年	普通本专科生	硕士研究生	留学生	成人	夜大	进修生	合计
2004-2005	5887	309	37	249	647	0	7129
2005-2006	6104	373	85	460	578	1	7601
2006-2007	6055	441	97	457	899	3	7952
2007-2008	6104	481	59	506	899	0	8049

学生人数统计表

美化前

学生人数统计表

学年	普通本专科生	硕士研究生	留学生	成人	夜大	进修生	合计
2004-2005	5887	309	37	249	647	0	7129
2005-2006	6104	373	85	460	578	1	7601
2006-2007	6055	441	97	457	899	3	7952
2007-2008	6104	481	59	506	899	0	8049

美化后

图 5-168　表格美化前后效果对比

除此之外，合理使用提示圈以及文本的加大、加粗、变色效果可以达到突出主要数据的目的，图 5-169 中的两张幻灯片针对相同的数据分别强调了不同的内容。因此，需要注意的是避免在演示文稿中简单地罗列大量的数据表格，数据的使用有着明确的目的性，通过不同方式强调表格中的关键数据，传递演讲者的意图才是使用表格及图表的真正目的。

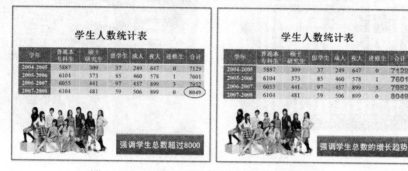

图 5-169　不同的设计效果达到不同的强调目的

2. 图表

图表是展示语言的一种重要形式，图表贵精不贵多，运用得当的图表比表格更能明快清晰地实现沟通。图 5-170 所示为 PowerPoint 2016 内置的部分图表类型。需要说明的是，决定图表形式的不是数据，而是想说明的主题、想强调的数据或内容要点，一切为用户想表达的主题服务。

一份完整的图表如图 5-171 所示，主要包括以下元素：

① 标题：标题可以由主标题和副标题两部分组成。

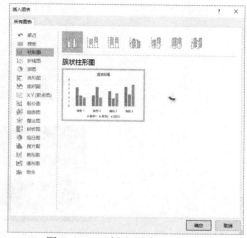

图 5-170　"插入图表"对话框

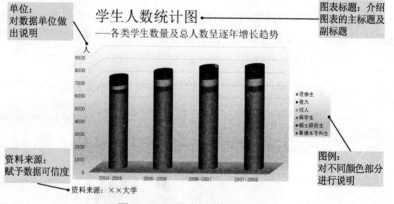

图 5-171　图表及其主要元素

② 单位：当图表中有具体数据的时候，一定要标明单位。

③ 资料来源：体现数据的严谨性。

④ 图例：用于说明图表中不同区域所指代的具体含义。

【案例 5-16】学生人数统计图表。

案例说明：在学校的招生咨询活动中，人们希望了解到学校的本专科及硕士研究生的招生情况，掌握在校学生获奖情况，请制作一个介绍学生人数及获奖情况的演示文稿，通过具体的数字和生动的图表向大家介绍相关信息。

案例效果：如图 5-172 所示。

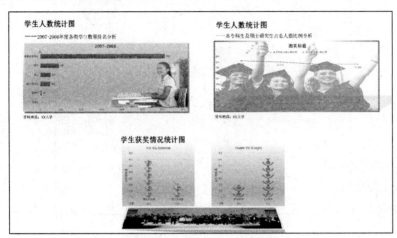

图 5-172　案例 5-16 制作效果

具体要求：

① 在幻灯片 1 中用条形图表展现 2007—2008 年度各类学生数量的排名情况。

② 在幻灯片 2 中用折线图表展现 4 年来学校招生比例的变化趋势。

③ 在幻灯片 3 中用两栏版式建立柱形图展现学生在各类大赛中的获奖情况。

④ 保存文件为"学生人数统计图表.pptx"。

知识列表：图表。

备注信息：演示文稿要求每页幻灯片都有明确的主题和展示重点，准确传递数据信息完成以下图表需要用到的原始数据，如表 5-3 和表 5-4 所示。

表 5-3　学生人数统计表

学　　年	普通本专科生	硕士研究生	留学生	成人	夜大	进修生	合计
2004—2005	5887	309	37	249	647	0	7129
2005—2006	6104	373	85	460	578	1	7601
2006—2007	6055	441	97	457	899	3	7952
2007—2008	6104	481	59	506	899	0	8049

表 5-4　学生获奖情况统计表

类　　别	服装艺术类	理工文体类	团队获奖	个人获奖
总数	592	213	192	613

案例操作过程：

（1）条形图表的制作

该图表要突出表现 2007—2008 年度各类学生数量的排名情况，即人数最多的是哪类学生，其次是哪一类，接下来又是哪一类。制作这类图表最适合的是条形图，制作前需要在 Excel

中将数据进行排序，这样制作出的条形图才更加清晰明了。

步骤 1：创建空白演示文稿。启动 PowerPoint 2016，选择"空白演示文稿"。

步骤 2：修改版式。在演示文稿空白区域处右击，在弹出的快捷菜单中选择"版式"命令，将默认的"标题幻灯片"版式修改为"标题和内容"版式，如图 5-173 所示。

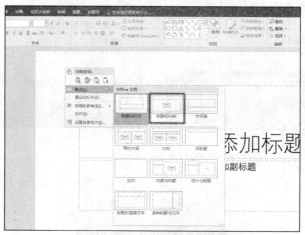

图 5-173　修改版式

—小提示—

步骤 2 中修改默认版式的目的是希望版式中含有图表占位符，除"标题和内容"外，"两栏内容""比较""内容与标题"版式中也含有图表占位符。

步骤 3：输入图表的正标题及副标题。

① 正标题：学生人数统计图，宋体，36 磅，加粗，左对齐，1.5 倍行距。

② 副标题：2007—2008 年度各类学生数量排名分析，宋体，24 磅，左对齐，1.5 倍行距。

步骤 4：创建图表。单击内容占位符中的 按钮，在弹出的对话框中选择"条形图"下的"簇状条形图"，单击"确认"按钮。

步骤 5：在出现的电子表格中，将默认数据替换为对应的信息。修改后的数据及对应的图表如图 5-174 所示。

图 5-174　修改后的数据及对应的条形图效果

步骤 6：设置图表参数。

① 设置数据样式。单击数据点，使图表中的多个条形均处于选中状态，选择图表样式中的"样式 12"，如图 5-175 所示。此时，数据条变得有立体感，视觉效果更好。

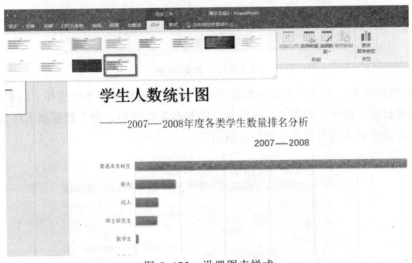

图 5-175　设置图表样式

② 设置背景。双击图表区，如图 5-176 所示，在右侧弹出的"设置图表区格式"窗格中选择"渐变填充"单选按钮，透明度为"50%"。设置阴影为外部"右下斜偏移"，距离为"10 磅"。

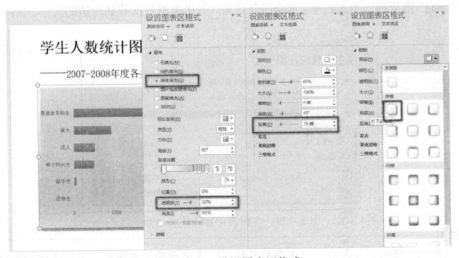

图 5-176　设置图表区格式

③ 删除图例。单击图表区中的图例，如图 5-177 所示，按【Delete】键将其删除。对于

本案例来说没有使用图例的必要，删除后可以扩大图表区的有效使用空间。

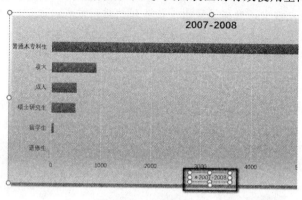

图 5-177　删除图例

④ 添加数据标签。右击条形图中的数据点，在弹出的快捷菜单中选择"添加数据标签"→"添加数据标签"命令，如图 5-178 所示。添加数据标签后，每个数据条上将显示具体的数值，能够更清晰地表明每类学生的具体数量。

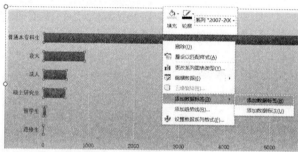

图 5-178　为条形图添加数据标签

⑤ 插入与图表相关的图片，增强图表的视觉效果。选择"文件"→"插入"命令，将"女同学.png"图片插入到页面中。拖动图片四角，等比例缩放图片到合适的大小，如图 5-179 所示。

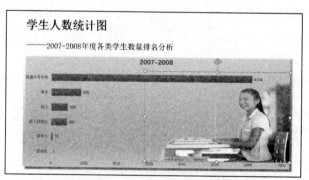

图 5-179　在图表中插入相关图片

──小提示──

本案例中使用图片还有一个重要的目的，即促进画面的平衡感。原图表中由于数据分布不均，因此画面呈现出不稳定的感觉，在右下角添加图片后效果得到改善。

步骤 6：添加资料来源及单位。选择"插入"→"文本框"→"横排文本框"命令，在演示文稿中插入"*资料来源：XX 大学"以及数据单位"人"，满足数据图表对于严谨性的基本要求。

步骤 7：保存演示文稿。选择"文件"→"保存"命令，将演示文稿保存为"学生人数统计图表.pptx"，最终效果如图 5-180 所示。

图 5-180　条形图表制作效果

（2）折线图表的制作

该图表要突出表现近 4 年来学校招收普通本专科生占总人数的比例在逐渐减少，而招收硕士研究生数量占总人数的比例在逐渐升高。制作这类图表最适合的是折线图，制作前需要在 Excel 中根据原始数据计算出数据列 A（普通本专科生/总人数）和数据列 B（硕士研究生/总人数），用折线图就可以体现出 4 年中数据 A、B 的变化趋势。

步骤 1：新建一页幻灯片。在"学生人数统计图表.pptx"文档中，选择"开始"→"新建幻灯片"命令，选择"标题和内容"版式。

步骤 2：输入图表的正标题及副标题。

① 正标题：学生人数统计图，宋体，36 磅，加粗，左对齐，1.5 倍行距。

② 副标题：本专科生及硕士研究生占总人数比例分析，宋体，24 磅，左对齐，1.5 倍行距。

步骤 3：创建图表。单击内容占位符中的 按钮，在弹出的对话框中单击"折线图"下的"带数据标记的折线图"。

步骤 4：在出现的电子表格中，将默认数据替换为对应的信息。修改后的数据及对应的折线图效果如图 5-181 所示。

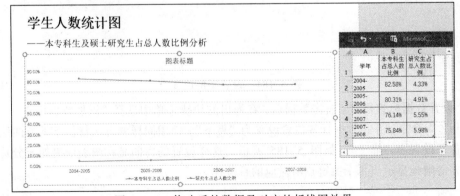

图 5-181　修改后的数据及对应的折线图效果

步骤 5：设置图表参数。

① 坐标轴格式。双击纵坐标轴，将数字百分比的小数位数设置为 0，如图 5-182 所示。

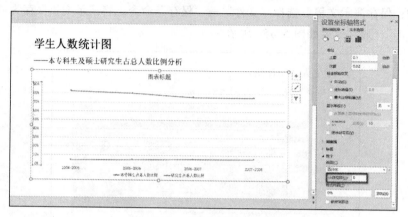

图 5-182　设置坐标轴格式

② 数据线样式。选择图表区，在"图表工具–设计"功能区中设置"图表"为"样式 11"，如图 5-183 所示。

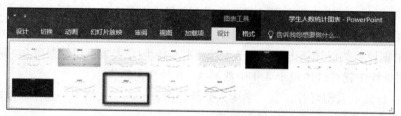

图 5-183　设置图表样式

③ 设置图例。双击图例，将图例位置设置为"靠上"，如图 5-184 所示。

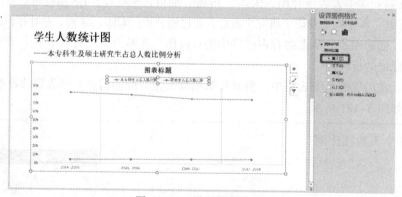

图 5-184　设置图例位置

④ 设置数据标签格式。右击数据点，在弹出的快捷菜单中选择"添加数据标签"→"添加数据标签"命令，并将数据标签位置设置为"靠下"。使用同样的方法将位于下方曲线的数据标签位置设置为"靠上"，如图 5-185 所示。这样设置的目的是在图表中更加充分地利用空间，并清晰地显示出每个关键点所对应的百分比。

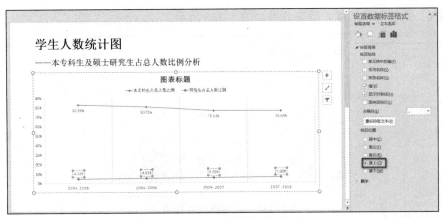

图 5-185　设置数据标签格式

⑤ 设置图表区背景及阴影。双击图表区，设置填充方式为"图片或纹理填充"，单击"文件"按钮，将"毕业.jpg"设置为图表区的背景，设置透明度为"70%"，选择阴影中的"右上对角透视"，如图 5-186 所示。

图 5-186　设置图表区背景

⑥ 设置图表区边框。将图表区边框颜色设置为渐变色中的"顶部聚光灯-个性色 5"，边框宽度为"6 磅"，复合类型为"由粗到细"，如图 5-187 所示。

图 5-187　设置图表区边框

步骤 6：添加资料来源，最终效果如图 5-188 所示。

图 5-188　折线图表制作效果

（3）对比型图表的制作

该图表要突出表现在校学生在各类大赛中的获奖情况，其中一组数据表现了服装艺术类与理工类奖项的情况，另一组数据表现了所有获奖中团体与个人获奖的数量。制作这类图表可以使用柱形图或者饼图，本例中选择"两栏内容"版式是比较适合的。

步骤 1：新建一页幻灯片。在"学生人数统计图表.pptx"文档中，选择"开始"→"新建幻灯片"命令，选择"两栏内容"版式。

步骤 2：输入图表的标题。文字为"学生获奖情况统计图"，宋体，36 磅，加粗，左对齐。

步骤 3：创建图表。单击内容占位符中的 按钮，在弹出的对话框中选择"柱形图"下的"簇状柱形图"。

步骤 4：在出现的电子表格中，将默认数据替换为对应的信息。修改后的数据及对应的图表如图 5-189 所示。

步骤 5：设置图表参数。

① 快速布局图表。单击图表区，选择"快速布局"中的"布局 5"，此时表格和图表同时出现在幻灯片上，如图 5-190 所示。

② 切换图表的行和列。单击图表区，单击"切换行/列"按钮，切换前后效果如图 5-191 所示。注意，此时的图表数据表格应处于运行状态，否则"切换行/列"按钮将无法使用。

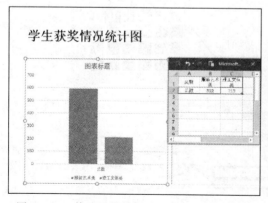

图 5-189　修改后的数据及对应的柱形图效果

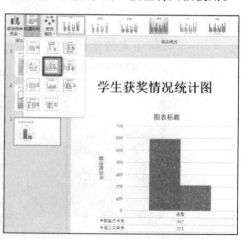

图 5-190　快速布局图表效果

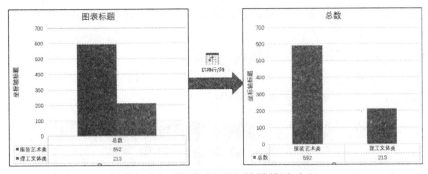

图 5-191 "切换行/列"效果前后对比

③ 设置图表背景。将图表区背景设置为渐变色中的预设渐变"浅色渐变-个性色 1"。

④ 使用小图片填充柱形图。双击柱形图，使用"奖杯剪贴画.png"填充柱形图，填充方式可以选择"层叠"或者"层叠并缩放"，如图 5-192 所示。

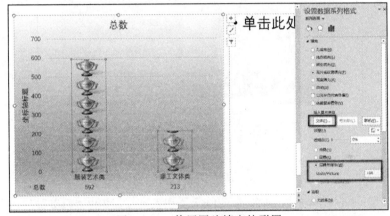

图 5-192 使用图片填充柱形图

⑤ 设置图表标题。修改图表标题为"Art VS Science"，在图表工具的"格式"选项卡中"艺术字样式"中为标题文字设置合适的艺术字样式，如图 5-193 所示。

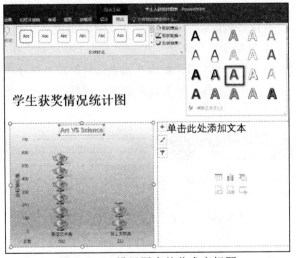

图 5-193 设置图表的艺术字标题

⑥ 按照上述步骤①~⑤制作右侧图表，使用"奖牌剪贴画.wmf"填充柱形，艺术字标题为 Team VS Single。

⑦ 插入与图表相关的图片，增强图表的视觉效果。选择"文件"→"插入"命令，将"获奖.tif"插入到页面中。拖动图片四角，等比例缩放图片到适合的大小。设置图片快速样式为"松散透视，白色"。最终效果如图 5-194 所示。

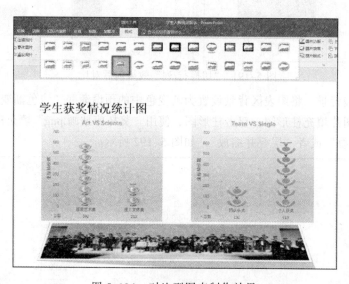

图 5-194 对比型图表制作效果

知识讲解

① 图表类型：PowerPoint 2016 内置了 14 大类图表类型，其中"箱形图""树状图""旭日图""直方图"（"直方图"选项"排列图"）和"瀑布图"是 PowerPoint 2016 新增的图表类型。根据主题选择合适的图表类型进一步体现数据之间的内在关系是图表使用的高级技巧，这需要制作者对数据之间的逻辑关系有着非常清楚的认识，在商务型的演示文稿中这一点体现得尤为明显。

② 图表工具：单击创建好的图表，在功能区中会自动出现"图表工具"功能区，其中包括"设计"和"格式"2 个选项卡，"设计"标签如图 5-195 所示。在"格式"选项卡中都有一个下拉列表，如图 5-196 所示，用于指出在图表设计阶段可以修改的内容，它们是垂直（值）轴、绘图区、水平（类别）轴、图表区、图例、系列等。根据图表类型的不同，下拉列表中显示的内容也会有所差别。

图 5-195 图表工具的"设计"选项卡

图 5-196　图表工具的"格式"标签

③ SmartArt 图形：前面所提到的图表都属于数据类图表，图表必须建立在数据的基础之上，除此之外，PowerPoint 2016 中还有一类常用图表——概念类图表，通常可以用 SmartArt 图形来表示。图 5-197 中对比了常用的数据类图表和概念类图表，通过对比不难发现 SmartArt 图形能快速、轻松、有效地传达概念类信息，避免使用大段文字来描述。

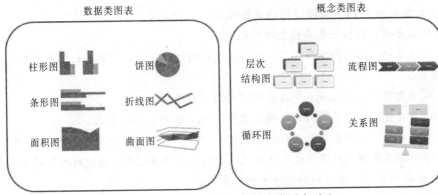

图 5-197　数据类图表与概念类图表对比

选择"插入"→"SmartArt 图形"命令可以弹出图 5-198 所示的对话框，其中列出了 8 大类近 200 种由专业设计师提供的 SmartArt 图形。这些图形结构合理，而且具有非常好的视觉效果，制作者只需单击几下鼠标，就可以创建出具有设计师水准的插图，因此使用 SmartArt 图形是提高演示文稿制作水平的重要工具之一。

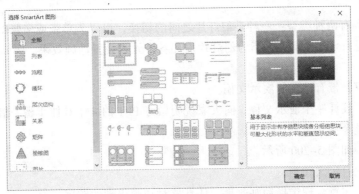

图 5-198　"选择 SmartArt 图形"对话框

利用 SmartArt 图形，可以将制作专业级图表的步骤总结为以下 4 步：确认主题→分析逻辑→设计制作→色彩匹配，借助图 5-199 中的流程图可以清晰明了地体会到整个过程。

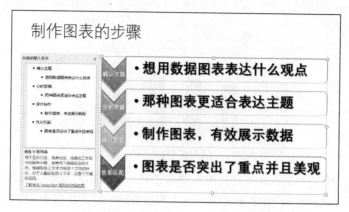

图 5-199　利用 SmartArt 图形制作流程图

┌─ 小技巧 ───

做好数据分析类 PPT 必须遵循的 6 条规则：

① 数据正确：数据一定要能支持你的论点。

② 图表正确：同样的数据，不同的图表说明的问题不同，一定要让图表与你想说明的问题匹配。

③ 观点明确：建议把观点写在最明显的标题位置处。

④ 适当美化：适当美化可以让观众更乐于观赏你的表格及图表。

⑤ 创意更好：好的创意会为你的数据增色不少，可以尝试数据的图形化展示方式。

⑥ 分析而不是罗列：罗列数据只能说明你收集了很多数据，通过对数据的分析找到数据背后隐藏的信息，这样的幻灯片才更有意义。

——参考《说服力：让你的 PPT 会说话》
└──

5.3.4　幻灯片动画

在幻灯片中适当增加动画效果，可以让整个演示过程更加生动活泼，吸引观众的注意力，但一定要注意动画使用的原则，即一切动画形式都是为了更好地表现主题，否则很容易犯喧宾夺主的错误。

幻灯片动画有两种类型：一种是幻灯片之间的切换，可以为单张或多张幻灯片设置整体动画；另一种是自定义动画，是指为幻灯片内部各个元素设置动画效果，例如，文本、图片、图表等。

【案例 5-17】带有动画的演示文稿。

案例功能：设计一个演示文稿，向大家说明做好 PPT 的 4 个具体步骤，借助动画形式更加生动地表现整个制作流程。

案例效果：如图 5-200 所示。

知识列表：自定义动画。

备注信息：注意合理选择动画效果，认真核对动画出现的顺序。

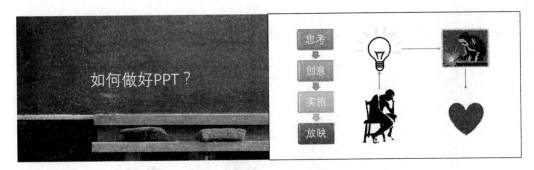

图 5-200　案例 5-17 制作效果

案例操作过程：

步骤 1：创建空白演示文稿。启动 PowerPoint 2016，选择"空白演示文稿"。

步骤 2：制作幻灯片 1 中的动画。事先将幻灯片背景设置为"黑板.jpg"，在标题占位符中输入文字"如何做好 PPT?"，设置字体颜色为白色，删除副标题占位符，如图 5-201 所示。单击标题，选择"动画"→"飞入"效果。此时，标题将被赋予自底部飞入的动画效果，单击"动画窗格"按钮，在弹出的对话框中为"飞入"动画设置参数，方向为"自顶部"，动画文本为"按字母"，字母之间延迟百分比为"100"，如图 5-202 所示。

图 5-201　为标题设置"飞入"动画效果

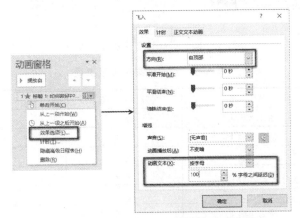

图 5-202　设置"飞入"效果的动画参数

小技巧

默认情况下，动画文本为"整批发送"，但是通过合理设置动画文本参数，可以实现文字一个个按顺序出现的动画效果。

步骤 3：制作幻灯片 2 中的动画。

① 插入"空白"版式的新幻灯片，利用 SmartArt 绘制出垂直流程图，输入文字并设置格式。

② 选择"插入"→"图片"命令，在幻灯片的合适位置上插入图片"思考.jpg""创意.png"

及"实施.wmf"。

③ 选择"插入"→"形状"命令，利用形状中的"箭头"及"心形"绘制幻灯片中的动画元素，如图5-203所示。

图5-203 利用"形状"绘制动画元素

设置动画效果如图5-204所示，具体选项参照表5-5。

图5-204 幻灯片2中的动画效果

表5-5 动画效果列表及选项

动画顺序	动画元素	效　果	计时选项
1	图片"思考"	浮入	单击时开始
2	箭头（向上）	出现	单击时开始
3	图片"创意"	旋转	单击时开始
4	箭头（向右）	出现	单击时开始
5	图片"实施"	缩放	单击时开始
6	箭头（向下）	出现	单击时开始
7	心形	自定义路径	单击时开始
		脉冲	上一动画之后开始 重复：3次

—小技巧—

为心形添加第2种动画效果"脉冲"时，要使用"添加动画"按钮，否则系统会默认为用新的动画效果代替原有的动画效果。

添加了动作路径后，幻灯片中将出现虚线路径，同时用绿色标记表明运动的起点，红色标记表明运动的终点，注意不要将运动方向设置错误。

步骤 4：制作幻灯片切换效果。单击幻灯片 1，选择"切换"→"分割"效果；单击幻灯片 2，选择其中的"推进"效果，如图 5-205 所示。

图 5-205　设置幻灯片切换效果

步骤 5：检查动画效果。选择"幻灯片放映"→"从头开始"命令，检查前面所设置的各种动画效果是否达到了设计者的意图，确认无误后将文件保存为"动画效果.pptx"。

知识讲解

① 自定义动画类型：PowerPoint 2016 内置了进入、强调、退出及动作路径 4 类自定义动画，支持对同一个对象设置多种动画效果，通过精心设计，合理搭配可以充分发挥出 PowerPoint 在动画制作中的强大优势，从某种程度上代替用专业动画制作工具制作的动画素材。

② Morph（变形）特效：PowerPoint 2016 附带全新的切换效果类型"Morph（变形）"，可以实现在演示文稿中的幻灯片上执行平滑的动画、切换和对象移动。若要有效地使用变形切换效果，通常需要至少包含一个对象的两张幻灯片，最简单的方法是复制幻灯片，然后将第二张幻灯片上的对象移动到其他位置，或者复制并粘贴一张幻灯片中的对象并将其添加到下一张幻灯片。然后，选中第二张幻灯片，单击"切换"功能区"变形"命令。

③ 触发器：PowerPoint 2016 支持触发器功能，即在单击某个确定的对象后触发动画。图 5-206 所示为在图示 1 上添加了触发器，触发右侧图片的显示动画。因此，播放幻灯片时，一旦鼠标放置在左侧的图示上就将变成小手的形状，单击后右上角的图片出现缩放效果，这一点类似面向对象编程中"事件"的概念。

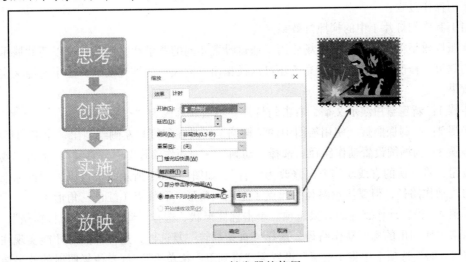

图 5-206　触发器的使用

【案例 5-18】圣诞晚会中的演示文稿。

案例说明：圣诞节到了，同学们要组织欢快的圣诞 Party，请制作一个活泼有趣的演示文稿作为晚会的开场，合理利用动画、声音、视频等方式向大家传递节日的喜庆气氛。

案例效果：如图 5-207 所示。

图 5-207　案例 5-18 制作效果

具体要求：

① 在幻灯片 1 中实现"探照灯"效果。

② 在幻灯片 2 中实现"礼物降落"效果。

③ 在幻灯片 3 中插入视频并做相应设置。

④ 保存文件为"圣诞晚会.pptx"。

知识列表：自定义动画，插入声音，插入视频。

备注信息：演示文稿要求合理使用动画效果，烘托出晚会的欢快气氛，鼓励自由创意。

案例操作过程：

（1）制作幻灯片 1 中的探照灯效果

探照灯效果很适合在晚会现场使用，通过设置相同的背景和文字颜色可以巧妙展示出探照灯的效果。修改椭圆形状的填充色还可以模拟出不同颜色的锥光效果，是个有趣又实用的动画效果。

步骤 1：新建空白演示文稿，右击幻灯片，将版式修改为"空白"。

步骤 2：绘制探照灯。使用绘图中的"椭圆"工具在幻灯片左侧绘制出一个椭圆形状。

步骤 3：为椭圆设置动作路径。选择"动画"→"动作路径"→"直线"，单击"效果选项"按钮，将默认的直线动作方向修改为"右"，如图 5-208 所示。也可以采用鼠标拖动的方法修改动作路径，但要注意路径的起点（绿色三角形）和终点（红色三角形）。

步骤 4：设置动作路径的效果选项。单击椭圆形状，选择"动画"→"动作窗格"，双击动作窗格中所列出的椭圆动作路径，选择"自动翻转"复选框，这样探照灯才能实现往复运动。在"计时"选项卡中将"重复"设置为"直到下一次单击"，灯光往复照射的效果便会一直持续到下一次单击，参数设置如图 5-209 所示。

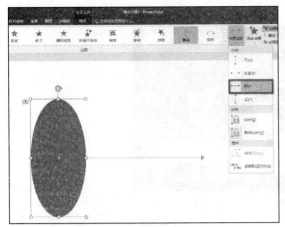
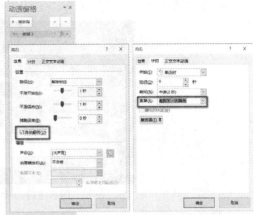

图 5-208　设置椭圆形的动作路径　　　图 5-209　设置动作路径的效果选项

步骤 5：插入文本框及文字。利用文本框输入文字"圣诞快乐"，华文琥珀体，60 磅，黑色，如图 5-210 所示。

步骤 6：设置背景及探照灯的颜色。设置幻灯片背景为黑色，椭圆形状的填充色为黄色。

步骤 7：预览动画效果，将幻灯片存储为"圣诞晚会.pptx"。

图 5-210　插入预显示的文字

（2）制作幻灯片 2 中的"礼物降落"效果

伴随着欢快的背景音乐，很多礼物旋转着从天而降，圣诞老人驾驶着雪橇出现在人们面前，同时带来 Merry Christmas 的圣诞祝福。该页面的自定义动画比较多，因此一定要注意动画的出现顺序，否则达不到理想的视觉效果。

步骤 1：在"圣诞晚会.pptx"中新建幻灯片，修改版式为"空白"。

步骤 2：设置幻灯片背景。将图片"晚会背景 1.png"设置为该页的背景。

步骤 3：插入背景音乐。选择"插入"→"音频"→"PC 上的音频"命令，将"背景音乐.wav"插入到该页面中。在动画窗格中双击背景音乐对应的动画，将其"重复"参数设置为"直到幻灯片末尾"，如图 5-211 所示。

步骤 4：插入其他素材。选择"插入"→"图片"命令将下列图片和动画插入到该页面中，效果如图 5-212 所示。

① 雪人.png；

② 礼物 1.png；

③ 礼物 2.png；

④ 礼物 3.png；

⑤ 礼物 4.png；

⑥ 礼物 5.png；

⑦ 铃铛.gif。

图 5-211　设置背景音乐为直到
幻灯片末尾

⑧ 圣诞老人.gif。

图 5-212　插入全部图片素材

> ┌─小提示─
>
> 　　GIF 动画通常具备尺寸小、动作简单且重复的特点，在网页和演示文稿中使用广泛。插入 GIF 动画的方法和插入静态图片是一样的，在编辑状态下不显示动画效果，只有在幻灯片放映模式下才能看到动画效果。

步骤 5：去除图片的白色背景。双击图片，选择"颜色"→"设置透明色"命令，如图 5-213 所示。在图片的白色背景上单击，去除图片背景，使其和幻灯片背景更好地融合在一起。

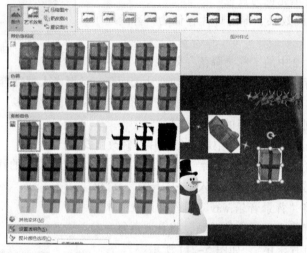

图 5-213　设置背景色为透明

> ┌─小提示─
>
> 　　"设置透明色"仅适合处理背景色为单一颜色的情况，如果背景信息较为复杂，可以选择"删除背景"命令，通过交互方式标记出要保留和要删除的区域。对于有些图片即使这样做也达不到最佳效果，需要事先在 Photoshop 等专业图像处理软件中将图片加工成 PNG 格式的透明背景图片，再插入到幻灯片中。

步骤 6：设置礼物的动画效果。将所有礼物都堆放在画面的正上方，如图 5-214 所示。选择第一个礼物，设置动作路径为"直线"、方向为"向下"、"单击时"开始，再添加一个强调型动画"陀螺旋"，数量为"360°顺时针"，"与上一动画同时"开始，如图 5-215 所示。继续设置其他礼物的动画效果，让礼物一个接一个地从天而降。

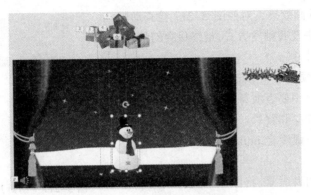

图 5-214　设置礼物的动画效果

┌─小提示─

　　设置礼物下落动画效果时需要注意，除第一个礼物的动画是单击触发外，其他礼物都是在"上一动画之后"开始。通过"动画刷"可以快速将某个对象的动画效果复制给另一个对象，在本案例中很适合使用。

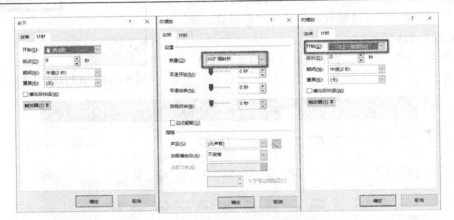

图 5-215　设置礼物的动画效果参数

　　步骤 7：设置雪橇组合的动作路径。插入艺术字 Merry Christmas，Arial 字体，36 磅，红色。同时，选定雪橇和艺术字并右击，在弹出的快捷菜单中选择"组合"命令。为该组合设置动画，动作路径为"直线"，效果选项为"靠左"，动画速度为"非常慢（5 秒）"，如图 5-216 所示。

图 5-216　设置雪橇组的动作路径

步骤 8：预览动画效果，对照图 5-217 检查动画窗格中所有动画列表及其触发方式，最终保存幻灯片。

（3）制作幻灯片 3

利用已有的视频素材可以进一步丰富幻灯片的内容，如果圣诞晚会中要表演舞蹈，刚好可以用这段幻灯片作为节目的伴奏和背景。

步骤 1：在"圣诞晚会.pptx"中新建幻灯片，修改版式为"空白"。

步骤 2：设置幻灯片背景。将图片"晚会背景 2.png"设置为该页的背景。

步骤 3：插入视频。选择"插入"→"视频"→"PC 上的视频"命令，将 Jingle Bells.mpg 插入到该页面中，如图 5-218 所示。

步骤 4：设置视频效果。双击插入的视频，在"视频工具"→"格式"中设置视频样式为"监视器，灰色"，如图 5-219 所示。

步骤 5：预览幻灯片，查看视频文件的播放效果，保存文件。

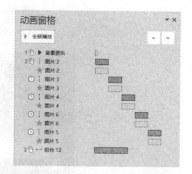

图 5-217　幻灯片 2 中全部动画列表

图 5-218　在幻灯片上插入视频

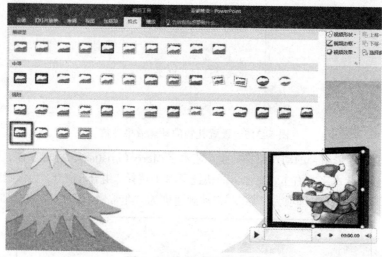

图 5-219　设置视频效果

小提示

在 PowerPoint 2016 中可以修剪视频，并在视频中添加书签及淡化效果。此外，像对图片执行操作一样，用户可以对视频应用边框、阴影、反射、辉光、柔化边缘、三维旋转、棱台和其他设计器。

5.3.5　放映及输出

1. 幻灯片的放映方式

演示文稿一旦创建完毕，精心编排好的幻灯片作品就可以一张接一张地被放映出来。通常根据演示文稿的用途，在开始放映之前，需要设置幻灯片的放映方式。图 5-220 显示了 PowerPoint 2016 的幻灯片放映功能。

图 5-220 幻灯片放映功能

① 从头开始：按照预先设置好的幻灯片放映方式，从头开始放映（快捷键为【F5】）。默认情况下是以全屏幕方式从第一页幻灯片起进行播放，是最常用的播放方式。

② 从当前幻灯片开始：按照预先设置好的幻灯片放映方式，从鼠标所在幻灯片页面开始播放。

③ 联机演示：演示者可以在任意位置通过 Web 与任何人共享幻灯片放映。演讲者向访问群体发送链接（URL）之后，被邀请的每个人都可以在他们的浏览器中观看幻灯片放映的同步视图。

④ 自定义幻灯片放映：如图 5-221 所示，仅放映被选择的幻灯片，对于同一个演示文稿可以进行多种不同的放映，例如 10 分钟的放映和 20 分钟的放映。

⑤ 设置幻灯片放映：单击该按钮将弹出"设置放映方式"对话框，如图 5-222 所示。在"放映类型"下，选择下列项之一：若要允许观看幻灯片放映的人员在切换幻灯片时进行控制，则选择"演讲者放映(全屏幕)"。要在一个窗口中演示幻灯片放映，而但在该窗口中，观看用户无法在切换幻灯片放映时进行控制，则选择"观众自行浏览（窗口）"。要循环播放幻灯片放映，直到观看用户按【Esc】，则选择"在展台浏览（全屏）"。

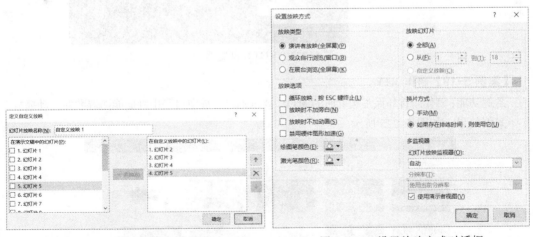

图 5-221 自定义幻灯片放映　　　　　图 5-222 设置放映方式对话框

⑥ 隐藏幻灯片：本次演示过程中暂时不想展示，但有具有保留价值的页面可以通过隐藏功能屏蔽，需要撤销隐藏时，再次单击"隐藏幻灯片"按钮即可显示。

⑦ 排练计时：该模式下将启动全屏放映，并将演示者在每张幻灯片上所用的时间记录下来。保存这些时间参数，可以用来指导幻灯片自动放映的速度。

⑧ 录制幻灯片演示：该模式下将启动全屏放映，并开始录制演示文稿的具体内容，包

括动画、视频、绘图笔及激光笔的动作等。

---小技巧---

PowerPoint 2016 的演示者视图已获得了显著改进。只需连接监视器，PowerPoint 会自动设置为演示者视图。在向第二个屏幕放映演示文稿时，演示者视图将播放当前幻灯片、演讲者备注和下一张幻灯片，如图 5-223 所示。此外，使用幻灯片浏览器，可从浏览器窗格中快速切换幻灯片（无论是否有序），而观众只会看到所选的幻灯片，如图 5-224 所示。

图 5-223 演示者视图

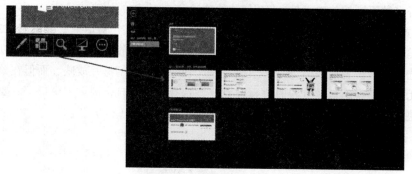

图 5-224 幻灯片浏览器

【案例 5-19】制作 MTV。

案例功能：制作一首环保主题歌曲的 MTV，要求幻灯片放映过程中画面能随着歌曲自动播放。

案例效果：如图 5-225 所示。

图 5-225 案例 5-19 制作效果

具体要求：

① 使用相册功能快速建立以图片为背景的演示文稿。

② 在幻灯片 1 中嵌入音频作为演示文稿的背景音乐。

③ 在每张幻灯片中展现一句歌词信息。

④ 使用排练计时功能实现歌词与背景音乐的同步放映。

⑤ 保存文件为 MTV Earth Song.pptx。

知识列表：相册、插入音频、排练计时。

案例操作过程：

步骤 1：创建空白演示文稿。启动 PowerPoint 2016，选择"空白演示文稿"。

步骤 2：创建相册。选择"插入"→"相册"→"新建相册"命令，弹出"相册"对话框，单击"文件/磁盘"按钮，将插入图片的路径指向"图片背景"文件夹，此时文件夹中被选中的图片将被添加到图片列表中，如图 5-226 所示。

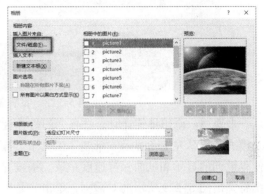

图 5-226 "相册"对话框

─小技巧─

"相册"功能可用来快速创建展示一组图片的演示文稿，系统会自动调节图片大小使其保持一致，用户可以设置每张幻灯片上显示照片的数量为 1 张、2 张或者 4 张，还可以通过选择"所有图片以黑白方式显示"将彩色照片以灰度模式显示。

步骤 3：添加背景音乐。删除系统自动生成的相册封面页，在第一张有图片内容的页面上选择"插入"→"音频"→"PC 上的音频"命令，将音频文件 Earth Song.mp3 插入到该页面当中。选择"动画"→"动画窗格"，右击列表中的声音文件，选择"效果选项"命令，在弹出的对话框中将停止播放设置为"在 16 张幻灯片后"，将"计时"选项卡下的"开始"设置为"上一动画之后"，触发器为"部分单击序列动画"，如图 5-227 所示。

图 5-227 设置音频文件的自定义动画参数

步骤 4：添加歌词信息。根据"Earth Song 歌词.txt"，将歌名及每句英文歌词按顺序插入到各幻灯片页面中。文字可使用艺术字，字号为 54 磅。为了让歌词显示得更加清晰，可以将背景设置为"白色，背景 1，深度 35%"，透明度为"30%"，如图 5-228 所示。

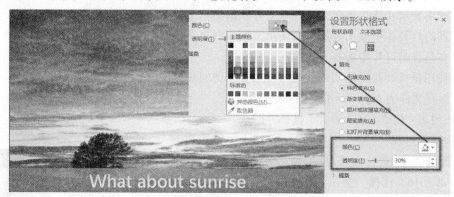

图 5-228　设置歌词框的显示背景

步骤 5：使用排练计时。选择"幻灯片放映"→"排练计时"命令，此时幻灯片进入放映模式，屏幕左上角显示"录制"工具条。操作者需要根据歌曲的播放进度单击鼠标左键，使得歌词的显示和歌曲保持速度一致。播放完毕，系统将弹出图 5-229 所示的对话框，单击"是"按钮表示保留此次计时参数，单击"否"按钮表示放弃。设置了排练计时的幻灯片如图 5-230 所示，每个页面下方的数字代表了自动播放时该页的停留时间。

图 5-229　排练计时确认对话框

图 5-230　设置了排练计时的幻灯片

—小提示—

　　制作歌曲类 MTV 的前提是对歌曲较为熟悉，这样才能够在排练计时环节中准确设置计时参数。因此，如果排练计时过程中出现歌词与音乐播放速度不一致时，可以按【Esc】键终止此次排练，放弃保存排练时间即可。

步骤 6：检查放映效果。在幻灯片放映模式下检查 MTV 作品的自动播放效果，保存文件为 MTV Earth Song.pptx。

2. 打印演示文稿

PowerPoint 2016 提供了方便实用的打印功能，设置打印参数的同时可以预览到打印效果，如图 5-231 所示。在这里可以完成以下设置：

① 选择打印机，设置打印份数。

② 打印范围：整个演示文稿、所选幻灯片、当前幻灯片、自定义范围。

③ 打印版式：整页幻灯片、备注页、大纲。每页纸上显示幻灯片的数量及排列方向。

④ 打印顺序：打印多份时，是按照 1,2,3 1,2,3 的顺序，还是 1,1 2,2 3,3 的顺序输出。

⑤ 纸张方向：纵向或者横向。

⑥ 打印颜色：彩色、灰度或者纯黑白。

一旦设置好打印参数，单击"打印"按钮就可以开始打印。

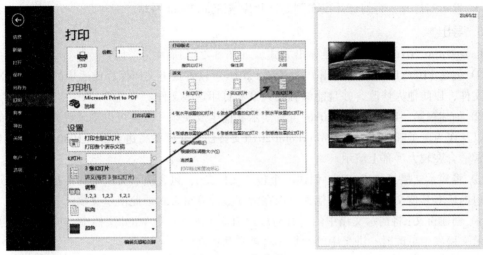

图 5-231　打印窗口

3. 保存

在 PowerPoint 2016 中，可以将演示文稿保存到本地驱动器（如便携式计算机）、网络位置、CD、DVD、闪存驱动器，也可以保存为其他文件格式。此外，还可以将 PowerPoint 2016 演示文稿保存到 Microsoft OneDrive，以便更轻松地访问、存储和共享云中的文件，如图 5-232 所示。

4. 共享

PowerPoint 2016 提供了多种共享方式，如图 5-233 所示。

图 5-232　"保存"窗口

图 5-233　"共享"窗口

① 与人共享：即将文档保存到 OneDrive 位置。

② 电子邮件：通过电子邮件以附件、链接、PDF 文件、XPS 文件或 Internet 传真的形

式将 Microsoft PowerPoint 2016 演示文稿发送给其他人。如果该演示文稿中包含音频或视频文件，还需要压缩媒体文件并优化演示文稿中媒体的兼容性，以便其他人在收到演示文稿时能成功播放。

③ 联机演示：通过 Internet 向远程访问群体广播自己的演示文稿。当演示者放映幻灯片时，访问群体可以通过浏览器同步观看。

④ 发布幻灯片：将幻灯片发布到幻灯片库或 SharePoint 网站。

5. **导出**

PowerPoint 2016 提供了多种导出方式，如图 5-234 所示。

① 创建 PDF/XPS 文档：使用 PowerPoint 2016 可以直接将文档保存成通用的 PDF 和 XPS 格式文件，以防他人修改，并且能够轻松共享和打印这些文件。

② 创建视频：PowerPoint 2016 可将演示文稿生成视频，以便可以刻录成光盘、上传到 Web 以及作为电子邮件的附件。PowerPoint 2016 支持创建分辨率高达 1920×1080 像素的文件，这非常适合在较大屏幕上演示。

③ 将演示文稿打包成 CD：创建一个包（文件夹），包含演示文稿中的连接或嵌入项目以及包内所有其他文件，以便其他人可以在大多数计算机上观看此演示文稿。

④ 创建讲义：将演示文稿中的所有幻灯片和备注放在一个 Word 文档中，作为讲义使用。当演示文稿发生更改时，讲义中的幻灯片将被自动更新。

⑤ 更改文件类型：可以将当前演示文稿保存成其他文件类型，例如：PowerPoint 97-2003 演示文稿、OpenDocument 演示文稿、模板、放映等，如图 5-235 所示。表 5-6 列出了 PowerPoint 2016 支持的常用文件类型。

图 5-234 "导出"窗口

图 5-235 更改文件类型

表 5-6 PowerPoint 2016 支持的文件格式

保存为文件类型	扩展名	说明
PowerPoint 演示文稿	.pptx	PowerPoint 2007-2016 默认的文件格式
PowerPoint 97-2003 演示文稿	.ppt	可以在早期版本中打开的演示文稿

保存为文件类型	扩展名	说 明
OpenDocument 演示文稿	.odp	可以在支持 OpenDocument 标准的应用程序，如在 Google Docs 和 OpenOffice.org Impress 中打开。保存为.pptx 和.odp 格式的文件在数据和内容是一致的，但在格式和功能的可用性上存在差异
PowerPoint 模板	.potx	PowerPoint 2007-2016 演示文稿模板
PowerPoint 放映	.ppsx	不用打开 PowerPoint 应用程序，直接开始放映的演示文稿格式
图片（GIF、JPEG、PNG、TIFF、BMP、WMF）	.gif、.jpg .png、.tif .bmp、.wmf	将幻灯片保存为一组静态图片的序列
PDF 文档格式	.pdf	由 Adobe Systems 开发的基于 PostScript 的电子文件格式，文件通常小于 Office 文件格式，便于网络传输
XPS 文档格式	.xps	一种新的电子文件格式
将演示文稿打包成 CD	文件夹形式	将演示文稿涉及的全部内容，连同播放器打包成一个独立的文件夹，在没有安装 PowerPoint 的环境下也可以放映
Windows Media 视频	.wmv	将演示文稿另存为视频，可按高质量（1 024×768 像素，30 帧/秒）、中等质量（640×480，24 帧/秒）和低质量（320×240，15 帧/秒）进行保存
Word 讲义	.doc	只包含大纲文字或将幻灯片及备注同时存在 Word 文档中

---小提示---

　　OpenDocument 是一种用于存储和交换办公应用程序文档的 XML 通用标准。微软公司从 Office 2007 版本开始使用了该标准，因此任何支持该标准的办公软件都能打开 Microsoft Office 创建的文档，拓宽了 Microsoft Office 的适用范围，也使微软公司避免了垄断的指控。

5.3.6　演示文稿的设计原则

　　如何制作出优秀的幻灯片作品，如何让你的观点更加具有说服力，下面看一下专家的建议。

　　专业的 PPT 培训在课程中使用了图 5-236 所示的内容，旨在说明一部好的 PPT 作品必须经过多方的设计和构思，必须遵循逻辑化和视觉化的原则。

——来自 AMT 培训课程

图 5-236　制作 PPT 前的准备

　　通常制作一部好的 PPT 作品需要经过以下的 4 个步骤：

步骤 1：构思阶段，在这个阶段需要想清楚以下问题。

① Why：为什么要做这次演示？

② What：听众希望了解些什么内容？

③ How：什么样的表现形式才能让演讲更具说服力？

步骤 2：创意阶段，对 PPT 进行逻辑设计。

PPT 的逻辑就是演示者希望观众先看什么，后看什么，重点看什么，什么是可以忽略的。逻辑化的最核心方法就是"金字塔原理"，如图 5-237 所示。

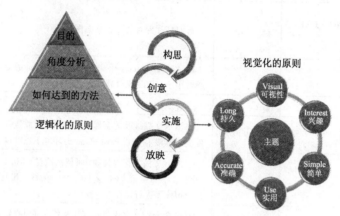

图 5-237　制作 PPT 的步骤及原则

步骤 3：实施阶段，让 PPT 更加视觉化。

好图胜千言，越是抽象的概念越要利用合适的图来说话。Visual 原则（视觉化原则）具体包括：

① Visual（可视性）：采用的字体要足够大，让每个人都能清晰看到。

② Interest（兴趣）：要使用图表、图案和色彩等方式增强幻灯片的趣味性。

③ Simple（简单）：内容简单明了，突出关键概念。

④ Use（实用）：帮助演示者和观众保持介绍主题的同步。

⑤ Accurate（准确）：演示要和讲解内容相吻合。

⑥ Long（持久）：让人们对演示内容产生长久的记忆。

步骤 4：放映阶段。事先做好充分的准备，讲话过程中与观众做目光上的交流，充满自信地体验一部好的 PPT 带给你的成就感。

小结

本章以多个案例为主线介绍了 3 款常用办公软件（Word、Excel、PowerPoint）的功能及应用。Word 擅长文字处理，Excel 让大量数据的管理更容易，PowerPoint 则集文字、图形、图像、声音以及视频等多媒体元素于一体，适用于各种演示场合，因此 3 款软件在日常工作中的利用率很高。通过本章的学习要求读者能做到：

① 熟练掌握 Word 四种类型文档（文字型、图文混排型、表格型、长文档型）的撰写特点及常用技巧。

② 熟练掌握 Excel 的数据分析、统计功能，对大量数据进行管理。

③ 掌握 PowerPoint 的基础知识与基本操作、数据表格和图表的使用方法、动画的设置、放映及输出的技巧等，同时对于 PPT 作品的制作步骤及设计原则有初步的认识。熟练掌握 PPT 演示文档的制作方法、使用技巧，使用恰当的多媒体信息制作形象生动的演示文档。

习题

一、选择题

1. Word 文档不能保存成（　　）扩展名。

    A．.docx   B．.doc   C．.html   D．.bmp

2. 若想在 Word 中控制段落第一行第一个字的起始位置，应该调整（　　）。

    A．左缩进   B．右缩进   C．首行缩进   D．悬挂缩进

3. 如果在单元格中输入的内容以（　　）开始，Excel 就认为输入的是公式。

    A．=   B．!   C．*   D．%

4. 当 Excel 单元格中的数字太大显示不下时，一组（　　）将显示在单元格中。

    A．!   B．#   C．?   D．*

5. 在 Excel 中，用（　　）表示从 A1 到 C3 的单元格区域。

    A．A1-C3   B．A1:C3   C．A1&C3   D．A1*C3

6. 在 Excel 的一个单元格中输入 "ABC" 3 个字符，默认情况下按（　　）对齐。

    A．左   B．右   C．分散   D．居中

7. 在 Excel 某单元格所使用的公式中，（　　）是相对引用。

    A．=$A$1+$B$1   B．=A1+B1   C．=A$1+B$1   D．=$A1+$B1

8. 下列（　　）文件类型属于 PowerPoint 中的演示文稿。

    A．*.xlsx   B．*.pptx   C．*.docx   D．*.bat

9. 为所有幻灯片设置统一的、特有的外观风格，应该运用（　　）。

    A．版式   B．自定义动画   C．母版   D．模板

10. 下列（　　）功能可以帮助制作 MTV 类演示文稿作品。

    A．观看放映   B．排练计时   C．设置放映方式   D．录制旁白

11. 新建演示文稿时第一张幻灯片的默认版式是（　　）。

    A．项目清单   B．空白   C．只有标题   D．标题幻灯片

12. 如果用户要将 PowerPoint 2016 的演示文稿存储为可以直接放映的类型，这时保存文件的类型是（　　）。

    A．PPTX   B．PPSX   C．HTML   D．PDF

二、填空题

1. 使用_____和_____键可以快速切换 Word 2016 功能区中命令窗口的显示隐藏状态。

2. 在 Excel 中，若 A4 单元格对应的公式是 =$A$1+$A2+$A3，将 A4 的内容复制到 C5 中，则 C5 中的公式是_____。

3. 在 Excel 中，放置图表的方式有_____和_____。

4. 在 Excel 中，使用鼠标和_____键可以实现选定连续区域，使用鼠标和_____键可以实现选定不连续区域。

5. 如果仅需要打印 Excel 工作表的一部分，在打印设置中要选择_____。

6. PowerPoint 2016 制作的演示文稿默认扩展名为_____，其模板文件的扩展名为_____。

7. PowerPoint 2016 的基本视图模式为_____视图、_____视图、_____视图和_____视图。

8. 在幻灯片放映过程中，按住_____键并按下鼠标左键，可以出现激光笔的效果。

三、操作题

1. 利用 Word 2016 制作一份产品说明书，如图 5-238 所示。

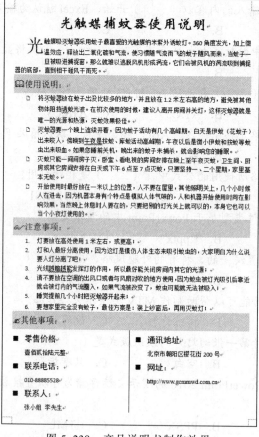

图 5-238　产品说明书制作效果

（1）素材文件：练习 5-1 素材.docx。

（2）格式要求：

① 主标题格式：一号，华文新魏，居中对齐。

② 小标题格式（"使用说明" … "网址"等）：小三，宋体，两端对齐。

③ 正文格式：宋体/Times New Roman，五号，两端对齐，首行缩进 2 字符，单倍行距。

④ 第一段文字设置首字下沉 2 行。

⑤ 小标题前面增加符号（提示：位于 Wingdings 符号集中），并设置 15% 的灰色底纹。

⑥ "使用说明"部分，应用项目符号（提示：位于 Wingdings2 符号集中），并设置左缩进 2 字符和悬挂缩进 2 字符。

⑦ "注意事项"部分，应用项目编号。并设置左缩进 2 字符和悬挂缩进 2 字符。

⑧ 其他事项部分，各小标题为黑体，四号，应用项目符号。

⑨ 其他事项部分，分成 2 栏，并在中间加分隔线。

⑩ 零售价格，应用插入编号，输入大写数字。

⑪ 用替换功能将"灭蚊器"3 个字设置为：红色，加粗，加着重号。

⑫ 将编辑好的文档另存为"练习 5-1 结果.docx"。

2. 利用 Word 2016 制作期刊封皮，如图 5-239 所示。

格式要求：

① 利用表格进行布局。

② 图片做背景。

③ 内容可与图 5-238 相同，也可自行设计。

④ 字体格式、段落格式自行设计。

⑤ 将编辑好的文档另存为"练习 5-2 结果.docx"。

3. 利用 Word 2016 制作一个宣传小报，具体要求如下。

（1）制作内容：自选。

（2）制作要求：

① 版面：A4 纸，横向布置。页边距：上、下各 1 cm，左、右各 2 cm。

图 5-239　制作期刊封皮

② 页眉：用宋体小 5 号字输入作者的班级、学号和姓名（居右），日期和文章选题（居左）和"版面设计练习"6 个字（居中）。

③ 小报标题：采用"艺术字"形式，字号、字体、位置和"艺术字"式样由作者自定。

④ 短文：与小报标题相关文章若干篇，总字数 600 字以上。每篇文章内容字号、字体、颜色自定。要考虑使用学到的段落格式设置、分栏、首字下沉、文字方向、项目符号和编号等功能。

⑤ 表格：建立与短文内容相关的数据表格。为表格设置边框、底纹。

⑥ 图表：建立以上述表格为依据的图表，类型、位置自定。

⑦ 水印：图片类水印。

⑧ 插图：类型、位置自定。要使用"文字环绕"功能。可考虑自己绘图。

⑨ 使用其他学到的功能进一步美化版面。

4. 利用 Excel 的自动填充功能，完成图 5-240 所示表格，将文件名命名为"练习 5-4.xlsx"。

5. 在 Excel 中输入图 5-241 所示表格，并利用 Excel 的公式计算最高分、最低分、平均分、及格率以及总评，平均分、总评、及格率保留 1 位小数。总评 = 听力×权重+口语×权重+写作×权重+阅读×权重。（提示：总评计算中要用到混合地址），将文件名命名为"练习 5-5.xlsx"。

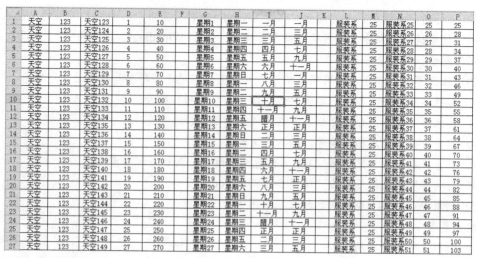

图 5-240 自动填充练习

6. 在 Excel 中输入图 5-242 所示的表格，并利用高级筛选功能查找"高数大于 80 的男生，以及环境系和机械系的男生"，将文件名命名为"练习 5-6.xlsx"。

		英语成绩				
	权重	20%	30%	15%	35%	
学号	姓名	听力	口语	写作	阅读	总评
51410312	赵峰飞	45	57	62	47	
51410404	高鹏浩	55	62	69	63	
61410585	范轩甲	76	72	56	70	
51410158	张冠齐	81	70	86	66	
51410403	金齐阁	78	75	61	79	
61411075	刘闯博	90	70	77	70	
61411076	崔博洋	95	78	66	81	
61410985	徐泽美	89	87	78	75	
51410340	孙梅文	87	91	83	76	
51410193	杨龙心	95	97	85	83	
最高分						
最低分						
平均分						
及格率						

图 5-241 英语成绩计算

		学生成绩表				
系别	年级	姓名	性别	高数	英语	总分
环境	大二	陈燕	女	65	85	150
环境	大二	黄颖	女	58	67	125
环境	大一	赵名	男	78	46	124
机械	大一	张芳	女	84	56	140
机械	大二	肖佳	女	71	59	130
计算机	大二	李岭	男	98	85	183
计算机	大一	赵波	男	91	84	175
计算机	大二	周玲	女	96	69	165
计算机	大二	丁丁	女	86	70	156
计算机	大一	周羽	男	56	87	143
桥梁	大二	李静	女	63	65	128
桥梁	大一	黎明	男	54	62	116

图 5-242 高级筛选

7. Excel 综合测试练习

在"练习 5-7 素材.xlsx"中有一张工作表"原始销售数据"，该表为某体育时装公司销售数据，其中包含 2 311 种产品的销售情况，每种产品包括如下数据：编号、小类、性别、单位、颜色、价格、订货量和生产量。请根据该表完成如下操作。

（1）新建 Excel 文件：

① 新建 Excel 文件，保存为"练习 5-7 结果.xlsx"。

② 打开"练习 5-7 素材.xlsx"，将其中的工作表"原始销售数据"复制到 Excel 文件"练习 5-7 结果.xlsx"中，位置位于 Sheet1 之前。（提示：利用工作表的复制功能）

③ 删除 Excel 文件"练习 5-7 结果.xlsx"中的工作表 Sheet1、Sheet2、Sheet3。

④ 保存 Excel 文件"练习 5-7 结果.xlsx"，并在该文件中完成下面的操作。

（2）条件格式：

① 在工作表"原始销售数据"之后，创建它的副本。

② 将工作表"原始销售数据（2）"的名字重命名为"条件格式"。

③ 在工作表"条件格式"的"价格"列中做如下设置：

● 300元（含300元）以下的价格格式：字体颜色为红色、加粗；背景为茶色。

● 500元（含500元）以上的成绩格式：字体颜色为黄色、加粗；背景为橄榄色。

（3）常用统计函数：

① 创建工作表"原始销售数据"的副本，位于"条件格式"之后。

② 将工作表"原始销售数据（2）"的名字重命名为"常用统计函数"；下面的操作在"常用统计函数"工作表中完成。

③ 在B2314:B2318单元格中分别输入：平均价格、最高价格、最低价格、总订货量、总生产量。

④ 在C2314:C2318单元格中依次计算：全部产品的平均价格、最高价格、最低价格、总订货量、总生产量。平均价格保留两位小数。

（4）价格分布统计：

① 创建工作表"原始销售数据"的副本，位置位于"常用统计函数"之后。

② 将工作表"原始销售数据（2）"的名字重命名为"价格分布统计"；下面的操作在"价格分布统计"工作表中完成。

③ 在B2315:L2351区域做如图5-242所示的统计，要求"统计数据1"中的产品种类用统计函数（COUNTIF）计算。

【提示】价格区间[0,100]的产品种类计算公式为：=COUNTIF(F2:F2312,"<=100")，其他依此类推。

④ "统计数据2"中的产品种类用公式计算。计算原则：价格区间[101,200]的产品种类=价格区间[0,200]的产品种类–价格区间[0,100]的产品种类，其他依此类推。

⑤ 利用"统计数据2"生成统计图，如图5-243所示。具体要求：

● 统计图分别采用"分离型三维饼图"和"三维簇状柱形图"。

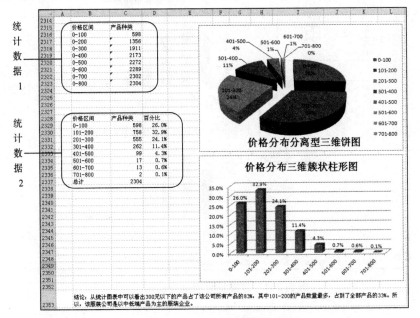

图5-243 价格分布统计图表

- 对图中的系列添加数据标签。"分离型三维饼图"数据标签包含"类别名称"及"百分比";簇状柱形图"数据标签包含"百分比"。
- 修改两个统计图中的图标题,具体如图5-242所示。
- 并饼图的标题移动至图表下方。
- 删除柱形图中的图例。

⑥ 合并 B2353:L2353 区域,并在该区域中写出分析结论。

(5)订货量分布统计:

① 创建工作表"原始销售数据"的副本,位置位于"价格分布统计"之后。

② 将工作表"原始销售数据(2)"的名字重命名为"订货量分布统计";下面的操作在"订货量分布统计"工作表中完成。

③ 在 B2315:L2351 区域做如图 5-252 所示的统计,要求"统计数据1"中的订货量用统计函数(SUMIF)计算。

【提示】价格区间[0,100]的订货量计算公式为:=SUMIF(F2:F2312,"<=100",G2:G2312),其他依此类推。

④ "统计数据2"中的产品种类用公式计算。计算原则:价格区间[101,200]的订货量=价格区间[0,200]的订货量-价格区间[0,100]的订货量,其他依此类推。

⑤ 利用"统计数据2"生成统计图,如图5-244所示。具体要求:

- 统计图采用"三维簇状柱形图"。
- 添加数据标签"百分比"。
- 修改图标题为"订货量分布柱形图"。
- 删除柱形图中的图例。

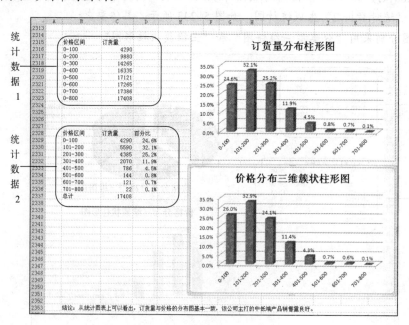

图 5-244　订货量分布统计图表

⑥ 将工作表“价格分布统计”中的“价格分布三维簇状柱形图”复制到“订货量分布柱形图”的下方。

⑦ 合并 B2353:L2353 区域，并在该区域中写出分析结论。

（6）排序：

① 创建工作表“原始销售数据”的副本，位置位于“订货量分布统计”之后。

② 将工作表“原始销售数据（2）”的名字重命名为“排序”。

③ 请对销售数据进行排序，排序依据分别为：性别（升序）、小类（升序）、订货量（降序）、价格（降序）。

（7）筛选：

① 在工作表“排序”之后新建工作表，命名为“筛选”。

② 利用筛选功能，在“原始销售数据”工作表中筛选所价格位于区间[300,500]的男士服装，并将筛选结果复制到“筛选”工作表中。

③ 取消“原始销售数据”工作表的筛选功能。

（8）男装订货量分布统计：

① 在“筛选”之后新建工作表，命名为“男装订货量分布统计”。

② 利用筛选功能，在“原始销售数据”工作表中筛选所有男士服装，并将筛选结果复制到“男装订货量分布统计”中。下面的操作在“男装订货量分布统计”工作表中完成。

③ 根据“小类”列，对数据做升序排序。

④ 利用分类汇总功能，统计男装每个小类的订货量总和，分类汇总结果如图 5-245（a）所示。

⑤ 根据分类汇总结果，在单元格 B1022 开始的区域编辑如图 5-245（b）所示的数据，并用公式计算男装每个小类订货量的百分比。

	A	B	C	D	E	F	G	H
1	编号	小类	性别	单位	颜色	价格	订货量	生产量
16		背心 汇总					101	
46		比赛服 汇总					207	
63		编织衫 汇总					136	
125		长袖T恤 汇总					473	
132		短裤 汇总					42	
195		短袖T恤 汇总					439	
221		风衣 汇总					212	
224		户外登山鞋 汇总					18	
255		夹克 汇总					247	
276		篮球训练鞋 汇总					150	
311		篮球专业鞋 汇总					256	
320		棉风衣 汇总					72	
329		棉夹克 汇总					72	
333		棉马甲 汇总					27	
349		男户外跑鞋 汇总					116	
353		男马拉松跑鞋 汇总					21	
423		男慢跑鞋 汇总					520	
521		男袜 汇总					679	
551		男休闲鞋 汇总					225	
561		牛仔裤 汇总					65	
566		派克 汇总					34	
607		配件 汇总					280	
616		沙滩裤 汇总					56	
626		沙滩拖鞋 汇总					63	
654		时尚男休闲鞋 汇总					189	
664		手套/围巾 汇总					81	
677		网球训练鞋 汇总					96	
681		网球专业鞋 汇总					23	
715		卫裤 汇总					260	
826		卫衣 汇总					895	
866		文化衫 汇总					278	
916		休闲裤 汇总					378	
961		运动裤 汇总					341	
1002		运动上衣 汇总					313	
1004		专业比赛短裤 汇总					7	
1007		专业比赛上衣 汇总					14	
1010		专业训练鞋 汇总					15	
1018		足球训练鞋 汇总					53	
1019		总计					7454	
1020								

（a）分类汇总结果

	A	B	C	D
1021				
1022		小类	订货量	百分比
1023		背心	101	1.4%
1024		比赛服	207	2.8%
1025		编织衫	136	1.8%
1026		长袖T恤	473	6.3%
1027		短裤	42	0.6%
1028		短袖T恤	439	5.9%
1029		风衣	212	2.8%
1030		户外登山鞋	18	0.2%
1031		夹克	247	3.3%
1032		篮球训练鞋	150	2.0%
1033		篮球专业鞋	256	3.4%
1034		棉风衣	72	1.0%
1035		棉夹克	72	1.0%
1036		棉马甲	27	0.4%
1037		男户外跑鞋	116	1.6%
1038		男马拉松跑鞋	21	0.3%
1039		男慢跑鞋	520	7.0%
1040		男袜	679	9.1%
1041		男休闲鞋	225	3.0%
1042		牛仔裤	65	0.9%
1043		派克	34	0.5%
1044		配件	280	3.8%
1045		沙滩裤	56	0.8%
1046		沙滩拖鞋	63	0.8%
1047		时尚男休闲鞋	189	2.5%
1048		手套/围巾	81	1.1%
1049		网球训练鞋	96	1.3%
1050		网球专业鞋	23	0.3%
1051		卫裤	260	3.5%
1052		卫衣	895	12.0%
1053		文化衫	278	3.7%
1054		休闲裤	378	5.1%
1055		运动裤	341	4.6%
1056		运动上衣	313	4.2%
1057		专业比赛短裤	7	0.1%
1058		专业比赛上衣	14	0.2%
1059		专业训练鞋	15	0.2%
1060		足球训练鞋	53	0.7%
1061		总计	7454	

（b）根据分类汇总结果制作的表格

图 5-245　男装订货量分类汇总

⑥ 制作男装各小类商品订货量分布的统计图（簇状柱形图），如图 5-246 所示。将统计图放置于新的工作表（Chart1）中，将 Chart1 重命名为"男装订货量分布统计图"。

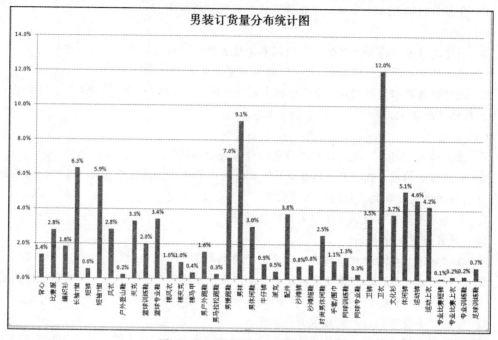

图 5-246　男装订货量分布统计图

（9）页面设置：

① 创建工作表"原始销售数据"的副本，位置位于"男装订货量分布统计图"之后。

② 将工作表"原始销售数据（2）"的名字重命名为"页面设置"；在"页面设置"工作表中进行页面设置。

③ 页边距设为普通；纸张方向设为纵向；纸张大小设为 A4。

④ 调整列宽。要求能完全显示每列中的内容，并且所有列容纳在一页内。

⑤ 设置标题：

● 在第一行之上增加一行。

● 合并单元格 A1:H1。

● 在合并单元格中输入标题：某体育时装公司销售数据。

● 标题行格式：华文琥珀，20 号；背景色：蓝色，淡色 60%。

⑥ 为全部数据添加边框：所有框线和粗匣框线。

⑦ 添加页眉页脚。页眉为"某体育时装公司销售数据　2010 年 10 月　　制表人：张晓晓"；页脚为"第*页，共*页"，居中。

⑧ 将第 1 行和第 2 行设置为"顶端标题行"，使得每页都有标题行。页面设置完成后的打印预览效果如图 5-247 所示。

（10）数据透视图

① 创建工作表"原始销售数据"的副本，位置位于"男装订货量分布统计图"之后。

② 将工作表"原始销售数据（2）"的名字重命名为"数据透视图"。

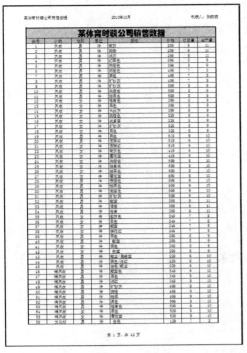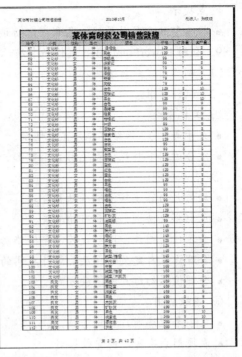

图 5-247　打印预览效果

③ 在"数据透视图"工作表中统计男装每个小类的平均价格、总订货量和总生产量。

【注】完成后的工作簿共有 12 张工作表，如图 5-248 所示。

图 5-248　工作表明细

8. 利用 Excel 2016 制作一个数据报告分析表。具体要求如下：

（1）制作内容：自选。

（2）制作要求：

① 工作量：

● 报告数据质量：切合主题、数据真实可信、资源查找质量、素材选用。

● 须在报告尾部增加"参考资料"部分，将所使用的数据素材等来源标注清楚。

● 根据数据进行分析，写出正确的结论，很好地将理论与实际联系起来。

② 功能要求：

● 单元格地址的巧妙应用（绝对地址、相对地址和混合地址）。

● 正确使用公式和函数完成相应的计算。

● 创建反映分析结果的各种图表。

● 删除未使用的"空"工作表单，并将所使用的工作表命名为具体表格（或图表）标题
名称。

③ 高级应用：

● 请根据需要恰当应用边框和底纹、艺术字、水印等功能、运用绘图功能对图表进行重

点提示。

● 报告整体布局效果好，色彩搭配协调，尤其是在表格和图表的修饰方面。

9. 利用 PowerPoint 2016 制作一个演示文稿。具体要求如下：

（1）制作内容：自选。

（2）制作要求：

① 工作量：

● 大于等于 12 张幻灯片，主题明确。

● 综合运用多种媒体表现形式，例如，声音、视频、动画等。

② 基本功能：

● 幻灯片内容逻辑清晰，结构合理。

● 色彩搭配协调、版面布局美观。

● 合理使用图片、图形或艺术字修饰幻灯片。

● 合理设置自定义动画及幻灯片之间的切换效果。

● 合理设置幻灯片的播放方式。

③ 高级应用：

● 文字条理清晰、言简意赅。

● 表现形式丰富，视觉效果好。

● 根据需要合理使用超链接功能组织幻灯片。

● 根据需要合理使用背景音乐。

第6章

➡ 多媒体应用基础

在当今信息社会，多媒体技术已经发展成为一门综合的技术，它把微电子、计算机、通信等相关的技术合为一体，充分地利用了各种技术的优点，恰到好处地相互取用，使它得以飞速发展。今后的多媒体将更加贴近人们社会生活的方方面面，它将会是人们今后信息交流的重要手段。本章在介绍多媒体概念的基础上，重点介绍了数字图形与图像、多媒体数据压缩、多媒体数据处理工具等相关知识。

可以结合第 2 章数制与信息编码的相关知识学习本章，着重理解多媒体信息的表达，体会多媒体信息的可计算性，思考如何通过多媒体的硬件及软件，构建多媒体信息的计算环境，以及如何完成多媒体信息的自动化处理。

6.1　多媒体技术概述

多媒体技术将文字、图形、图像、声音、动画及视频等相结合，采用交互式、集成化、综合化的控制方式，能模拟使用者的形象思维及逻辑思维能力，以更形象、更生动、更综合的形式处理和应用信息，大大提高了信息的处理及使用效率。

多媒体技术为计算机应用领域带来了重大变革，目前已经是计算机信息技术的一个重要技术领域和分支，并且是当前信息技术领域发展较快，且非常活跃的一个领域。

6.1.1　多媒体的含义

多媒体一词来源于英文单词 Multimedia，可以理解为多种媒体的集合，即利用多种媒体来承载或传播信息。不同形式的媒体所承载的信息量不同、信息传达的效率不同，因此最终呈现出的传播效果也有差异。各种媒体形式具有各自的优势和不足，因此在现代信息传播中都占有一席之地，这便为多种媒体的结合使用提供了必要性和可能性。

1. **文本**（Text）

文本包含字母、数字、字、词语、专用符号等基本元素，它既包括独立存储的各种文档，也包括直接在多媒体集成软件中临时编辑的文本对象。它是最早被应用的数字媒体，信息量大，但缺乏视觉冲击力。常用的文本编辑工具包括 Microsoft Word 及金山 WPS 文字等。

2. **图形**（Graph）

图形是多媒体中的静态可视元素之一，通常是采用某些应用软件或算法语言生成的矢量图（Vector Drawing）。矢量图形具有体积小、线条流畅、可任意缩放而不改变画面品质的优点。常用的图形编辑工具包括 Adobe Illustrator 及 CorelDRAW Graphics Suite 等。

3. 图像（Image）

图像也是多媒体的一种静态可视元素，其基本形式为位图（Bitmap）。位图是由图像中众多像素组成的，这些存储位定义了各个像素单元的颜色和亮度。位图的描述与分辨率和色彩位数有关，分辨率与色彩位数越高，图像质量就越高，占用的存储空间也越大。图像具有很强的视觉表现力，但不能任意缩放，否则可能会破坏画面效果及质量。常用的图像编辑工具包括 Adobe Photoshop 及 Corel Painter 等。

4. 视频（Video）

视频即活动的影像，是指随着时间变化而连续渐变的二维图像序列，它沿着时间轴顺次更换显示，能产生一种运动视觉的效果，是一种时变图像。视频既包括由摄像机实时摄取的序列图像，也包括由视频编辑软件加工合成的数字化作品。常用的视频编辑工具包括 Adobe Premiere、Corel Video Studio(会声会影)及 Windows Movie Maker 等。

5. 音频（Audio）

音频是指在 20 Hz～20 kHz 之间的声波，这也是人类可以识别的声音范围。在物理学中，声音可以用一条连续曲线来表示。复杂的声波是由许多不同振幅和频率的正弦波线性叠加组成的。声波在时间和幅度上均连续变化，是一种模拟量。声音的两个重要指标是幅度和频率，声波的幅度表示声音的强弱，频率体现音调的高低。常用的视频编辑工具包括 Adobe Audition 及 Goldwave 等。

6. 动画（Animation）

动画是采用计算机动画软件创作并生成的一系列连续画面，属于动态可视媒体元素。动画和视频之所以具有动感的视觉效果，是因为人类的眼睛具有一种"视觉暂留（Visual Staying Phenomenon）"的生物特征，在观察过物体之后，物体的影像将会在人眼的视网膜上保留短暂的时间，这样，当一系列稍有差异的图像快速播放时，就会产生物体在做连续运动的感觉。常用的动画编辑工具包括 Macromedia Flash 及 Ulead GIF Animator 等。

6.1.2 多媒体技术的基本特征

无论进行信息传达，还是追求视听娱乐，与单一媒体相比，多媒体有着众多优势，因此更容易受到人们的欢迎。它是一种迅速发展的综合性电子信息技术，已渗透到相关领域的方方面面，给人们的工作、生活和娱乐带来了深刻的变革。

1. 多样性

人类对于信息的接收和产生主要在 5 个感知空间内，即视觉、听觉、触觉、嗅觉和味觉。现代心理学研究表明，在多数场合下，人的思维对现实的把握往往是多种感官复合使用，呈"多媒体"状态。计算机多媒体技术弥补了传统文本媒体抽象单一的不足，提高了人的思维对现实对象的把握能力，甚至改变了人的认知思维方式，尤其在那些涉及虚拟现实或时空环境的领域，多媒体的优势更加明显。图 6-1 所示为人类对于信息感知的多媒体状态。

2. 集成性

早期多媒体中的各项技术常常被单独使用，例如，单一的图像、声音等，由于它们只是单一、零散的信息，因此展示出的信息空间不够完整，也限制了信息的有效使用。

当前多媒体的集成性被高度重视，这里集成性主要表现在两个方面，即多种信息媒体的集成以及处理这些媒体的设备的集成。对于前者而言，集成包括信息的多通道获取、多媒体信息的统一存储与组织、多媒体信息表现合成等方面。对于后者而言，指各种多媒体设备集成为一体。从硬件角度来说，应该具有能够处理多媒体信息的高速或并行的 CPU 系统、大容量的存储系统、适合多媒体多通道输入/输出能力及外设、宽带的通信网络接口等，如图 6-2 所示。对于软件来说，应该有集成一体化的多媒体操作系统，适用于多媒体信息管理、创作与编辑的软件工具等。

图 6-1　人类对于信息感知的多媒体状态

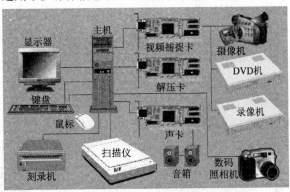

图 6-2　多媒体计算机

3. 交互性

交互性为多媒体应用开辟了广阔的发展空间，同时也给使用者提供了更加理想的用户体验。交互操作可以增加对信息的深度理解，延长信息保留的时间。在单一的文本空间中，人们只能简单地阅读信息，无法自由地控制和干预信息的处理。当引入"交互"的概念之后，用户进入到一个与信息环境一体化的虚拟信息空间并可以自由操作时，多媒体系统的交互性便得到了最充分地展现。在图 6-3 所示的多媒体旗袍展示系统中，学习者通过交互方式，自由选择旗袍的领型、袖型、衣长及图案，从而体会不同旗袍在风格上的差异。

（a）上海领中袖长旗袍

（b）元宝领无袖长旗袍

（c）交互操作结果展示

图 6-3　多媒体旗袍展示系统

4. 实时性

实时性指多媒体系统中的音频、动画、视频等对象是和时间密切相关的，多媒体技术必然要提供对这些媒体信息的实时处理能力。例如，视频会议系统中传输的声音和图像应该保持一致，不能产生延迟现象。

5. 非线性

非线性是多媒体技术的另一个重要特征，它改变了人们传统循序性的读/写模式，因此也被称为"超文本"认知模式。人的思维活动往往是非线性、跳跃性、弥散性的，而知识的记忆存储与再现也往往超过了线性结构的规定，呈网状交织。传统文本的线性时序结构在当今大数据背景下显得力不从心，而多媒体技术所具有的"超文本"形态结构与表征方式刚好克服了这个缺点。如图6-4所示，多媒体系统使用非线性的结构组成表达特定内容的信息网络，使人们可以有选择地查询自己感兴趣的媒体信息，提高了信息获取的效率。

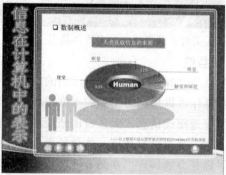

图 6-4　多媒体系统非线性表达方式

6.1.3　多媒体技术的应用领域

1. 信息传播

信息化的时代，信息就是财富。大到国家、企业，小至家庭、个人，人们在不断从外界获取信息的同时，也在不断地向外传播信息。多媒体互动软件在信息传播上具有得天独厚的优势，因此被广泛应用于该领域。例如，图6-5示的天气预报、穿衣指数、新闻报道等，这些信息传播都已经采用了多媒体互动的方式，一方面可保证信息传播的速度和容量，另一方面使原本枯燥乏味的内容变得生动有趣。

图 6-5　多媒体信息传播方式

2. 教育领域

教育领域是应用多媒体技术最早的领域，也是进展最快的领域。多媒体技术的各种特点非常适合应用于教育，以最自然、最容易接受的形式使人们接受知识，不但扩展了信息量，还提高了学习者的学习兴趣，促使其主动学习。采用多媒体互动方式进行教学，对传统的教学理念、教学内容和教学方法，乃至师生之间的教学关系等，都将产生巨大的冲击和影响。图6-6所示为多媒体教学课件。

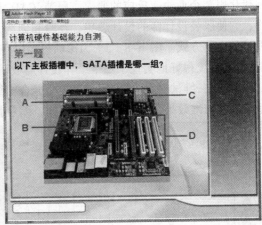

图 6-6   多媒体教学课件

3. 娱乐领域

多媒体技术在影视及游戏行业中的应用满足了人们日益增长的娱乐需求。近年来，以虚拟现实技术为核心的 3D 电影将传统影视行业推向了一个新的高度。在影视特效制作方面，多媒体技术的作用也发挥得淋漓尽致，增加了影视作品的艺术感染力和商业价值。与此同时，多媒体技术在娱乐领域的另一个重要应用便是游戏行业。当前，以互联网为传输媒介，以游戏运营商服务器和用户计算机为处理终端，以游戏客户端软件为信息交互窗口的多人在线游戏已经成为多媒体技术的重要应用领域，并赢得了极高的商业利润，如图6-7所示。

（a）电影 AVATAR   （b）电影大圣归来   （c）网络游戏

图 6-7   多媒体技术在娱乐领域的应用

4. 服装领域

多媒体技术在服装行业中的应用主要体现在服装 CAD 系统及时装画绘制等方面。服装 CAD 系统（Garment Computer Aided Design System），即服装计算机辅助设计系统，它是集服装效果设计、服装结构设计、服装工业样板设计、计算机图形学、数据库等知识与一体的应用软件系统，用于实现服装产品开发和工程设计。服装 CAD 系统的出现使得服装结构制图技术发生了根本性的变化，用计算机制图代替手工制图，大大提高了制图的质量与速度，适应现代化服装企业快速反应的要求。服装 CAD 是现代化科学技术与服饰文化艺术相结合的产物，它使服装设计师的设计思想、经验和创造力与计算机系统密切结合，并已成为现代服装设计的主要方式。图 6-8（a）为深圳盈瑞恒科技有限公司出品的"富怡设计与放码 CAD 系统"，该系统很好地实现了二维纸样设计与放码的功能。图 6-8（b）为美国 Gerber 公司的"VStitcher 三维试衣系统"，用于可视化缝合二维服装衣片并在三维模特身上试穿，通过快速呈现服装三维效果，降低服装设计成本，缩短款式设计周期。

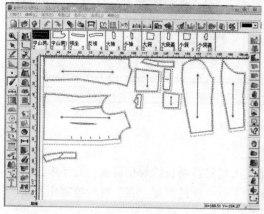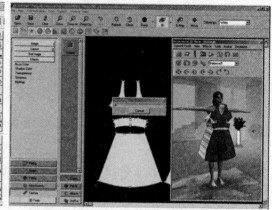

图 6-8　服装 CAD 系统

时装画是设计师表现其设计理念的艺术化载体，它可以生动、鲜明地反映服装款式、色彩、面料以及搭配的整体效果，如图 6-9 所示。计算机时装画可以弥补手绘方式中的一些限制于不足，且装饰性与表现性也更加符合现代人的审美需求和时尚品位，因此已经被广泛应用于服装设计行业。在大规模、成衣化生产的时代背景下，这种快捷、有效的绘图方式显然已经成为服装设计师的主要设计手段，也是服装从业者必备的专业技能之一。

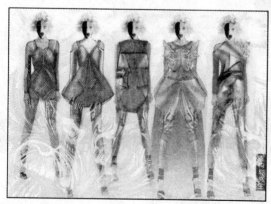

图 6-9　计算机时装画

5. 医学领域

医学多媒体信息的表示、存储、组织管理及计算处理涵盖了多媒体技术的不同领域，其应用范围涉及医学教育培训、医学图像处理、临床医疗及医学信息管理的多个应用。在医学教育中，人体的机构形态学、人体的生理、病例过程及人体内的生物化学反应一直是教学的重要内容。借助多媒体技术，利用图像、声音及动态影像，以生动、直观的形式揭示人体形态结构的细微变化、体内生化反应的动态过程，能很好地展示人体各种功能，打破了传统教学手段的局限性，如图 6-10 所示。

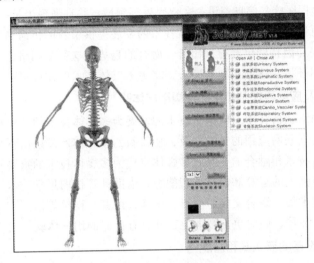

图 6-10 3D 人体解破软件系统

目前，国内外医学教育界越来越重视利用现代多媒体技术构建网络环境下的虚拟学习环境或网络虚拟课堂，以实现跨越空间和距离限制的医学教学或手术模拟系统。例如，Vismedia 网站（www.cardioanatomy.com）提供了一个基于网络的三维互动式心脏解剖教学系统，该系统能够模拟正常及疾病状态下的不同心脏。学习者可以对心脏模型进行移动、旋转、放大及层层剥离，具有较好的互动性和仿真性，如图 6-11 所示。

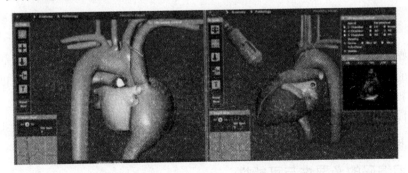

图 6-11 3D 心脏解剖教学系统

6.1.4 多媒体技术的发展趋势

进入 21 世纪以来，随着信息化社会发展步伐的加快，尤其是全世界范围内各国信息高速公路战略的推进，多媒体技术的发展前景更加广阔。

1. 多媒体技术的发展更趋于网络化

网络通信技术一直是多媒体技术发展的重要推动力量。多媒体的信息交互方式、信息传播途径以及应用形式均受到网络环境的深刻影响。一方面，网络通信技术和产业的进一步发展，将使得制约多媒体信息传输的网络带宽、传输速率、可靠性及实时性等问题得到更好的解决，为网络多媒体的应用提供更多便利。另一方面，互联网已深入人们的日常生活，改变了每个人的工作、学习及生活方式。在网络信息社会中，多媒体的集成性、计算机的交互性及网络通信的广泛性三者结合，使多媒体技术能够更方便地进入企业管理、科研设计、国防军事、远程教育、远程医疗、信息资讯、文化娱乐等领域，并且涌现出了一些新的应用环境。第三方面，多种信息网络的融合也为多媒体技术的发展提供了新的机遇和应用环境。当前，有线电视网、通信网和因特网已经显现出日益融合的趋势，这种多网络连接、多种信息资源协同工作的网络应用环境将逐渐成熟和完善，将为多媒体技术的发展提供更广阔的空间。

2. 多媒体技术及应用更加智能化、注重用户体验

计算机技术、网络通信技术、微电子技术的发展为多媒体技术的发展和融合提供了坚实的理论基础。尤其是互联网应用的日益普及，使得新的多媒体产品层出不穷，这也预示着计算机技术和网络通信技术相融合的交互式多媒体将成为多媒体技术的重要发展方向。未来的多媒体系统将具有更强大的运算和信息处理能力，借助计算机图形学技术、传感器技术、人工智能及人机接口技术等，综合文字、图形、图像、声音、视频等信息，为使用者提供身临其境的三维交互操作环境，同时更加智能化，并具有良好的用户体验。

3. 多媒体终端设备的嵌入式和智能化

作为多媒体系统的重要组成部分，多媒体终端设备代表了多媒体应用系统的发展方向和趋势。近年来，无线网络技术、嵌入式处理器技术、嵌入式操作系统以及云计算技术都得到了快速发展。多媒体终端设备可以采用嵌入式系统的设计方法，并借助强大的嵌入式微处理器为用户提供智能化的操作界面，例如，智能手机、平板计算机等。将现代多媒体技术、计算机技术、网络通信技术相结合，内置嵌入式微处理器，嵌入式操作系统及丰富的应用软件，成为集通信、网络接入、多媒体信息处理及娱乐为一体的新一代智能化多媒体终端设备。

6.2　　多媒体数据压缩编码技术

由于多媒体数据包括了文本、声音、动画、图形、图像及视频等多种媒体信息，需要传递或者处理的数据量非常大。如果不进行数据压缩处理，现有多数的计算机系统和网络环境要实现动画和视频多媒体数据的实时传输就比较困难。为了节约数据的存储空间，获得连贯的高质量的视频播放效果，实现多媒体数据的实时交换，除了不断提高计算机本身的性能及通信信道的带宽外，目前更有效的方法是对多媒体数据进行压缩处理。

6.2.1　压缩编码的必要性与可能性

1. 必要性

数据压缩是在不丢失信息的前提下，缩减数据量以减少存储空间，提高其传输、存储和处理效率的一种技术。以图像为例，灰度图像多用 8 位来量化，彩色图像通常用 24 位量化，若要存储一幅分辨率为 $1\,024 \times 768$ 像素的静态彩色图像，在不进行压缩的情况下，其数据量

为 1 024 × 768 × 3 × 8(位) =2.25 MB，存储 1 秒 PAL 制式（25 帧/秒）的视频，数据量为 2.25 × 25=56.25 MB，存储 1 小时 PAL 制式（25 帧/秒）的视频，数据量为 56.25 × 60 ≈ 198 GB。从上述计算可以看出，一个普通时长为 1 小时的视频文件，如果不进行压缩，其占用的存储空间非常巨大。随着数字视频的发展，一些三维视频技术也开始出现，可以预料，其数据量会越来越大。因此有必要研究压缩技术，从而使多媒体数据的存储、处理和传输更加方便。

2. 可能性

通过分析图像和视频的特征可知，视频是由一帧一帧的图像组成的，而图像的各像素点之间，无论是在行方向还是在列方向上都存在一定的相关性。例如，图像背景常常具有相同的灰度，某种特征中像素灰度相同或者相近。也就是说，在一般图像中都存在很大的相关性，即冗余度。应用某种编码方法提取或者减少这些冗余，便可以达到压缩数据的目的。常见的静态图像数据冗余主要包括：

（1）空间冗余

空间冗余是静态图像存在的最主要的一种数据冗余。例如，一幅风景图像中的背景是蓝天和绿地，而这部分数据中许多像素值是相同的，如果逐点存储就会浪费许多存储空间，这种冗余方式称为空间冗余。我们可以通过改变物体表面颜色的像素存储方式来利用空间连贯性，达到减少数据量的目的。

（2）时间冗余

在视频的相邻帧之间，往往包含相同的背景，运动物体只做少许移动，后一帧数据与前一帧数据有许多共同的地方，即存在时间冗余。压缩这类数据时可以把不变的背景信息保存一份，另外只保存各帧的变化即可。

（3）结构冗余

在有些图像的纹理区，图像的像素值存在明显的分布规律。例如，方格状的地板图案，这种冗余称为结构冗余。

（4）知识冗余

有些图像的理解与某些知识具有相关性。例如，人脸图像有固定的结构，嘴上方是鼻子，鼻子上方是眼睛，鼻子位于脸的中线附近等。这类规律性的结构可由先验知识和背景知识得到，称这类冗余为知识冗余。根据已有知识，对某些图像中所包含的物体构造基本模型，创建对应各种特征的图像库，进而图像的存储只需要保存一些特征参数，从而大大减少数据量。

从以上对于图像冗余的分析可以看出，图像信息的压缩是可能的，但能压缩多少，除了和图像本身的冗余度有关，很大程度取决于对压缩后图像质量的要求。目前，高效图像压缩编码技术已经可以通过硬件方式实时处理，并在广播电视、电视会议、可视电话、遥感图像等多方面得到广泛应用。

6.2.2 数据压缩理论及分类

数据压缩实际上是一个编码过程，即把原始的数据进行编码压缩。数据的解压缩是指从压缩数据中恢复原始数据的过程，也称为解码。数据压缩的理论基础是信息论，这个领域的研究工作是由信息论的创始人克劳德·艾尔伍德·香农（Claude Elwood Shannon）奠定的，他在 20 世纪 40 年代末期到 50 年代早期发表了这方面的基础性研究成果。另外，密码学、统计学和编码理论也是和数据压缩关系密切的学科。

根据解压缩后数据与原始数据是否完全一致可将压缩方法分为无损压缩算法（Lossless Compression）和有损压缩算法（Loss Compression）两大类。

无损压缩可以精确无误地从压缩数据中恢复出原始数据，但这种方法压缩比较低，常见的无损压缩技术包括：行程编码（Run-Length Encoding）、霍夫曼编码（Huffman）、LZW 编码等。

有损压缩法是指在不影响人类理解的情况下，丢弃一些细节信息来获得更高的压缩比，这些丢弃的信息是不能再恢复的，因此这种压缩法是不可逆的。有损压缩算法经常需要处理的一个问题就是在压缩时间、保留信息量和减小数据存储空间之间寻求平衡。常见的有损压缩技术包括：预测编码、变换编码、分形编码、基于模型编码等。

6.2.3 静态图像压缩编码标准

目前采用的图像压缩标准主要有 JPEG 和 GIF。JPEG 是联合照片专家组（Joint Photographic Expert Group）的缩写，该小组是由国际电话电报咨询委员会（CCITT）和国际标准化组织（ISO）联合组成的，主要致力于图像标准化工作。该小组提出的用于连续色调、多级灰度、静止图像的数字图像压缩编码方法，简称 JPEG 算法。1994 年，该算法被采纳成为彩色、灰度、静态图像的第一个国际标准，即 JPEG 标准。

JPEG 压缩算法的压缩比是可以调节的，可以根据需要在图像质量和存储量之间寻找一个最佳值。采用该标准，通常压缩比在 8:1~75:1 之间，最大压缩比可达 100:1。一般压缩比在 10:1 时只会给图像质量带来微小的损失，人眼基本看不出失真，压缩后的图像质量比较理想。不同压缩比带来的图像变化，如图 6-12 所示。图 6-13 是在 Photoshop 图像处理软件中，将原始图像另存为 JPEG 格式时，系统提示的压缩比选择对话框， 其中图 6-12(b)、(c)分别是选择了"高"和"低"品质后的压缩效果。

（a）原始图像，486 KB　　　　（b）JPEG 高品质，121 KB　　　　（c）JPEG 低品质，54.9 KB

图 6-12　不同 JPEG 压缩比例对比图

GIF 是图像互换格式（Graphics Interchange Format）的缩写，是由 CompuServe 公司于 1987 年提出的图像文件格式。目前几乎所有图像处理软件都支持这种格式，互联网上也大量存在此类图像文件。GIF 文件的图像数据是经过压缩的，是一种基于 LZW 算法的连续色调的无损压缩格式，压缩比一般为 50:1。值得一提的是，一个 GIF 格式文件中可以保存多幅彩色图像，如果将这些图像逐帧连续显示则可以构成简单动画。

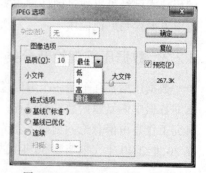

图 6-13　"JPEG 选项"对话框

6.2.4　数字视频压缩编码标准

视频压缩的目标是在尽可能保证视觉效果的前提下减少视频数据量。视频压缩比一般指压缩前的数据量与压缩后数量之比。由于视频是连续的静态图像，因此其压缩编码算法与静态图像的压缩编码算法有些共同之处，此外还要考虑其运动特征对压缩的影响。在视频压缩中常用到的概念有帧内压缩、帧间压缩、位速等。

帧内压缩是指当压缩一帧图像时，仅考虑本帧数据而不考虑相邻帧之间的冗余信息，这实际上与静态图像压缩类似。帧内压缩一般采用有损压缩算法，由于帧内压缩时各帧之间没有相互关系，所以压缩后的视频数据仍能以帧为单位进行编辑。帧内压缩一般达不到很高的压缩比。

帧间压缩是基于连续前后两帧具有很大的相关性，或者前后两帧信息变化很小的特点进行的。帧间压缩一般是无损的，帧差值算法是一种典型的帧间压缩算法，它通过比较本帧与相邻帧之间的差异，仅记录本帧与其相邻帧的差值，这样可以大大减少数据量。

位速是指在一个数据流中每秒能通过的信息量，通常都是用每秒钟通过的比特量（bit/s）来表示。由于比特是一个很小的单位，因此实际中常用的单位是 kbit/s、Mbit/s 和 Gbit/s。位速越高，信息量越大，对这些信息进行解码的处理量就越大，文件需要占用的空间也就越多。

和 JPEG 类似，MPEG 是运动图像专家组（Moving Picture Experts Group）的简称。这个名字本义是指成立于 1988 年的研究视频和音频编码标准的"动态图像专家组"。现在人们所说的 MPEG 泛指由该工作组制定的一系列视频编码标准。该工作组从 1988 年至今已经制定了MPEG-1、MPEG-2、MPEG-3、MPEG-4、MPEG-7 等多个标准。

MPEG 图像编码是有损压缩。与传统图像编码技术不同，MPEG 并不是对每帧图像进行压缩，而是以一秒时段作为单位，将时段内的每个帧图像做比较。由于一般视频内容都是背景变化小、主体变化大，MPEG 技术就应用了这个特点，以一幅图像为主图，其余图像只记录参考资料及变化数据。从 MPEG-1 到 MPEG-4，其核心技术基本都是这个原理，各个版本的区别主要在于比较的过程和分析的复杂性等。

提到 MPEG，就不得不提到国际电信联盟电信标准化部门制定的 VCEG 标准。和 MPEG类似，VCEG 是视频编码专家组（Video Coding Experts Group）的简称。VCEG 开发了一系列视频通信协议和标准，包括 H.261 视频会议标准，H.263、H.263 plus、H.264 等。

很多视频编解码标准可以很容易地在个人计算机和消费电子产品上实现，这使得在这些设备上有可能同时实现多种视频编解码标准，避免了由于兼容性原因使得某种占优势的编解码标准影响其他编解码标准的发展和推广。

6.2.5　数字音频压缩编码标准

音频压缩技术是指对原始数字音频信号流运用适当的数字信号处理技术，在不损失有用信息或者基本不失真条件下，降低其数据量的相关技术。

通常情况下，使用无损压缩编码，仅使用原始声音中 25% 数据量即可保留所有有用信息，也就是压缩比为 4:1。目前主要的音频压缩标准有 MPEG-1 和 MP3。在 MPEG-1 中，对音频压缩规定了 3 个层次的模式，分别是层 I、层 II 和层 III（即 MP3）。常见的 VCD 中使用的音频压缩方案就是 MPEG-1，即层 I。MP3 是一种混合压缩技术，丢弃了脉冲编码调制音频数据

第 6 章　多媒体应用基础

中对人类听觉不重要的信息，从而大大减少了文件大小、压缩比一般为 10:1~12:1，同时又很好地保持了原有音质，因此应用十分广泛。

6.3　多媒体数据处理

可用于多媒体数据处理的软件很多，它们各自的功能、处理效果、学习难度等各不相同。合理选择并形成最佳组合能保证多媒体设计的效率和效果。按照功能，可以将这些软件划分为媒体编辑和媒体集成两大类。前者可根据处理对象不同，分为图像处理、动画编辑、视频编辑、音频编辑软件等；后者可根据集成方法，分别利用专业多媒体集成软件或高级编程语言来实现。

6.3.1　图像处理

Photoshop 是 Adobe 公司旗下最为出名的图像处理软件之一，集图像扫描、编辑修改、图像制作、广告创意，图像输入与输出于一体，深受广大平面设计人员和计算机美术爱好者的喜爱。Photoshop CS4 是 Adobe 公司历史上规模最大的一次产品升级。当 Photoshop 推出版本8.0 时，将诸多图形图像相关的设计工具（包括：Adobe Photoshop、Illustrator、InDesign、GoLive、Acrobat、Version Cue、Adobe Bridge 和 Adobe Stock Photos）集成在一起，称为 Adobe Creative Suite（Adobe 创意套件），CS 是后面 2 个单词的缩写。Photoshop 8.0 的官方版本号是 CS，此后，版本号依次为 CS2、CS3、CS4、CS5、CS6。本书中使用的版本为 CS6。

1. Photoshop 的工作窗口

选择"开始"→"所有程序"→"Adobe Photoshop CS6"命令，即可启动 Photoshop CS6。启动后，选择"文件"→"打开""命令，打开任意一幅图像，都可以看到 Photoshop 的工作窗口，如图 6-14 所示：

图 6-14　Photoshop CS6 工作窗口

（1）菜单栏

菜单栏包含了 Photoshop 软件中所有的命令，通过这些命令可以实现对图像的操作。

Photoshop CS6 共包含 10 个菜单，分别为"文件"菜单、"编辑"菜单、"图像"菜单、"图层"菜单、"文字"菜单、"选择"菜单、"滤镜"菜单、"视图"菜单、"窗口"菜单和"帮助"菜单。

（2）工具箱

Photoshop 工具箱包含了该软件的所有工具，共有 20 组，60 多个工具。若需使用工具箱中的工具，用鼠标左键单击该工具图标即可。

若某个工具图标右下角带有小三角形的按钮，表示该处有隐藏工具按钮。右击小三角形或者右击该工具图标，都会弹出下拉菜单，显示隐藏的工具按钮。

初次进入 Photoshop 环境，工具箱默认为单栏显示。单击工具箱顶端的按钮，可以将工具箱调整为双栏显示，反之亦然。

（3）选项栏

选项栏是配合工具箱使用的，每当在工具箱中选中了一种工具，选项栏中都会显示与该工具对应的选项参数。通过设置这些选项参数，用同一种工具，可以得到不同的图像效果。

由于每种工具的选项参数都是不同的，因此，不同工具对应的选项栏也是不同的。

（4）工作区

工作区是 Photoshop 中进行图像处理的主要区域，在此可以同时打开多个窗口，同时进行操作。对图像文件的任何操作都会直观地反映在工作区中。

（5）面板

面板是 Photoshop 非常重要的组成部分，为对图像进行的各种编辑和操作提供了方便。在 Photoshop 中有很多面板，完整的面板信息位于"窗口"菜单中。单击"窗口"菜单某个面板中的菜单项，可实现启动或者关闭该面板的效果（菜单项前面带有√时表示该面板处于打开状态，反之则处于关闭状态）。

（6）状态栏

状态栏位于 Photoshop 工作窗口的最下方，包含了图像缩放比例、文件大小等信息。

2. Photoshop 的基本概念

（1）颜色深度和颜色模式

一幅图像是由若干像素组成的，每个像素有不同的颜色。那么，一幅图像中共有多少种颜色，以及每种颜色如何表达呢？这个问题由图像文件的两个参数决定：一个是颜色深度，一个是颜色模式。

颜色深度是指每个像素的颜色用几个二进制位（bit）表示。常用的颜色深度为 1 位、8 位、16 位、32 位。颜色深度为 1 位时，只能表达黑和白两种颜色；而颜色深度为 8 位时，则可以表达 $2^8 = 256$ 种颜色，显然，颜色深度越大，图像颜色越丰富、越精确。

图像中每种颜色如何表达呢？针对不同的颜色深度，颜色表示方式也不同，而且即使对于相同的颜色深度，也可以有多种颜色表示方式。这些颜色表示方式，通称为颜色模式。常用的颜色模式如下：

① 位图模式：使用 2 种颜色（黑色和白色）来表示图像中的像素，也叫作黑白图像；其位深度为 1，也称一维图像。位图模式的图像由于颜色深度小，所需的磁盘空间最少，这是其优点；但由于只有 1 位的颜色深度，只能制作黑白图像，不能制作色彩丰富的图像。

② 灰度模式：使用 256 级灰度，用 0（黑色）～255（白色）之间的亮度值表示。

③ RGB 模式：它是 Photoshop 中最常用的一种颜色模式。每个像素的 RGB 分量分配一个 0（黑色）~255（白色）范围的强度值。RGB 图像只使用红、绿、蓝 3 种颜色，在屏幕上呈现多达 1 670 万种颜色。新建 Photoshop 图像的默认模式为 RGB，计算机显示器总是使用 RGB 模型显示颜色。

④ 索引模式：索引颜色图像是单通道图像（8 位／像素），使用 256 种颜色，该模式文件比 RGB 模式文件小得多，大约只有 RGB 文件的 1/3 大。索引模式被广泛运用于 Web 领域和多媒体制作领域。

⑤ HSB 模式：是基于人眼对颜色的感觉。所有颜色都用色调、饱和度、亮度 3 个特性来描述。H 表示色调（色相），色调是从物体反射或透过物体传播的颜色。S 表示饱和度，是指颜色的强度或纯度，表示灰色占的比重。B 表示亮度，亮度是颜色的相对明暗程度。

⑥ Lab 模式：Lab 颜色能毫无偏差地在不同系统和平台之间进行转换。L 代表光亮度分量，范围为 0~100；a 分量表示从绿到红的光谱变化；b 表示从蓝到黄的光谱变化，两者范围都是+120 ~ -120。Lab 颜色模式包含的颜色最广；能包含 RGB 模式和 CMYK 模式中的所有颜色。

⑦ CMYK 模式：以打印在纸上的油墨的光线吸收特性为基础。CMYK 中的 4 个字母分别代表青、洋红、黄和黑，在印刷中代表 4 中颜色的油墨。该模式用于打印和印刷。

（2）图层

"图层"是 Photoshop 中非常重要的概念。自从 Photoshop 引入图层的概念后，为图像的编辑带来了极大的便利，原来很多只能通过复杂的通道操作和通道运算才能实现的效果，现在通过图层和图层样式可轻松完成。

图层的原理类似于透明纸的叠加，将复杂图像的若干构成元素放置于不同的图层上（每个图层类似于一张透明纸），会有一个叠加的效果，从而得到最终的合成效果。图 6-15（a）是最终的合成效果，该效果是由图 6-15（b）~（d）3 个图层叠加而成的。

（a）合成效果　　　　（b）图层 1　　　　（c）图层 2　　　　（d）图层 3

图 6-15　图层原理示意图

图层对于复杂的图像采用了分而治之的原则，将图像分成不同的组成部分（如：背景层、文字层、效果层、图形层等），从而将复杂工作简化。而且，当对某个图层进行操作时，其他图层完全不会受到影响，在一定程度上避免了误操作。

在学习图层的操作之前，先介绍图层的几个相关概念，这些概念将帮助人们更好地理解和使用图层。

① 背景图层：一个 Photoshop 文档一般由多个图层构成，背景图层是位于最下面的一个图层。新建一个 Photoshop 文档时，默认带有一个背景图层；新打开一张图片时，默认该图片为背景图层。

② 图像图层：图像图层是制作各种合成效果的重要途径。可以将不同图像放在不同的图层上进行独立操作而对其他图层没有影响。默认情况下，图层中灰白相间的方格表示该区域没有像素，是透明的〔如图 6-15（c）所示〕。透明区域是图像图层所特有的特点，如果将图像中某部分删除，该部分将变成透明，而擦除背景图层中某部分，则该部分变为工具箱中的背景色。

③ 图层蒙版：图层蒙版附加在图层之上，可以遮住图层上的部分区域而让其下方图层中的图像显露出灰度图像。

④ 填充图层：填充图层被用来产生特殊效果，共有 3 种形式：纯色、渐变和图案。

⑤ 调整图层：调整图层用于调整图像的色彩。若对图像图层直接进行色彩的调整，则存储后不能再恢复到之前的色彩状况。利用调整图层可以方便地对图像色彩进行调整，而不改变图像图层中图像的色彩状况。

⑥ 图层样式：是 Photoshop 中非常实用的功能之一，它简化了许多操作，利用它可以快速生成阴影、浮雕、发光等效果。

关于图层的操作很多，本文限于篇幅，只介绍一些较为常用的操作。图层的操作均可以通过"图层"菜单和"图层"面板来实现。"图层"菜单和"图层"面板分别如图 6-16 和图 6-17 所示。

图 6-16 "图层"菜单

- 当前图层：图层面板中有背景色的图层为当前图层，所有操作都是针对当前图层的。当需要改变当前图层时，单击目标图层即可。

● 新建图层：单击"图层"面板下方的"新建图层"按钮，即可在当前图层上方新建一个图层。

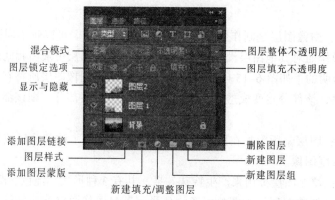

混合模式 —— 图层整体不透明度
图层锁定选项 —— 图层填充不透明度
显示与隐藏 —— 图层2
—— 图层1
—— 背景

添加图层链接 —— 删除图层
图层样式 —— 新建图层
添加图层蒙版 —— 新建图层组

新建填充/调整图层

图 6-17 "图层"面板

● 删除图层：单击"图层"面板下方的"删除图层"按钮，即可删除当前图层。

● 复制图层：用鼠标左键选择需要复制的图层，将其拉动到"图层面板"下方的"新建图层"按钮上，松开鼠标，即可在该图层上方新建一个带有"副本"字样的新图层。

● 移动图层：用鼠标左键选择需要复制的图层，鼠标保持按下状态，上下移动，当移动到合适位置时，松开鼠标即可。

● 更改图层的名字：新建图层的名字默认为图层 1、图层 2……这样的名字没有意义，因此一般需要根据图层的功能和内容对图层进行命名。双击图层的名字，即可修改图层的名字。

● 图层的显示与隐藏：在"图层"面板中，每个图层的左方都有一个眼睛图标。当该眼睛图标可见时，表示该图层可见，眼睛图标不可见时，表示该图层不可见。单击眼睛按钮，可控制图层的显示与隐藏。

● 图层的锁定：将图层的某些编辑功能锁定，可以避免不小心将图层中的图像损害。在"图层"面板中的"图层锁定选项"部分，提供了 4 种锁定方式，从左向右依次为：锁定图层中的透明部分、锁定图层中的图像编辑、锁定图层的移动、锁定图层的全部。

● 图层的合并：设计的时候很多图形都分布在多个图层上，当确定不再需要对这些图层修改时，可以将它们合并在一起以便于图像管理。合并后的图层中，所有透明区域的交迭部分都会保持透明。在"图层"面板右边的弹出菜单中有 3 个命令：向下合并、合并可见图层、拼合图像，通过这 3 个命令可以进行不同方式的图层合并。"向下合并"指合并当前层以及下面的图层；"合并可见图层"指合并所有可以显示的图层；"拼合图像"则将所有可见图层都合并到背景图层上。

● 设置图层样式：将目标图层设置为当前图层，单击"图层"面板下方的"图层样式"按钮，即可进行图层样式的设置。

● 设置图层混合模式："图层"面板的左上方有个下拉列表，可以设置图层的混合模式，包括：正常、溶解、变暗、滤色等。

- 设置图层整体不透明度："图层"面板右上方有个进度条（0%~100%），通过该进度条可以控制当前图层整体的不透明度。
- 设置图层填充不透明度："图层"面板中，"设置图层整体不透明度"下方还有一个进度条（0%~100%），通过该进度条可以控制当前图层填充部分的不透明度。
- 新建图层组：图层组类似于文件夹的概念，用于管理多个图层。单击"图层"面板下方的"新建图层组"按钮，即可新建一个图层组。将需要放置在该组中的图层用鼠标拉动到图层组中即可。
- 添加图层蒙版：单击"图层"面板下方的"添加图层蒙版"按钮，即可为当前图层添加一个图层蒙版。在图层蒙版上，用画笔画的区域是蒙起来的区域；用橡皮擦去的区域是露出的部分，利用画笔和橡皮工具可以合理地调整图层蒙版中需要蒙起来的区域。
- 添加图层链接：每次对图层操作时，只针对一个图层，若需要同时对多个图层做一样的操作，图层链接是个有效的方式。当多个图层之间建立了链接之后，对其中一个图层的操作即是对所有和该图层有链接关系图层的操作。同时选择多个需要建立链接的图层（先用单击第一个图层，然后按住【Ctrl】键，依次单击其他图层），单击"图层"面板下方的"添加图层链接"按钮即可。

（3）网格、标尺与参考线

网格由一组水平和垂直的点组成，经常被用来协助绘制图像和对齐对象，默认状态下网格是不可见的。选择"视图"→"显示""→"网格"命令（快捷键【Ctrl +'】），可在图像上显示或者隐藏网格。图 6-18 中分别显示了不显示网格和显示网格时的图像。

标尺可以显示应用中的测量系统，帮助设计者确定窗口中的对象大小和位置，选择"视图"→"标尺"命令（快捷键【Ctrl + R】）可以显示或者隐藏标尺，标尺会显示在窗口的上方和左边，如图 6-19 所示。

图 6-18　网格效果

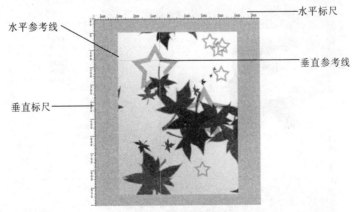

图 6-19　标尺和参考线

参考线是浮在图像上不能被打印的直线，可以移动、删除或者锁定。参考线用于对象的对齐和定位。绘制参考线的方法：首先显示标尺；移动光标至标尺上方，按下鼠标拖动至窗口，可建立一条参考线。水平标尺获得的是水平参考线，垂直标尺获得的是垂直参考线。清除参考线的方法：拖动参考线至图像窗口外即可清除。此外，选择"视图"→"清除参考线"命令可以快速清除图像中所有的参考线。

3. 图像处理制作案例

【案例6-1】身材随我变。

案例功能：在现实世界中想要改变自己的身材是件非常困难的事情，但是在图像处理软件的帮助下，轻而易举地就可以获得自己期待已久的好身材。

案例效果：如图6-20所示。

图6-20　案例6-1制作效果

知识列表：文件打开、文件存储为、液化。

案例操作过程：

步骤1：打开原始图像。启动PhotoShop CS6，选择"文件"→"打开"命令，将"案例6-1原始图.jpg"选中，单击"打开"按钮。

步骤2：使用液化工具改变身材。选择"滤镜"→"液化"命令，设置画笔大小为100，画笔压力为100。使用该画笔在身体的不同部位随意调整，满意后单击"确定"按钮，如图6-21所示。

图6-21　使用"液化"功能改变身材

步骤3：保存最终效果图。选择"文件"→"存储为"命令，将调整后的图像存储为"案例 6-1 效果图.jpg"。

【案例 6-2】天空阴转晴。

　　案例功能：阴天里拍摄的照片看起来一片阴霾，利用图像处理软件可以将天空改为蓝天白云，同时通过调整图像的亮度和对比度，还可以得到意想不到的效果。

　　案例效果：如图 6-22 所示。

图 6-22　案例 6-2 制作效果

　　知识列表：自由变换、裁剪、定义图案、魔棒、填充、仿制图章、亮度和对比度。

　　案例操作过程：

　　步骤 1：打开原始图像。启动 Photoshop CS6，选择"文件"→"打开"命令，将"案例 6-2 原始图.jpg"选中，单击"打开"按钮。

　　步骤 2：扶正歪斜的拍摄效果。选择"选择"→"全部"命令（全选快捷键为【Ctrl+A】，撤销所有选区为【Ctrl+D】），将整个图像选中，选择"编辑"→"自由变换"命令，利用鼠标拖动图片 4 角，将其旋转到合适的位置后，单击选项栏中的 ✓ 按钮，确认进行旋转操作，如图 6-23 所示。

图 6-23　利用"自由变换"功能调整图像角度

步骤 3：裁切图像。使用工具栏中的"裁剪工具" ，在图像有效区域边缘绘制一个矩形，单击选项栏中 按钮，确认进行裁剪操作，从而将画面中不需要的部分去除。

步骤 4：定义蓝天图案。打开图片"蓝天.jpg"，使用"选择"→"全选"命令将整个图片选中，选择"编辑"→"定义图案"命令，图案名称为默认，单击"确定"按钮。

步骤 5：选择将要替换的区域。使用工具栏中的"魔棒工具" ，设置容差为 15，以"添加到选区"方式选择原始图像中的天空部分，如图 6-24 所示。

步骤 6：执行替换功能。选择"编辑"→"填充"命令，使用步骤 4 中定义的蓝天图案代替原始图像中选定的区域，设置不透明度为 50%，如图 6-25 所示。选择"选择"→"取消选择"命令（快捷键为【Ctrl+D】），将图像中的虚线框去除。

图 6-24　使用"魔棒工具"选择替换区域

图 6-25　使用"自定图案"进行填充

步骤 7：去除画面中多余的小船。使用工具栏中的"仿制图章工具" ，按住【Alt】键同时单击水面上的某一区域，抬起【Alt】键，按住鼠标左键在画面中多余的小船处多次涂抹，即可去除不需要的内容。

步骤 8：调整画面亮度和对比度。选择"图像"→"调整"→"亮度和对比度"，设置亮度为-20，对比度为+60，单击"确定"按钮。

步骤 9：保存最终效果图。选择"文件"→"存储为"命令，将调整后的图像存储为"案例 6-2 效果图.jpg"。

知识讲解

① 自由变换功能不仅可以旋转图像，还可以实现对选定图像的缩放、变形、水平翻转、垂直翻转等操作，在图像处理中使用频率较高。

② 魔棒工具常用来选择颜色相近的不规则区域，灵活运用"新选区""添加到选区""从选区减去"以及"与选区交叉"4 种模式可以方便快捷地获得理想的选定区域，从而为后面的图像处理奠定好的操作基础。

③ 仿制图章工具在数码照片的后期处理中使用频率极高，常用来去除画面中不必要的成分或修复粗糙的皮肤表面。艺术摄影中光洁的皮肤表面基本上都是利用该工具来实现的，但想要达到均匀、平滑的处理效果，需要一定的操作技巧和长时间的反复练习。

【案例 6-3】自制大头贴。

案例功能：拍摄大头贴是很多年轻人喜欢做的事情，其实借助图像处理软件可以将任意一张照片加工成自己喜欢的大头贴样式，不但不受场地的限制，在风格上也可以更具特色。

案例效果：如图 6-26 所示。

图 6-26　案例 6-3 制作效果

知识列表：自定形状、创建新图层、油漆桶、画笔、拼合图像。

案例操作过程：

步骤 1：打开原始图像。启动 PhotoShop CS6，选择"文件"→"打开"命令，将"案例 5-3 原始图.jpg"选中，单击"打开"按钮。

步骤 2：绘制红心形状。在工具栏中单击"自定形状工具"，在选项栏中选择"路径"，并在形状列表中选择"红心形卡"。拖动鼠标，在原始图像上绘制大小合适的红心形状，按【Ctrl+Enter】组合键将其转换为选区，如图 6-27 所示。

自定形状工具 ——

图 6-27　绘制红心形状

步骤 3：为心形外框创建新图层。选择"选择"→"修改"→"羽化"命令（快捷键为【Shift+F6】），设置参数为 10，此时红心形状的边界将变得朦胧。选择"选择"→"反选"命令，将红心以外的部分变为选区，即大头贴的外框部分。在"图层"面板中单击"创建新图层"按钮，在背景层之上创建图层 1，如图 6-28 所示。

步骤 4：为心形外框填充颜色。设置前景色为浅蓝色，用"油漆桶工具" 填充图层 1 中被选定的区域。

步骤 5：绘制装饰性图案。在"图层"面板中单击"创建新图层"按钮，创建图层 2，用于显示大头贴中的装饰性图案。将前景色设置为白色，在图 6-29 所示对话框中设置画笔的形状及主直径，并在图层 2 中绘制出具有装饰效果的图案。更换前景色，并使用不同形状的画笔对图层 2 进行自由装饰。该案例完全可以发挥个人的创意，根据自己的喜好进行设置，直到效果满意为止。

图 6-28　创建新图层

图 6-29　画笔工具

步骤 6：保存最终效果图。选择"图层"→"拼合图像"命令，将背景图层与其他多个图层拼合在一起。选择"文件"→"存储为"命令，将调整后的图像存储为"案例 6-3 效果图.jpg"。

知识讲解

① 自定形状工具及画笔工具均可以在默认基础上增加更多的备选形状。操作方法是单击列表框右上角的圆形按钮，在图 6-30 所示的快捷菜单中选择需要增加的系列即可，在图 6-31 所示的对话框中单击"追加"按钮。

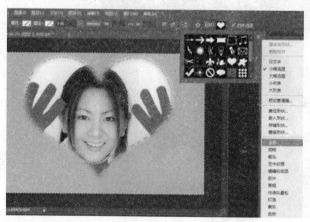

图 6-30　增加自定形状工具列表

图 6-31　形状替换对话框

② 创建新图层的目的是为了提高后期操作的灵活度。由于将不同对象放入了不同图层，因此可以自由地更换装饰框的形状及颜色、装饰图案的形状、颜色、大小、图层样式等，充分体现了 Photoshop 图像处理软件支持多图层的优势。

③ 拼合图像的操作通常在图像处理工作的最后进行。尚未拼合的图像可以被存储为 Photoshop 软件特有的 psd 格式，该图像格式支持多图层，但文件较大，需要用 Photoshop 软件打开。拼合后的图像只有一个图层，文件较小，但不能再进行分层的编辑，可以保存为 jpg、bmp、tif 等多种格式，使用方便。

【案例6-4】自制证件照

案例功能：去照相馆拍摄证件照费时又费力，效果往往还不令人满意。学习完该案例就可以利用数码照相机自己拍摄证件照，并将其排版为标准的冲洗格式，直接拿到照相馆冲洗或者使用彩色打印机打印。

案例效果：如图6-32所示。

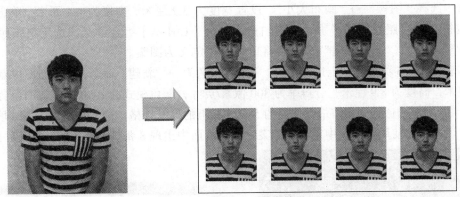

图6-32　案例6-4制作效果

知识列表：分辨率、抽出、调整图层顺序、画布大小。

案例操作过程：

步骤1：打开原始图像。启动 Photoshop CS6，选择"文件"→"打开"命令，将"案例6-4原始图.jpg"选中，单击"打开"按钮。

步骤2：将原始图像裁剪为一寸照片大小。在工具栏中单击"裁剪工具" ，在选项栏中按照标准一寸照片的宽度、高度及分辨率进行设置，即宽度为2.5厘米，高度为3.5厘米，分辨率为300像素/英寸。利用鼠标拖动出合适的矩形区域，如图6-33所示，单击选项栏中 按钮，确认进行裁剪操作。

步骤3：将人物从背景中分离出来。选择"魔棒工具" ，设定容差为6，选定背景，单击选项栏中"调整边缘"按钮，弹出对话框（见图6-34），并选择视图模式为闪烁虚线，半径为9像素，平滑度为10，单击"确定"按钮，输出到选区，完成人物与背景的分离。

图6-33　裁剪图像

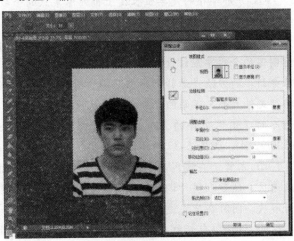

图6-34　人物与背景的分离

步骤 4：制作证件照的背景。在"图层"面板中单击"创建新图层"按钮，创建图层 1。设置前景色为证件照常用的蓝色（R:62,G:168,B230），利用"油漆桶工具" 将图层 1 填充为蓝色，如图 6-35 所示。对于抽出效果不理想的部分，可以再次调节"调整边缘"中的数据，直至效果满意。

步骤 5：将单张照片定义为图案。选择"图层"→"图像拼合"命令，将背景和人物拼合。选择"图像"→"画布大小"，设置宽度为 3.2 厘米，高度为 4.4 厘米，单击"确定"按钮，此时照片周围增加了一道白边。使用【Ctrl+A】组合键全部选定整张照片，选择"编辑"→"定义图案"命令，将单张照片定义为图案。

步骤 6：在 5 英寸相纸上进行排版。选择"文件"→"新建"命令，设置新图像宽度为 12.7 厘米，高度为 8.9 厘米，分辨率为 300 像素/英寸，颜色模式为 RGB 颜色，白色背景，如图 6-36 所示，这是照相馆最常使用的 5 英寸相纸的标准规格。选择"编辑"→"填充"命令，填充内容使用步骤 5 中定义的图案，此时画面中出现 8 张排列整齐的一寸证件照。

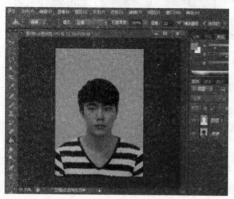

图 6-35　设置证件照背景

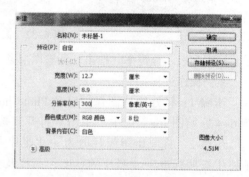

图 6-36　新建 5 寸相纸

步骤 7：保存最终效果图。选择"文件"→"存储为"命令，将调整后的图像存储为"案例 6-4 效果图.jpg"。

知识讲解

① 分辨率指的是单位长度上排列像素点的个数，通常采用的单位是"像素/英寸"，即每英寸上排列的像素点的个数（1 英寸=2.54 厘米）。一般从网络上下载图像的分辨率都是 72 像素/英寸，虽然在显示器上看这些图像似乎很清楚，但打印在纸上就不一定清楚了，打印照片时图像的分辨率应该设置为 300 像素/英寸或者更高，这样打印出的照片才是清晰的。修改图像分辨率的方法是选择"图像"→"图像大小"命令，取消勾选"重定图像像素"选项，再将"文件大小"下面的"分辨率"从原来的 72 改为 300，单击"确定"即可。调高图像的分辨率对于图像文件的大小几乎没有影响，但打印出来的尺寸却会缩小为原图的 1/4 左右（300/72≈4），如图 6-37 所示。

② 本案例在实现人物与背景的分离时首先通过"魔棒工具"或者"套索工具"选择大致选区，然后利用"调整边缘"功能，使人物服装颜色与背景相似所产生的分割困难得到较好解决，同时在头发边缘处也可以保留较为自然真实的效果。

③ 证件照包括红色背景、蓝色背景、白色背景、蓝色渐变背景等多种，因此建议保存好证件照的 psd 分层文件，当需要不同背景色的照片时，只要修改背景图层的填充颜色即可。

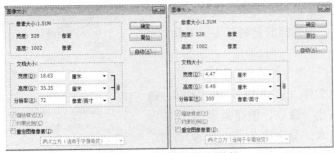

图 6-37　修改图像分辨率

④ 在一张相纸上还可以实现不同尺寸证件照的混合排版,例如:5 英寸相纸上既可以排 8 张 1 寸照,也可以排 6 张 1 寸照加上 2 张小 2 寸照,如图 6-38 所示。因此,了解不同照片的标准规格对于自行排版非常重要。常用照片尺寸规格如下:1 英寸,2.5 cm×3.5 cm;小 2 英寸,4.8 cm×3.3 cm;2 英寸,3.5 cm×5.3 cm;5 英寸,12.7 cm×8.9 cm;6 英寸,15.2 cm×10.2 cm;7 英寸,17.8 cm×12.7 cm。

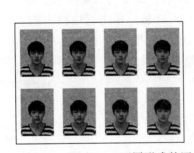
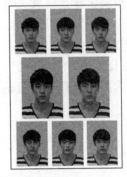

图 6-38　不同形式的证件照排版效果

【案例 6-5】校园卡设计

案例功能:校园卡是师生们在校园中学习和生活的重要证件,承担了考勤、就餐、借书、就医、购物等众多功能。如何在方寸之间实现艺术创意,使这张小小的卡片不仅实用而且美观,需要对校园卡进行合理的设计。

基本要求:

① 校园卡外观尺寸为 8.6 cm×5.4 cm,设计图包括正、反两面。

② 必须包含"北京银行"、"校园卡"、个人信息、校名校徽、使用提示等。

③ 色彩明快、积极向上、体现学校特色。

案例效果:如图 6-39 所示。

图 6-39　案例 6-5 制作效果

知识列表：固定矩形选框大小、调整矩形选框边缘、设置前景色、图像间的复制、文字工具、字符面板。

案例操作过程：

步骤 1：新建文件。启动 Photoshop CS6，选择"文件"→"新建"命令，创建宽度为 18.5 厘米，高度为 6.5 厘米，分辨率为 300 像素/英寸，RGB 颜色模式的透明背景图片，如图 6-40 所示。

图 6-40　创建透明背景

---小提示---

由于设计图包括校园卡的正、反两面，因此在设置新文件的宽度时要稍大于校园卡实际宽度的 2 倍，高度上也要适当留有余量。将背景设置为透明是很多设计师的习惯，这样做可以为后续的操作提供方便，本案例中也可以设置为白色背景。

步骤 2：绘制校园卡背景区域。选择工具栏中的"矩形选框工具"■，在选项栏中将样式更改为"固定大小"，宽度为 8.6 厘米，高度为 5.4 厘米，如图 6-41 所示。在步骤 1 所创建的透明背景图上单击，获得矩形区域。单击选项栏中的"调整边缘"按钮，将半径设置为 50,对比度 100%，平滑为 100，其他参数保持默认值，如图 6-42 所示，单击"确定"按钮，选区被调整为圆角矩形的效果。

图 6-42　调整边缘

图 6-41　设置矩形选框为固定大小

知识讲解

调整矩形选框边缘的对话框中有几个重要的参数：

① 半径：增加"半径"可以改善包含柔化过渡或细节的区域中的边缘。

② 对比度：增加"对比度"可以使柔化的边缘变得犀利，去除选区边缘模糊的不自然感。

③ 平滑："平滑"可以去除选区边缘的锯齿。

④ 羽化："羽化"可以使选区边缘变得均匀而模糊。

步骤 3：填充校园卡背景区域。单击工具栏中的"设置前景色"■，将前景色设置为 R：106，G：206，B：3，如图 6-43 所示，单击"确定"按钮。选择"油漆桶工具"

，将步骤2绘制的圆角矩形区域填充为前景色。

步骤4：添加校园卡中的图像元素。选择"文件"→"打开"命令，将"照片.jpg"文件打开。按【Ctrl+A】组合键将照片全部选中，选择"编辑"→"拷贝"命令。切换至校园卡设计文件，选择"编辑"→"粘贴"命令，此时图层面板上出现一个新的图层，该图层中仅包含了一张学生的照片。利用工具栏中的"移动工具" ，将照片移动到合适的位置即可。

图 6-43　设置前景色

模仿上述步骤依次将"北京银行.png""校名校徽.png""中山装.png"添加到校园卡的设计画面中。添加完图像元素的校园卡如图 6-44 所示。

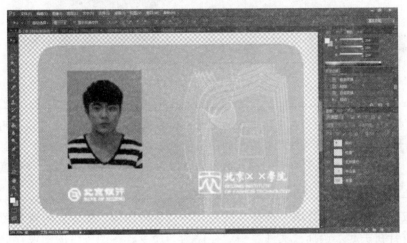

图 6-44　添加了图像元素后的设计画面

步骤 5：添加校园卡中的文字信息。单击工具栏中的"横排文字工具" ，将前景色设置为白色（R：255，G：255，B：255），输入文字"校园卡"，设置字体为"华文中宋"，字号为 12，并将其移动至合适的位置。

将前景色设置为黑色（R：0，G：0，B：0），将姓名、学号、院系信息添加到照片右侧的区域，设置字体为"华文中宋"，字号为 8，效果如图 6-45 所示。此时，校园卡正面图案的设计就全部完成。

图 6-45　校园卡正面设计图

—小提示—

　　当设计稿中出现图层数量较多时，为了便于查找，可以通过为图层设置名称的方法起到区分的作用，例如：A-照片、A-背景、B-校名校徽等，其中的字母 A、B 代表了设计稿的正反两面，后面的文字则对该图层中的内容予以说明。Photoshop 中默认的图层名称是图层1、图层2……修改图层名称时需要右击图层名称，在弹出的快捷菜单中选择"图层属性"命令。

步骤 6：模仿步骤 2~步骤 4，完成校园卡背面图案的设计。背面需要体现的文字信息为："本卡仅限本人使用，敬请妥善保管，如有遗失请速办理挂失，咨询电话：64288×××"。文字信息较长时，需要分行显示，因此在输入文字信息后，需要通过文字工具选项栏中的"字符面板"设置合理的行距，如图 6-46 所示。

图 6-46　修改字符行距

—小提示—

　　对于校园卡正反两面图案中均包含的背景、校名校徽及中山装元素可以采用复制图层的方法快速实现。操作方法是在右侧的图层面板中右击需要复制的图层，在弹出的快捷菜单中选择"复制图层"即可。刚复制出的新图层在原图层位置之上，通过鼠标拖动可以改变图层间的上下顺序。

　　步骤 7：保存最终设计图。选择"图层"→"拼合图像"命令，将背景图层与其他多个图层拼合在一起。选择"文件"→"存储为"命令，将调整后的图像存储为"案例 6-5 效果图.jpg"。

—小提示—

　　该系列校园卡的设计方案包括学生卡、教师卡和临时卡 3 种，本案例仅给出了学生卡的设计方案，另外 2 种则通过变换校园卡背景颜色的方法（教师卡背景色 R：212，G：181，B：113；临时卡背景色 R：220，G：220，B：220）获得了与学生卡不同的设计效果。3 种卡在颜色的选择上和谐一致，再加上设计师的设计说明才是一套完整的校园卡设计方案。

【案例 6-6】时尚杂志封面制作。

案例功能：以往只是明星才有机会成为时尚杂志的封面人物，但只要精心设计，其实谁都可以实现这个梦想。

案例效果：如图 6-47 所示。

知识列表：图层的混合模式、高斯模糊、文字工具、色彩范围、自由变换、图像拼合。

案例操作过程：

步骤 1：打开原始图像。启动 Photoshop CS6，选择"文件"→"打开"命令，将"案例 6-6 原始图.jpg"打开。

图 6-47　案例 6-6 制作效果

步骤 2：处理背景图片。在图层面板中，右击"背景"图层，选择"复制图层"，创建"背景 副本"图层。将"背景 副本"图层的混合模式设置为"滤色"，如图 6-48 所示，此时背景图像将被提亮。

步骤 3：柔化背景图片。选择"背景 副本"图层，选择"滤镜"→"模糊"→"高斯模糊"，设置模糊"半径"为 2.0，此时背景图像变得更加柔和。

步骤 4：添加杂志英文标题。单击工具栏中的"横排文字工具" ，将前景色设置为白色（R：255，G：255，B：255），输入杂志的英文标题"ELLE"，在字符面板中设置字体为 Times New Roman，字体样式 Bold (加粗)，字体大小 120，垂直缩放为 200%，水平缩放为 80%，字符间距 1000，如图 6-49 所示。

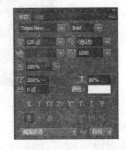

图 6-48　设置"背景 副本"图层的混合模式　　图 6-49　设置英文标题格式

步骤 5：添加杂志中文标题。将"世界时装之苑.jpg"文件打开，用"吸管工具" 单击红色的标题文字，选择"选择"→"色彩范围"命令，如图 6-50 所示，单击"确定"按钮，获得文字选区，选择"编辑"→"拷贝"命令。切换至封面设计图选择"编辑"→"粘贴"命令，将中文标题移动至合适的位置，如图 6-51 所示。

图 6-50　获取杂志的中文标题　　　图 6-51　插入了中英文标题后的杂志封面

　　如果杂志封面文字的字形特征不是很明显，也可以使用 Photoshop 的文字工具来实现。本案例中"世界时装之苑"的字形较为特殊，因此采取了从已有图像中获取的方法。

　　步骤 6：添加封面文字信息。利用"横排文字工具"，输入封面上的其他文字信息，通过设置不同的颜色、字体、字号及行距等取得较好的视觉效果。该步骤的操作可以自由发挥。

　　步骤 7：添加杂志的刊号。利用"横排文字工具"，输入："JANUARY 2012 一月号"，表示本期杂志的刊号。

　　步骤 8：添加杂志的条形码。将"条形码.jpg"文件打开，按【Ctrl+A】组合键将其全部选中，选择"编辑"→"拷贝"命令，切换至封面设计文件，选择"编辑"→"粘贴"命令。如果条形码的尺寸不合理，选择"编辑"→"自由变换"命令，将其缩放到合适的尺寸后，单击选项栏中的 ✔ 即可。最后，利用"移动工具"将其移动到封面的合适位置。此时，封面就基本设计完毕，画面效果及图层关系如图 6-52 所示。

图 6-52　封面效果及其图层关系

　　步骤 9：保存最终设计图。选择"图层"→"拼合图像"命令，将背景图层与其他多个图层拼合在一起。选择"文件"→"存储为"命令，将调整后的图像存储为"案例 6-6 效果图.jpg"。

知识讲解

　　① 图层混合模式：图层混合模式决定了当前图层中的像素与其下面图层中的像素以何种模式进行混合。Photoshop 中有 6 大类 20 多种图层混合模式，是该软件的核心功能之一。

　　② 图层混合模式涉及 3 个术语：基色、混合色、结果色。

● 基色：指当前图层下面图层的颜色。

● 混合色：指当前图层的颜色。

● 结果色：指混合后得到的颜色。

　　③ 正常模式：正常模式是图像默认的混合模式，在该模式下编辑的每个像素，都将直接形成结果色。在此模式下，可以通过调节图层的不透明度及填充值，在不同程度上显示下一图层中的内容。

④ 滤色模式：滤色模式使得混合颜色中较亮的像素被保留起来，而其他较暗的像素则被替代，因此该模式会使底层图像变亮，从而获得最终的混合效果。

6.3.2 计算机动画

计算机多媒体数据处理中很重要的一部分内容就是计算机动画。计算机动画的应用领域涉及电视广告、栏目片头和片花、网页设计、小游戏等。计算机动画是利用计算机产生的影像制作出来的连续画面。由于人眼具有"视觉暂留(Visual Staying Phenomenon)"的生物特征，因此当物体运动时，其在视网膜上的影像将滞留 0.1~0.4 s。人眼能够足够长时间地保留影像，以允许大脑以连续的序列将一系列独立的画面连接组合起来，从而产生物体是连续运动的"错觉"，但如果以低于 24 幅／秒的速度播放画面，人眼就会感觉到停顿的现象。

动画有矢量动画和位图动画之分。矢量动画软件以 Flash、Swift 3D 为代表，前者制作二维矢量动画，后者制作三维矢量动画。矢量动画不会因为尺寸的缩放而影响画面的质量。位图动画软件以 GIF Animator、After Effects、3ds Max 为代表，其中 GIF Animator 常用于制作小巧的轮播型动画，After Effects 用于专业的后期制作，3ds Max 是基于 PC 系统的三维动画渲染和制作软件。这里分别以 Ulead 公司出品的 GIF Animator 和 Macromedia 公司（已于 2005 年被 Adobe 公司收购）推出的 Flash 为例进行简单介绍。

1. GIF 动画制作

GIF（Graphics Interchange Format，图形交换格式）是由 CompuServe 公司开发的图形文件格式。GIF 文件一帧中只能有 256 种颜色，动画方式为多幅图像序列的循环播放，通过 LZW 压缩算法减少图像尺寸，因此一般 GIF 文件都非常小巧，主要应用于互联网。很多软件都可以制作 GIF 格式的动画，如 Adobe Imageready、Adobe Flash 等，相比之下，Ulead GIF Animator 使用更方便，功能也很强大，也可将 AVI 文件转成 GIF 动画使用。

【案例 6-7】GIF 逐帧动画"小猫眨眼睛"。

步骤 1：双击启动 Ulead GIF Animator，其界面如图 6-53 所示。选择"文件"→"新建"命令，创建一个 697×532 像素的纯色背景画布，如图 6-54 所示。

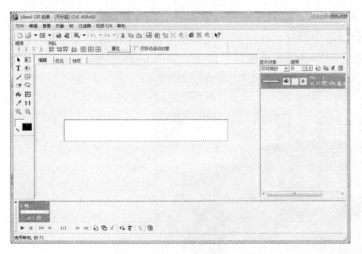

图 6-53 Ulead GIF Animator 软件界面　　　　图 6-54 创建自定义大小的画布

步骤 2：单击工具栏上的"添加图像"  按钮，将"Open eyes.JPG"设置为动画的第一帧。

步骤 3：选择"帧"→"添加帧"命令，在帧面板出现第 2 帧，并在该帧上添加图像 Close eyes.JPG。

步骤 4：单击"预览"选项卡，查看动画显示效果。如果不满意可以双击某一帧，在弹出的"画面帧属性"对话框中调整"延迟"参数为 25（每个时间单位为 0.01s），直至动画效果满意，如图 6-55 所示。

图 6-55　调整动画帧的延迟时间

步骤 5：保存动画。选择"文件"→"另存为"→"Gif 文件"，输入保存路径及文件名即可。

2. Flash 动画制作

Flash 动画制作软件能够将矢量图、位图、音频、交互控制等有机地、灵活地结合在一起，从而制作出美观、新奇、交互性强的动画效果。和其他动画制作软件相比，Flash 动画具有体积小、交互性强、传播性好的优点，因此在动画制作领域占有极为重要的地位。

【案例 6-8】Flash 补间动画"滚动的球"。

步骤 1：双击启动 Flash 软件，新建一个 ActionScript 3.0 文件，文档属性选择默认，并存为"滚动的球.fla"。

步骤 2：单击图层 1 的第 1 帧，选择"文件"→"导入"→"导入到舞台"命令，把准备好的"草地.jpg"素材导入舞台。选中图片，在"属性"面板中修改图片大小为 550×400 像素，并在图层 1 的第 30 帧右击，选择"插入关键帧"命令，如图 6-56 所示。

图 6-56　图片导入

步骤 3：选择"插入"→"新建元件"命令，出现"创建新元件"对话框，在名称栏里输入"球"，类型选择"图形"，如图 6-57 所示。

图 6-57 菜单及对话框

步骤 4：单击元件"球"的舞台，选择"文件"→"导入"→"导入到舞台"，把准备好的"球.ai"素材导入舞台，并调整大小，如图 6-58 所示。

步骤 5：单击场景 1，返回主场景。单击"新建图层"创建图层 2，并选中图层 2 的第 1 帧，打开库面板，拖动"球"元件到舞台中，并调整大小及位置，如图 6-59 所示。

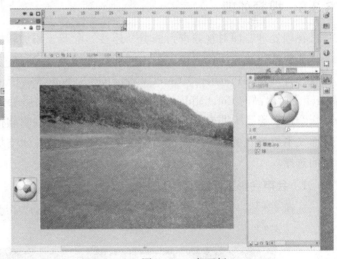

图 6-58 新建元件　　　　　　　　　图 6-59 库面板

步骤 6：右击图层 2 的第 30 帧，在弹出的快捷菜单中选择"插入关键帧"命令。调整球的位置，把鼠标置于在第 1 帧和第 30 帧中间任意位置，右击选择"创建传统补间"命令，结果如图 6-60 所示。

步骤 7：鼠标置于图层 2 的第 1 帧和 30 帧中间，在属性面板中，修改旋转属性为"顺时针"，如图 6-61 所示。

步骤 8：保存文件。按【Ctrl +Enter】组合键进行影片测试，并最终输出为 swf 动画格式。

对比以上的两个案例可以发现，逐帧动画与补间动画都属于帧动画的范畴，它由图形或图像序列组成，序列中的每幅静态图像称为一帧。在【案例 6-7】所示的逐帧动画中，每一帧上都有可编辑的对象角色，设计者可以分别进行修改。在【案例 6-8】所示的补间动画中，设计者只要在动画时间的两端分别给出两个关键帧，记录运动的初始和终止状态，动画软件就可以通过一定的算法计算生成自然、平滑的中间帧，从而产生细腻的动画效果。

图 6-60　移动后的位置及时间轴　　　　　　图 6-61　补间属性面板

6.3.3　视频处理

视频处理，即对视频进行修剪、连接、配音、添加转场特效等操作。计算机视频编辑是一种非线性行为，因此习惯上称为"非线性编辑"，简称"非编"。目前，较为流行的视频处理软件有 Adobe Premiere、Corel VideoStudio、Sony Vegas、Windows Movie Maker 等。这里以 Corel 公司出品的 Corel VideoStudio（中文名称会声会影）为例进行介绍。

会声会影是为非专业用户量身定制的一款视频编辑软件。对于希望更多享受视频编辑乐趣而又不愿意花费太多时间的人们来说，具有高级技术支持和易于操作特点的会声会影是不错的选择。

1. 会声会影工作窗口

选择"开始"→"Corel VideoStudio pro X5"命令启动会声会影程序，其主界面如图 6-62 所示。

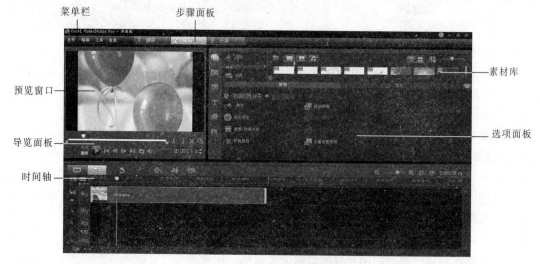

图 6-62　会声会影主界面

① 菜单栏：包括文件、编辑、设置、工具菜单。菜单栏提供各种命令，用于自定义"会声会影"、打开和保存影片项目、处理各种素材等。

② 步骤面板：捕获、编辑和分享，是"会声会影"编辑过程中的3个步骤。

- 捕获：一旦在"会声会影"中打开项目，即可在"捕获步骤"中将视频直接录制到计算机硬盘上。录像带的镜头可捕获为单个文件，也可自动分为多个文件。在此步骤中，可以捕获视频和静态图像。

- 编辑："编辑"步骤和"时间轴"是"会声会影"的核心。这是排列、编辑和修整视频素材的地方。在此步骤中，也可向视频素材应用视频滤镜。

- 效果：在"效果"步骤中，可以在项目的视频素材之间添加转场。在"素材库"中，可以选择各种转场效果。

- 覆叠：在"覆叠"步骤中，可以在素材上叠加多个素材，从而产生画中画效果。

- 标题：如果没有开幕标题、字幕和闭幕词，就不是完整的影片。在"标题"步骤中，可以制作动画文本标题，也可以从素材库的各种预设值中进行选择。

- 音频：背景音乐设置影片的基调。在"音频"步骤中，可以选择和录制计算机所安装的一个或多个 CD-ROM 驱动器上的音乐文件，还可为视频配音。

- 分享：影片完成后，可以创建视频文件，以便在"分享"步骤中进行网络共享，或将影片输出到磁带、DVD 或 CD 上。

③ 预览窗口：用来显示当前素材、视频滤镜、效果或标题设置的效果。

④ 素材库：存放着软件自带的素材和以后添加上去的素材（图片素材、视频素材或音频素材等）。

⑤ 选项面板：素材类型不同，"选项面板"的内容也不同。

⑥ 时间轴：时间轴工作区也叫编辑区。它的作用是将不同的素材拖入到时间轴上，通过编辑，可以输出完整的视频。

⑦ 导览面板：用来控制预览窗口播放素材或项目内容。

2. 会声会影视频制作案例

【案例6-9】微视频"花样年华"。

案例功能：在处理视频时，多段视频的剪辑与合并是不可避免的，用文字说明一些重要的信息点，使用文字、视频相互融合的特效制作方法。

具体要求：根据提供的素材，制作包含片头、视频、片尾的短片；在短片的合适位置添加文字信息，并运用会声会影对每段视频进行处理，并完成视频的转场特效；完成最终效果并输出。

案例分析：短片的制作，涉及会声会影中诸多知识点，除了要掌握会声会影的基本操作以外，素材的准备工作是基石。

知识列表：捕获视频、影片剪辑与调整、转场效果、标题制作等。

案例操作过程：

（1）新建文档

步骤1：双击桌面 Corel VideoStudio pro X5（快捷方式），启动会声会影。

步骤 2：软件启动后，自动新建一个文档，选择"文件"→"保存"命令，把文件命名为"花样年华.vsp"，如图 6-63 所示。VSP 文件作为视频编辑的原始文件，记录非线性编辑中的关键信息，例如素材文件的排列顺序、转场特效、标题的设置等。所用到的媒体素材均采用链接的方式，因此只有保持原始素材的存储路径不变，才可以使用 VSP 文件对视频再次编辑，否则需要重新链接媒体文件。

（2）导入媒体文件

步骤 1：在"编辑"步骤中选择"导入媒体文件"，在弹出的浏览媒体文件对话框中，选择案例 5-9 中的所有素材，如图 6-64 所示。

步骤 2：单击"打开"按钮，将 7 个媒体文件一并导入到素材库中，如图 6-65 所示。

图 6-63　文件保存窗口

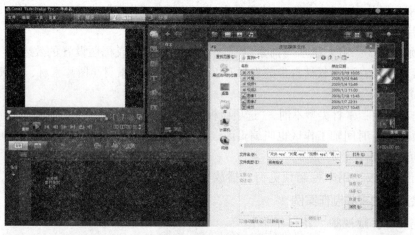

图 6-64　导入媒体文件

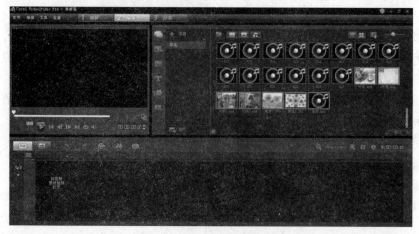

图 6-65　导入后的媒体文件

（3）编辑素材

步骤 1：在"编辑"步骤中将素材库中的"片头.mpg""视频 1.mpg""视频 2.mpg"
"片尾.mpg"分别拖动到视频轨中，按顺序排列好，即片头→视频 1→视频 2→片尾，如
图 6-66 所示。

图 6-66　素材在视频轨上的排列

步骤 2：将素材库中的"图像 1.jpg"拖动到"视频 1.mpg"和"视频 2.mpg"中间，
同理将"图像 2.jpg"拖动到"视频 2.mpg"和"片尾.mpg"中间，即片头→视频 1→图
像 1→视频 2→图像 2→片尾，如图 6-67 所示。

图 6-67　图片在视频轨上的排列

步骤 3：在"编辑"中选择"转场"，将"溶解"拖动到"片头.mpg"和"视频 1.mpg"
中间，同理再将其拖动到"视频 1.mpg"和"图像 1.jpg"中间、"图像 1.jpg"和"视频
2.mpg"中间。将"交叉淡化"拖动到"视频 2.mpg"和"图像 2.mpg"中间，"图像 2.jpg"
和"片尾.mpg"中间。此时短片结构如下：片头→（溶解）→视频 1→（溶解）→图像 1
→（溶解）→视频 2→（交叉淡化）→图像 2→（交叉淡化）→片尾，如图 6-68 所示。

图 6-68　增加转场效果

（4）文字及音频处理

步骤 1：在"编辑"中单击"标题"，选择一种标题字幕样式，将其拖动到短片的"标
题轨"上，双击以改变文字内容为"青春无限"，如图 6-69 所示。

步骤 2：将素材库中的"音频.mp3"拖动到短片的"音乐轨"上，将播放进度调整至视频结束的位置，单击"剪刀"图标，将音频剪断，选中后半段音频并右击，在弹出的快捷菜单中选择"删除"命令删除多余部分，如图 6-70 所示。

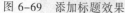

图 6-69　添加标题效果

图 6-70　插入并修改背景音乐

步骤 3：双击"片头.mpg"，在其选项面板中将音量调整为"0"，即静音处理，如图 6-71所示。同理操作"视频 2.mpg"。

媒体音量控制

图 6-71　设置媒体素材的音量

步骤 4：右击"音频.mp3"，在弹出的快捷菜单中选择"淡入"和"淡出"命令，如图 6-72 所示。

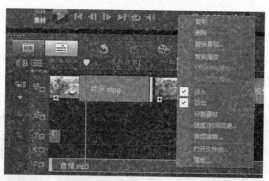

图 6-72　设置音频淡入淡出

（5）发布作品

在"分享"步骤中选择"创建视频文件"→DVD→MPEG2，将文件名设置为"多媒体短片.mpg"并输出，如图 6-73 所示。

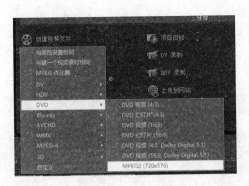

图 6-73　发布作品

6.3.4　音频处理

数字音频实际上是一种数字式录音及重放的过程。在多媒体系统中，声音的应用非常重要，一方面声音是携带信息的重要媒体，另一方面声音可以增强软件的听觉效果。声音包括音乐、语音及音效。多媒体中的音乐有两种方式：一种是直接用计算机音乐制作软件生成音乐，例如 MIDI 制作软件 MidiEditor、Anvil Studio 等，另一种是先进行原音录制，再进行数字化处理，使用计算机完成音频编辑及格式转化的操作，常用软件有 GoldWave、Adobe Audition 等。这里以 GoldWave 为例进行介绍。

GoldWave 是一款专门用于声音编辑的软件，它体积小巧，功能非常强大，主要体现在以下几个方面：

1. 录制声音

以不同的采样频率录制声音信号，声源可以是 CD-ROM 播放的 CD 音乐，可以是通过音频电缆传送的录音机信号，也可以通过话筒直接进行现场录音。

2. 声音剪辑

可以根据需要删除、复制和调换某段声音，还可以将多个声音连接在一起，并把多种声音合成。

3. 特效处理

利用软件提供的多种特效程序，对声音进行混响、回声、反转等效果。

4. 格式转换

支持许多格式的音频文件，包括 WAV、OGG、VOC、 IFF、AIFF、 AIFC、AU、SND、MP3、 MAT、 DWD、 SMP、 VOX、SDS、AVI、MOV、APE 等，也可以通过"另存为…"方式进行声音格式的转化。

【案例 6-10】消除音频 MP3 中的原唱声音。

案例操作过程：

步骤 1：双击启动 GoldWave.exe。

步骤 2：选择"文件"→"打开"命令，指向音频文件"只愿你好.mp3"。导入的音乐转换成声波的样子，如图 6-74 所示。红色和绿色表示有两个声道，说明原始音频为立体声。如果只有红色或者只有绿色的声波，说明原始音频文件不是立体声，因此不能消除人声。

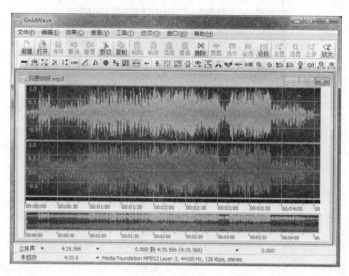

图 6-74　导入立体声音频文件

步骤 3：选择"效果"→"立体声"→"声道混音器"，将左右两个声道的左侧音量分别设置为 100，右侧音量设置为-100，预置为"人声消除"，单击"确定"按钮，如图 6-75 所示。

步骤 4：使用控制器面板（图 6-76）播放处理后的音频，若消除原唱效果满意，则选择"文件"→"另存为"命令将其保存为一个新的只保留伴奏的 MP3 文件。

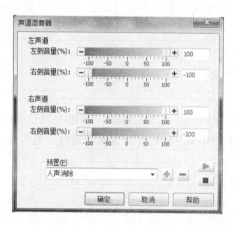

图 6-75　声道混音器设置

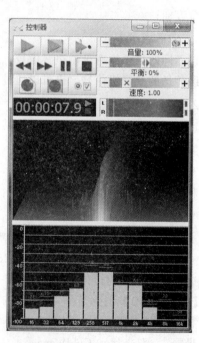

图 6-76　控制器面板

上述操作非常简单，实际上对于不同的 MP3 文件，处理的效果也有差异，比较常见的情况是原唱的声音没有消除干净，依然隐约能听到原唱的声音，或者就是伴奏的声音也发生了变化。因此，在要求不高的场合可以利用上述操作，如果想获得更好的音频处理效果，还需要利用"效果"菜单里的多个功能综合实现。

① 降噪处理：选择"效果"→"滤波器"→"降噪"命令。

② 音量调节：选择"效果"→"音量"→"更改音量"命令。

③ 回声效果：选择"效果"→"回声"命令。

● 降调处理：选择"效果"→"音调"命令。

需要强调的是，所有操作之前需要预先选定音频范围，如图 6-77 所示，高亮矩形区域所覆盖的声波部分为有效区域。如果不选定操作区域，系统默认的处理范围是整个音频。

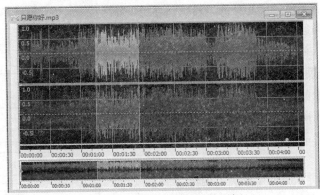

图 6-77　选定音频处理区域

6.3.5　多媒体数据集成

1. 媒体集成类软件

媒体集成类软件是指可以将多种媒体集中整合在同一个环境下，并对其实现各种控制的软件，它是搭建多媒体互动展示系统不可缺少的平台。能完成这项工作的软件有很多种，大致分为两大类：一类是借助交互操作，将各类媒体文件集中在一个文件中，例如 PowerPoint、Flash、Director、Authorware、Iebook 等；另一类则完全依靠编程来实现，例如 VB、VC 等。不同软件对多媒体软硬件的控制能力不同，驾驭的难易程度也有差异，因此设计者要根据自身情况来选择。

2. 媒体集成类项目的设计流程

专业的多媒体项目开发是一项系统工程，为了保证工程可以顺利且高质量地完成，系统的设计及开发过程需要遵循规范的操作流程，如图 6-78 所示。

（1）系统准备阶段

开发人员需要对客户需求做充分的调查，这是设计工作得以顺利开展的前提和依据。这部分的准备具体包括：用户功能需求分析、设计艺术需求分析、安全保障需求分析等。了解到客户的需求信息后，开发者应该从技术可行性、艺术可行性和经济可行性三方面进行分析，除了结合开发者与客户的自身因素外，还要对专门的硬件和软件市场进行调查，撰写出系统开发可行性报告。制订日程表是保证系统开发有序进行的有效措施，制订得越细越能起到督促作用。它具体包括从何时开始、分几个阶段、各个阶段完成什么任务、负责人是谁、阶段性成果如何体现等。在真正开始系统实施之前，资料的搜集与管理工作显得至关重要。资料一般由客户提供，如果客户没有数字资源，也可以对实物进行拍照、扫描、摄影。此外，也可以通过互联网上的专业设计素材库获得。

（2）系统实施阶段

系统实施包括硬件配置和软件设计两大部分，后者的工作量更为集中，它包括很多工作环节，如软件模块划分、媒体编辑、界面设计、媒体集成，有时还需要编写程序来控制整个系统的运行。

（3）运行测试阶段

运行测试阶段需要通过反复测试、调整，直至排除系统实施中的所有问题。最终，多媒体系统调整成功，交付客户，正式投入运行和使用。

3. 媒体集成类项目的团队分工

由于多媒体技术的多样性与广泛性，多媒体项目的开发通常需要一个团队来共同完成。项目负责人需要推敲从开始到结束的全部设计与开发过程，除此之外，团队成员还可能包括：

① 美工师：指导项目的全部美工创作。

② 技术指导：保证项目的技术处理正常运转，使其适应所有的项目组件和媒体。

③ 界面设计师：指导产品用户界面的开发。

④ 教学设计师：如果产品是教育性的软件，还需要教学设计师负责设计产品的教学系统，即确定以怎样的方式来讲授课程。

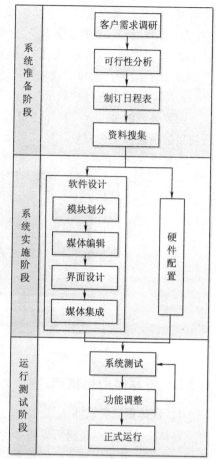

图 6-78　多媒体系统设计开发流程图

⑤ 可视化设计师：通常在专门的领域内创作各种艺术形式，例如图形设计、字体设计、包装及排版。

⑥ 交互式编剧：编剧在各种交互性的媒体和形式中间"编织"项目的内容。

⑦ 动画师：使用专业的动画制作软件创作系统所需要的各类动画。

⑧ 音乐制作人：提供系统所需的音频，包括悦耳的配乐、声乐演唱、画外音和声音效果。

⑨ 视频制作人：提供系统所需要的视频。这通常是最复杂、耗时和需要资源的媒介。

⑩ 程序员：设计并实现多媒体系统中的程序控制功能。

6.4　综合实例——多媒体数据集成之"电子杂志"

能够实现多媒体数据集成的软件有很多种，这里以飞天传媒公司出品的 iebook 为例进行介绍(http://power.iebook.cn/)。"iebook 超级精灵"是飞天传媒公司出品的电子杂志制作系统，由于采用构件化设计理念，使得多媒体系统的制作难度大大减低，设计者只要事先将所要用到的媒体素材加工整理好，在系统集成环节需要做的就只是挑选模板和指定素材文件。虽然操作步骤非常简单，但最终得到的展示结果却非常具有视觉冲击力，因此逐渐成为企业推广及个人宣传的有力工具。图 6-79 为使用"iebook 超级精灵"制作的个人电子杂志作品。

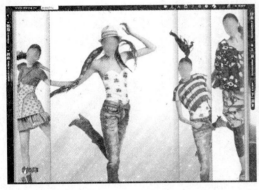

图 6-79　个人电子杂志制作效果

【案例 6-11】个人电子杂志制作。

具体要求：自行选择并加工好制作电子杂志所需要的素材，包括文字、图片、视频等；运用多媒体集成软件将素材合理整合，最终发布成为具有良好视听效果的多媒体作品。

案例操作过程：

步骤 1：双击启动 iebook 超级精灵编辑软件。

步骤 2：创建新项目，选择"标准组件 750×550 px"，并将其保存为"电子杂志作品.iebk"。

步骤 3：选择"插入"→"目录"→"精选目录三"，双击右侧页面元素窗口中的"内文替代标题 001"，修改文字信息，如图 6-80 所示。

图 6-80　修改目录页中的文字信息

步骤 4：选择"插入"→"组合模板"→"作品展示系列"→"时尚搭配"，如图 6-81 所示，双击右侧页面元素窗口中对应的元素名称，如"图片 3""图片 4"等，使用"更改图片"功能，进行替换操作。

图 6-81　替换模板中的图片

步骤 5：同理选择"插入"→"组合模板"→"作品展示系列"→"五图片拖动显示"，并对原始素材进行替换。

步骤 6：除了使用组合模板，还可以插入"图文""文字模板""多媒体""装饰""特效"等。

步骤 7：选择"生成"→"杂志设置"命令，如图 6-82 所示设置杂志名称、保存路径、图标文件、打开密码等。

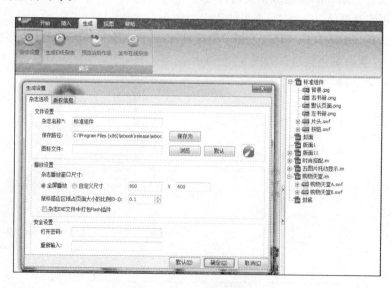

图 6-82　杂志参数设置

步骤 8：选择"生成"→"预览当前作品"，对于作品中不理想的显示效果，可以及时修改并保存。

步骤 9：选择"生成"→"生成 EXE 杂志"。

使用 iebook 超级精灵制作的电子杂志作品可以在 PC 上独立运行，无须系统播放环境及原始素材，因此便于传播。近年来，随着移动设备的普及，"人人都是设计师，人人手机自营销"的理念被逐步接受，利用"iebook 超级 H5"（http://h5.iebook.cn）还可以在线制作出运行于手机或平板计算机上的 APP，全新的媒体传播解决方案正在悄悄改变着传统的信息传播方式。该类多媒体作品的制作步骤大致如下：①登录相关网站，如 http://www.01w.com，注册用户；②获取制作码；③编辑制作；④作品发布。最终作品可以在 iOS、Android 等不同操作系统的移动设备上运行，具有较好的传播特性。图 6-83 所示的手机 APP 作品就是使用"iebook 超级 H5"，以在线方式制作完成的。

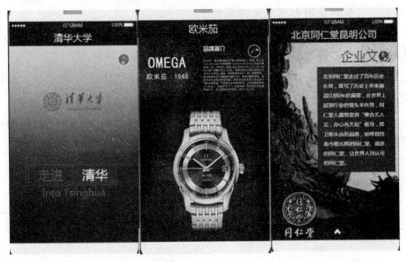

图 6-83　手机 APP 作品

小结

本章主要介绍了多媒体及多媒体技术的基本概念、多媒体技术的基本特征、应用领域、发展趋势以及多媒体数据压缩编码技术。最后，通过实际案例对多种常见的多媒体数据处理软件进行详细的讲解。

习题

一、选择题

1. JPEG 是用于（　　）的编码标准。
   A. 音频数据　　　　B. 静态图像　　　　C. 视频图像　　　　D. 音频和视频数据

2. MPEG-1 是用于（　　）的编码标准。
   A. 音频数据　　　　B. 静态图像　　　　C. 视频图像　　　　D. 音频和视频数据

3. 在下列选项中，不能在 Photoshop 中打开的文件格式是 (　　)。

　　A．.psd　　　　　　B．.bmp　　　　　　C．.jpg　　　　　　D．.txt

4. Photoshop 是 (　　) 公司旗下最为出名的图像处理软件。

　　A．Adobe　　　　　B．Microsoft　　　　C．Corel　　　　　D．腾讯

5. RGB 颜色模式是 Photoshop 中最常用的一种颜色模式。每个像素的 RGB 分量在(　　)范围内。

　　A．[0，100]　　　　B．[0，255]　　　　C．[1，100]　　　　D．[0，65535]

6. 音频与视频信息在计算机内是以 (　　) 表示的。

　　A．模拟信息　　　B．模拟或数字信息　　C．数字信息　　　D．某种转换公式

7. 如下 (　　) 不是多媒体技术的特点。

　　A．集成性　　　　　B．交互性　　　　　C．实时性　　　　　D．兼容性

8. 如下 (　　) 不是图形图像处理软件。

　　A．ACDSee　　　　B．CorelDRAW　　　C．3ds Max　　　　D．SQL Server

9. 下列 (　　) 不属于当前多媒体技术中主要的压缩编码标准。

　　A．MPEG　　　　　B．JPEG　　　　　C．EBCDIC　　　　D．H.261

二、填空题

1. 多媒体技术的 5 个重要特性是_____、_____、_____、_____和_____。

2. 用于静止图像压缩的标准是_____。

3. 图像颜色深度为 8 位时，可以表达_____种颜色。

4. 常用的颜色模式包括_____、_____、_____、_____、_____等。

5. CMYK 模式中的 4 个字母分别代表_____、_____、_____和_____颜色。

6. 常见的图层混合模式包括_____、_____、_____、_____等。

第 7 章

➡ 网络应用基础

早期的计算机只是一个个独立的个体，互相之间没有任何联系，即使有联系也是通过软盘复制一些数据；一些贵重外设（如打印机）几乎每台计算机都要配备才能使用户满意，这样的重复投资造成了资源浪费。有识之士发现了这个问题，他们觉得，为何不能将计算机及其相关设备变成一个群体呢？就像人类和谐地构成一个社会一样，众多计算机也构成一个共享的计算机群体，在群体中各计算机互相通信、透明地共享资源。这种思想再加上 20 世纪 80 年代 PC 的出现，正式催生了计算机网络，全球进入了 Internet 信息时代。

如今，网络已经进入了人们生活的方方面面，中国网民高达数亿。人们通过网络来搜索所需信息、收发电子邮件、观看电视节目、浏览新闻、和家人进行视频聊天等，所有这一切均表明了网络的重要性。本章专门讲述网络知识，探索网络的奥秘，掌握必要的网络技能。

7.1　计算机网络基础

所谓计算机网络，就是把分布在不同地理区域的计算机与专门的外围设备用通信线路和通信设备连接起来，从而使众多的计算机可以方便地互相传递信息，共享硬件、软件、数据信息等资源。通俗地讲，网络就是通过电缆、电话线或无线通信等网络设备互连的计算机的集合。Internet 就是把分布在全球各个角落的计算机连在一起的最大的一个网络。

网络速度的计量单位是 bit/s（比特每秒）或 B/s（字节每秒），要注意字母 B 的大小写，前者表示比特率，而后者常用来表示数据量。我们经常以带宽表示网络传输信息的能力，"带宽"和"速率"几乎成了同义词。宽带则表示较大网络传输速率的网络。

7.1.1　计算机网络的发展

计算机网络诞生于 20 世纪 50 年代中期的美国，当时只是通过通信线路将终端设备、计算机连接起来，可以说是计算机网络的雏形。到了 20 世纪 60 年代，美国出现了若干台计算机互相连接的系统，这才是真正意义上的网络。20 世纪 80 年代局域网技术取得了长足的进步，已日趋成熟；进入 20 世纪 90 年代，个人计算机的普及广域网和局域网的进一步发展使得网络迅速普及，并诞生了覆盖全球的信息网络 Internet，为在 21 世纪进入信息社会奠定了基础。

总之，计算机网络的发展经历了一个从简单到复杂，又到简单（指入网容易、使用简单、网络应用大众化）的过程。计算机网络的发展经过了四代。

1. 面向终端的计算机网络（第一代）

20 世纪 60 年代初，美国建成了全国性航空飞机订票系统，用一台中央计算机连接 2 000

多个遍布全国各地的终端，用户通过终端进行操作。这些应用系统的建立，构成了计算机网络的雏形。

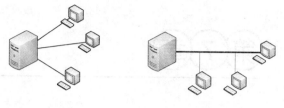

在第一代计算机网络中，计算机是网络的中心和控制者，终端围绕中心计算机分布在各处，而计算机的任务是进行成批处理，如图 7-1 所示。

图 7-1　面向终端的计算机网络

2. 共享资源的计算机网络（第二代）

同第一代计算机网络不同，第二代计算机网络是多台主计算机通过通信线路连接起来，相互共享资源，这样就形成了以共享资源为目的的第二代计算机网络，如图 7-2 所示。

第二代计算机网络的典型代表是 ARPANet（美国国防部高级研究计划署设计开发）。ARPANet 的建成标志着现代计算机网络的诞生，很多有关计算机网络的基本概念都与 APRANet 有关，如分组交换、网络协议、资源共享等。

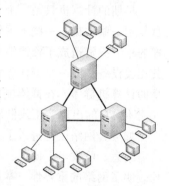

3. 标准化的计算机网络（第三代）

随着局域网的迅速发展，各家网络产品在技术、结构等方面存在着很大差异，没有统一的标准，因而给用户带来了很大的不便，因此网络的标准化被提上日程。

图 7-2　第二代计算机网络

1984 年，国际标准化组织（ISO）正式颁布了一个使各种计算机互连成网的标准框架——开放系统互连参考模型（简称 OSI/RM 或 OSI）。ISO 等机构以 OSI 模型为参考，开发制定了一系列协议标准，形成了一个庞大的 OSI 基本协议集。OSI 标准确保了各厂家生产的计算机和网络产品之间的互连，推动了网络技术的应用和发展。这就是所谓的第三代计算机网络。

4. 网络互连时代（第四代）

20 世纪 90 年代，计算机网络发展成了全球的网络——Internet（因特网），如图 7-3 所示。计算机网络技术和网络应用得到了迅猛的发展。各国政府都将计算机网络的发展列入国家发展计划。在我国，以"金桥""金卡""金关"工程为代表的国家信息技术正在迅速发展，国务院制定了"信息化带动工业化"的发展方针。

有人预言未来通信和网络的目标是实现 5W 通信，即任何人（Whoever）在任何时间（Whenever）、任何地点（Wherever）接收来自任何人（Whomever）的任何信息（Whatever）。

Internet 下一步的发展目标将是物联网（The Internet of things）。物联网就是"物物相连的互联网"，这有两层意思：第一，物联网的核心和基础仍然是互联网，是在互联网基础上的延伸和扩展的网络；第二，其用户端延伸和扩展到了任何物品与物品之间，但这需要通过射频识别（RFID）、红外感应器、全球定位系统、激光扫描器等信息传感设备。

在硬件方面未来的发展目标是三网融合，即电信网、计算机网和有线电视网三大网络通过技术改造，能够提供包括语音、数据、图像等综合多媒体的通信业务。

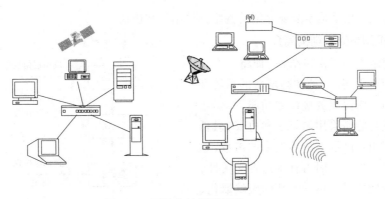

图 7-3　国际化计算机网络 Internet

7.1.2　计算机网络的功能

计算机网络的功能主要体现在资源共享、信息交换、协同处理和提高系统的可靠性等方面。但因网络的规模和设计目的的不同，使网络的功能往往有一定的差异。一般来说，网络应该具备的功能如下：

① 资源共享：资源包括软、硬件和数据资源，如计算处理能力、磁盘、打印机、绘图仪、通信线路、数据库、文件和其他计算机上的有关信息。所以，网络上的计算机不仅可以使用自身的资源，也可以共享网络上的资源。因而增强了网络上计算机的处理能力，提高了计算机软件、硬件的利用率。

② 平衡负荷及分布式处理：当网络中某主机负荷过重时，可以将其工作转移到网络中的其他主机上，这样使得网络中各主机的处理任务得到了平衡，避免了有的过度负荷，有的空闲；另外一项复杂的任务可以划分成若干部分，再由网络内各计算机分别协作并行完成有关部分，使整个系统的性能大为增强。

③ 信息交换与处理：主要实现计算机网络中各个结点之间的信息传输并对接收的信息进行处理。用户可以在网上传送电子邮件、发布新闻消息、进行网上办公、视频聊天、网上娱乐、电子购物、电子贸易、远程电子教育等。

7.1.3　计算机网络的分类

按计算机连网的区域大小，可以把网络分为局域网（Local Area Network，LAN）、城域网（Metropolitan Area Network，MAN）和广域网（Wide Area Network，WAN）。局域网是指把一个较小地理范围内的计算机连接在一起的通信网络，通常局限在几千米的范围之内，如在一个房间、一座大楼，或者在一个校园内的网络。广域网连接地理范围较大，常常是一个国家或者一个大的地区，其目的是为了让分布较远的各局域网、城域网互连。城域网介于局域网和广域网之间，一般在几十千米或一个城市范围内。

本书所讲的 Internet 就是全球最大的广域网，它连接了地球上各个角落的计算机。

7.1.4　网络体系结构与协议

由于计算机网络是把不同的计算机及其他设备连接在一起，计算机的操作系统、硬件、通信线路和通信方式等的不同，必然要涉及网络体系结构的设计和网络设备生产厂商要遵守共同标准的问题，也就是本节要介绍的网络体系结构和协议。

1. 计算机网络体系结构简介

计算机网络采用层次式结构，即将一个计算机网络分为若干层次，处在高层次的系统利用较低层次的系统提供的接口和功能，不需了解低层实现该功能所采用的算法和协议；较低层次也仅是使用从高层系统传送来的参数，这就是层次间的无关性。因为有了这种无关性，层次间的每个模块可以用一个新的模块取代，只要新的模块与旧的模块具有相同的功能和接口，即使它们使用的算法和协议都不一样。图 7-4 所示为国际标准化组织（ISO）制定的OSI 模型图。

2. 网络协议

从图 7-4 中可以看出，不同层次的连接用了不同的协议，那么什么是网络协议呢？可以这样形象地解释：不同国家的人交流要用同样的语言，形形色色的计算机要互连也要有自己的语言——协议。故网络协议就是一组软件标准，一种共同遵守的约定，是为了达到计算机互连必须遵循的软件规则。

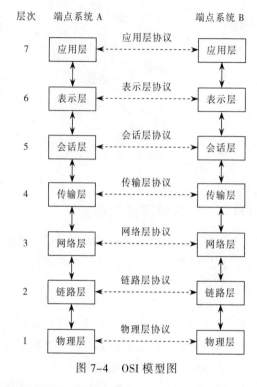

图 7-4　OSI 模型图

一般来说，通过协议可以解决三方面的问题，即协议具有三要素。

① 语法：规定通信双方彼此"如何讲"，即确定协议元素的格式，包括数据和控制信息的格式。

② 语义：规定通信双方彼此"讲什么"，即确定协议元素的类型，如规定通信双方要发出什么控制信息、执行什么样的动作和返回什么样的应答信息。

③ 定时：涉及速度匹配和次序，即解决双方如何进行通信，通信的内容和先后顺序及通信速度等。

可以用不同的协议组建不同的网络，如 IEEE 802.5 令牌环网协议可以构建环网、以太网协议 Ethernet IEEE 802.3 可以构建局域网。Internet 最重要的协议是 TCP/IP。另外，还有其他的一些重要协议，如浏览器用的 HTTP 协议、邮件用的 POP3 协议、文件传输用的 FTP 协议等。

7.2　计算机网络的组成

要构建一个计算机网络，不但需要计算机，还需要网络操作系统、网络硬件及网络的拓扑结构。

7.2.1　网络硬件和传输介质

1. 网卡

网卡又叫网络适配器，它是计算机与网络设备之间的物理链路，为计算机提供数据传输功能。网卡包括有线和无线两种，有时候系统不能自动识别的网卡还需要单独安装其驱动程序。

2. 交换机

交换机（Switcher）是一种基于 MAC（网卡的物理地址）识别，能完成封装转发数据包功能的网络设备。交换机在同一时刻可进行多个端口对之间的数据传输。每一端口都可视为独立的网段，连接在其上的网络设备独自享有全部的带宽，无须同其他设备竞争使用；例如，当结点 A 向结点 D 发送数据时，结点 B 可同时向结点 C 发送数据，而且这两个传输都享有网络的全部带宽。交换机一般有 8 口、16 口、24 口等规格。交换机已经替代了以前的集线器（Hub），可以简单地形容：集线器是平面交通，交换机是立交桥交通。

3. 路由器

交换机只是将相同的网段连接在一起（如一个宿舍的计算机），当要将不同的网段连接在一起（如将计算机学院和管理学院的计算机连在一起）或连接至 Internet，要用到路由器（Router）。

路由器能够利用一种或几种网络协议将本地或远程的一些独立的网络连接起来，每个网络都有自己的逻辑标识。路由器通过逻辑标识将指定类型的封包（比如 IP）从一个逻辑网络中的某个结点进行路由选择，传输到另一个网络上某个结点。

4. ADSL 调制解调器

ADSL 是 Asymmetric Digital Subscriber Loop（非对称数字用户回路）的缩写，它的特点是能在现有的普通电话线上提供高达 8 Mbit/s 的高速下载速率和 1 Mbit/s 的上行速率，而其传输距离为 3～5 km。其优势在于可以不需要重新布线，它充分利用现有的电话线网络，是我国家庭上网的一种主要形式。

5. 网络传输介质

网络传输介质包括双绞线、光纤、同轴电缆等有线传输介质及红外线、激光、卫星通信等无线传输介质。不同的传输介质对网络的速度有很大的影响。

7.2.2 网络软件

1. 网络操作系统

计算机网络系统需要网络操作系统的控制和管理才能工作，尤其网络中的一些服务器需要安装网络操作系统来提高各种网络服务。同普通个人机操作系统相比，网络操作系统增强或增加了用户管理、文件管理、打印管理、资源管理、通信管理等功能。目前，常用的网络操作系统有 Windows Server、UNIX 和 Linux 等。

2. 网络应用软件

根据网络用户的一些需求，开发出了大量的网络应用软件为网络用户提供各种服务，如浏览器软件、文件传输软件、电子邮件管理软件、网络电视软件、聊天软件、游戏软件、网络学习软件等。

7.2.3 网络拓扑结构

网络中的计算机靠线路（如双绞线、光纤等通信介质）连接在一起。若不考虑具体的设备，把网络中的计算机当作一个点，若计算机之间有连接线路则画一条线，这样就会得到一张网络图，或称为网络拓扑结构图。拓扑结构主要有星形、树形、总线形、环形等。

1. 星形

星形网络由中心结点和其他从结点组成，中心结点可直接与从结点通信，而从结点间必须通过中心结点才能通信。中心结点通常由交换机或集线器充当，其优点是连接简单，缺点是当中心结点出现故障时系统就会瘫痪，如图 7-5 所示。

2. 总线形

总线形网络采用一条称为公共总线的传输介质，将各计算机直接与总线连接，信息沿总线介质逐个结点广播传送。其优点是简单灵活，缺点是总线竞争现象严重，一旦总线出现故障，整个网络就无法运行，如图 7-6 所示。

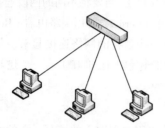

图 7-5　星形拓扑结构的网络

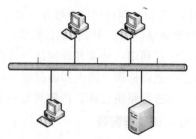

图 7-6　总线形的网络

3. 环形

环形网络将计算机连成一个环。在环形网络中，每台计算机按位置不同有一个顺序编号，信号按计算机编号顺序以"接力"方式进行传输，如图 7-7 所示。环形结构的优点是负载能力强且均衡，信号流向是定向的，没有冲突；缺点是结点过多时影响传输速率，且环中任何一个结点发生故障，则整个环都不能交换信息。

4. 树形

树形拓扑结构是一种分级结构，其形状像一棵倒置的树，顶端有一个带有分支的根，每个分支还可以延伸出子分支，如图 7-8 所示。树形结构的优点是易于扩展，缺点是中间层结点出现故障，则下一层就不能交换信息，对根结点的依赖性太强。

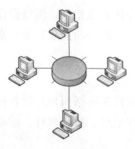

图 7-7　环形拓扑结构的网络

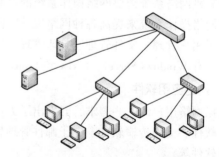

图 7-8　树形拓扑结构的网络

7.3　Internet 的基本技术

前面说过，Internet 是全球最大的广域网，上面连接了地球各个角落的数亿台计算机，把全世界变成一个地球村，它改变了人们对传统计算机的看法，人们形成了网络就是计算机的概念。但 Internet 也带来了一系列问题，如信息安全、网络病毒、不良信息和网络犯罪等。无论 Internet 如何变化，它必将永远对人们的生活、工作和学习产生巨大的影响，本节介绍 Internet 的基本技术。

7.3.1 Internet 简介

1. Internet 的历史

Internet 起源于美国国防部的 ARPANET，该网于 1969 年投入使用。由此，ARPANET 成为现代计算机网络诞生的标志。1983 年，ARPANET 开始采用 TCP/IP 协议作为网络协议。

1985 年，美国国家科学基金会（National Science Foundation，NSF）提供巨资建立美国五大超级计算机中心，并开始全美的组网工程，建立基于 TCP/IP 协议的 NSF 网络。1986 年，NSF 取代 ARPANET 成为今天的 Internet 基础。

1990 年以后，由于"信息高速公路"计划的推行，光纤、卫星通信成为 Internet 主干网的重要媒介。随着计算机网络在全球的拓展和扩散，Internet 进入商业网阶段。Internet 的第二次飞跃归功于 Internet 的商业化，商业机构一踏入 Internet 这一陌生世界，很快发现了它在通信、资料检索、客户服务等方面的巨大潜力。于是，世界各地的无数企业纷纷涌入 Internet，带来了 Internet 发展史上的一个新的飞跃。

2. Internet 的特点

（1）开放性

Internet 不属于任何国家、个人、企业和部门，也没有任何固定的设备和传输媒体。只要是符合 TCP/IP 协议的计算机均可加入 Internet。人们可以自由地"接入"和"退出"Internet，没有任何限制。任何用户包括个人、政府和企业都是平等的、无等级的。

（2）共享性

Internet 中任何一台计算机的资源均可以被其他计算机所共享。可以共享自由软件、科学数据库、音视频资源，也可以检索信息，浏览别人的网页、博客，甚至是共享他人的生活小经验、软件使用小窍门。

（3）自由性

Internet 的本质是自由的，这里是一个高度自由的虚拟王国。网络之间的数据传输是自由的，任何人都不应设置人为的障碍防止通信的自由。因此，那些妨碍信息自由的软件是没有市场，也是没有效果的。当然，利用 Internet 犯罪或搞破坏的人应该受到法律的追究，但却不能追究 Internet 的责任，因为 Internet 只是一个信息的载体和供人们使用的工具。

（4）资源的丰富性

可以说 Internet 无奇不有，无所不包，其海量信息是任何图书馆或任何单位的资源所不及的。当人们遇到疑问或需要资源的时候，首先求助的就是 Internet，Internet 能够给人们提供实实在在的帮助。

3. Internet 的体系结构

虽然前面介绍了 OSI 模型的 7 层架构，但那只是一个 ISO 建议的标准。Internet 实际上使用的是 TCP/IP 协议簇，它是 Internet 事实上的标准协议。

第7章 网络应用基础

TCP/IP 包括 TCP 协议和 IP 协议。IP（Internet Protocol）负责将消息从一个地方传送到另一个地方；TCP（Transmission Control Protocol）用于保证被传送信息的完整性。

TCP/IP 协议采用分层结构，共分成 4 层：

① 应用层：常用的应用程序，如简单电子邮件传输（SMTP）、文件传输协议（FTP）、网络远程访问协议（Telnet）等。

② 传输层：提供端到端的通信。其主要功能是数据格式化、数据确认和丢失重传等，如传输控制协议（TCP）、用户数据报协议（UDP）等，TCP 和 UDP 给数据包加入传输数据并把它传输到下一层中，这一层负责传送数据，并且确定数据已被送达并接收。

③ 网际层：负责不同网络或者同一网络中计算机之间的通信，主要处理数据报和路由。网络层的核心是 IP 协议。

④ 网络接口层：负责与物理网络的连接。它包含所有现行网路访问标准，如以太网、ATM、X.25 等。

图 7-9 所示为 OSI 的 7 层结构和 TCP/IP 的 4 层结构对比图。

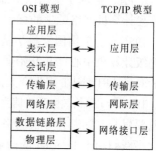

图 7-9　OSI 和 TCP/IP 结构对比

7.3.2　Internet 地址和域名

1. IP 地址

在 Internet 上，为每台计算机指定的地址称为 IP 地址。它是 IP 协议提供的一种统一格式的地址。网卡物理地址对应于实际的信号传输过程，而 IP 地址是一个逻辑意义上的地址。其目的是屏蔽物理网络的细节，使得 Internet 从逻辑上看起来是一个整体的网络。每个 IP 地址在 Internet 上是唯一的，是运行 TCP/IP 协议的唯一标识。

TCP/IP 协议规定 Internet 上的地址长 32 位，分为 4 个字节，每个字节可对应 0～255 的十进制整数，数之间用点号分隔，形如 xxx.xxx.xxx.xxx。这种格式的地址被称为"点分十进制"地址，如 192.168.0.11 就是一个 IP 地址。采用这种编址方法可使 Internet 容纳 40 亿台计算机。

根据 IP 地址所对应的二进制特点，IP 地址包括网络部分和主机部分，其地址分为 5 类。

① A 类：第 1 字节为网络地址，后 3 个字节为主机地址；网络地址的最高位必须是"0"。A 类 IP 地址中网络地址的取值范围为 0～126，主机地址 24 位。因此，A 类适用于主机多的网络，每个这样的网络可容纳 $2^{24}-2=1\ 677\ 214$ 台主机。

② B 类：前 2 个字节为网络地址，后 2 个字节为主机地址；网络地址的最高位必须是"10"。B 类 IP 地址中第一字节的取值范围为 128～191，主机地址 16 位。这是一个可容纳 $2^{16}-2=65\ 534$ 台主机的中型网络，这样的网络有 $2^{14}=16\ 384$ 个。

③ C 类：前 3 个字节为网络地址，最后 1 个字节为主机地址；网络地址的最高位必须是"110"。C 类 IP 地址中第一字节的取值范围为 192～223，主机地址 8 位。这是一个可容纳 $2^{8}-2=254$ 台主机的小型网络，这样的网络有 $2^{21}=20\ 971\ 152$ 个。

④ D 类：前 8 位的取值范围是 224～239，D 类地址是为多路广播保留的。

⑤ E类：E类是实验性地址，保留未用。它的前8位取值范围是240~247。

目前，IP的版本是IPv4，它采用32位地址长度，只有大约43亿个地址，很快就会被分配完，迫切需要新版本的IP协议，于是产生了IPv6。IPv6采用128位地址长度，几乎可以不受限制地提供地址。按保守方法估算，IPv6实际可分配的地址，整个地球的每平方米面积上可分配1 000多个地址。随着互联网的飞速发展和互联网用户对服务水平要求的不断提高，IPv6很快将会普及。

2. 域名

由于数字形式的IP地址难以记忆和理解，为此，Internet引入了域名系统DNS（Domain Name System），用来表示主机的地址。简单地说，就是用一些容易记忆的符号和单词来代替IP地址。例如，用www.sohu.com来代替搜狐公司的IP地址121.14.0.19。

DNS为主机提供一种层次型命名方案，类似于家庭住址是用城市、街道、门牌号表示的一种层次地址结构。域名的各部分之间用"."隔开。按照从右到左的顺序，顶级域名在最右边，代表国家、地区或机构的种类，最左边是机器的主机名。域名长度不超过255个字符，字母不区分大小写。

例如，www.sohu.com，最右边的顶级域名com代表商业机构；sohu是下一层域名，表示该网络属于搜狐公司；www是主机名，表示提供Web服务的服务器。

计算机如何知道用户输入域名的IP地址呢？这就是DNS服务器的功能，DNS服务器解析软件负责把用户输入的域名转换为IP地址。表7-1列出了常见的顶级域名。

表7-1 常见的顶级域名

代　　码	机 构 名 称	代　　码	国 家 或 地 区
com	商业机构	cn	中国
edu	教育机构	jp	日本
gov	政府机构	us	美国
int	国际组织	uk	英国
mil	军事机构	ca	加拿大
net	网络服务机构	de	德国
org	非营利机构	fr	法国
ac	科研机构		

3. 设置本机IP和DNS

下面以TCP/IPv4为例来讲述设置计算机IP地址和DNS服务器地址的过程，TCP/IPv6的设置是相似的。设置前要询问网管，是动态设置地址还是填写固定地址。

步骤1：右击桌面上的"网络邻居"图标，在弹出的快捷菜单中选择"属性"命令。

步骤2：打开"网络和共享中心"窗口，如图7-10所示。

步骤3：单击"本地连接"链接，弹出图7-11所示的对话框，然后单击"属性"按钮。

步骤4：在弹出的图7-12所示的对话框中选择"Internet版本4（TCP/IP4）"，然后单击"属性"按钮。

步骤5：在图7-13所示的对话框中设置IP地址和DNS地址，设置前可能需要询问本地网管，但多数为自动获得IP地址和DNS服务器地址。

图 7-10 "网络和共享中心"窗口　　　　图 7-11　本地连接状态

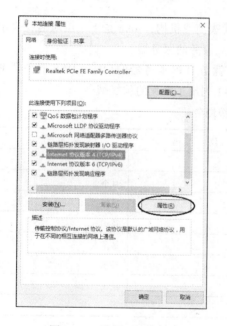

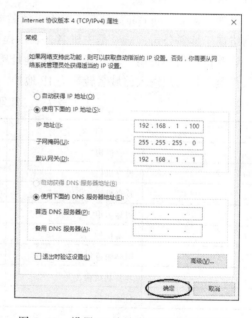

图 7-12　选择 ICP/IP v4　　　　图 7-13　设置 IP 地址和 DNS 服务器地址

7.3.3　接入 Internet

接入 Internet 的方式通常有电话拨号、专线接入、局域网接入、无线连接等方式。其中，电话拨号是一种较早的接入方式，其优点是经济、简单，缺点是不能兼顾上网和通话并且传输速率较低，目前已被淘汰。随着 Internet 发展，人们对带宽的要求越来越高，因为网上大量图像、音频、视频信息，使得用户需要宽带接入，现在一些新的 Internet 接入技术如 ADSL、无线接入等正在成为主流。

1. ADSL 接入技术

ADSL 接入技术利用家庭的电话线上网。接入 Internet 时，用户首先要到电话公司申请一个账号，然后只需配置一下计算机网卡及拥有一个 ADSL 调制解调器即可。这种接入方式的优点是可以利用现有的电话线路，而且打电话不受影响，速度也较快。若家庭计算机超过 1 台，需要配备 1 个路由器，把所有计算机接入，但路由器需要按照说明书进行配置。

2. 局域网接入

若局域网已接入 Internet，用户接入局域网就可进入 Internet。局域网可提供高速、高效、安全、稳定的网络连接。现在许多住宅小区都可以利用局域网提供宽带接入。

3. Cable Modem 接入技术

Cable Modem 又称为线缆调制解调器，利用家庭的有线电视线路接入 Internet，接入速度可达 10~30 Mbit/s，可以实现视频点播、互动游戏等大容量数据的传输。和 ADSL 接入技术相比，它的缺点是所有用户共享带宽，当使用人数多时，速度明显下降，而 ADSL 不受接入人数的限制。

4. 无线接入

无线接入分两种：一种是通过手机开通数据功能，然后计算机通过手机或无线上网卡来达到无线上网。速度则根据使用不同的技术、终端支持速度和信号强度共同决定。另一种无线上网方式即无线网络设备，它是以传统局域网为基础，以无线 AP 和无线网卡来构建的无线上网方式。

Wi-Fi 全称 Wireless-Fidelity，是当今使用最广的一种无线网络传输技术。实际上就是把有线网络信号转换成无线信号，供支持其技术的相关计算机、手机、PDA 等接收。手机如果有 Wi-Fi 功能，在有 Wi-Fi 无线信号的时候就可以不通过移动或联通的网络上网，省掉了流量费。国外很多发达国家城市中到处覆盖着由政府或大公司提供的 Wi-Fi 信号供居民使用，我国目前该技术正在推广中。

7.4　典型的信息服务

通过 Internet，用户可以实现与世界各地的计算机进行信息交流和资源共享，进行网页浏览、信息搜索、收发邮件、联机交谈、联机游戏、网上购物等。本节介绍 Internet 主要的应用及服务。

7.4.1　万维网

1. 万维网综述

万维网也被称为 Web、WWW 或 3W，是 Internet 中发展最为迅速的部分，它向用户提供了一种非常简单、快捷、易用的查找和获取各类共享信息的渠道。由于万维网使用的是超媒体/超文本信息组织和管理技术，任何单位或个人都可以将自己需向外发布或共享的信息以 HTML 格式存放到各自的服务器中。当其他网上用户需要信息时，可通过浏览器软件进行浏览。常用的浏览器软件有 Netscape、Internet Explorer、Mosaic 等。

2. Internet Explorer 的使用方法

Internet Explorer 简称 IE，是 Internet 上使用最广泛的 Web 浏览器软件，接入 Internet 后，用户就可以浏览网页、进行网上"冲浪"。主页就是启动 IE 后打开的页面（可通过"Internet

选项"对话框设置），下面介绍 IE 8.0 的使用方法。

（1）主界面介绍

IE 8.0 的窗口包括标题栏、菜单栏、工具栏、地址栏、选项卡、搜索栏、浏览窗口和状态栏，如图 7-14 所示。打开 IE 的方式有很多种，例如：

① 在 IE 地址栏输入一个 Web 站点的 URL（统一资源定位器，后面可跟 "："+端口号），通常 URL 以 http://开始，但高版本的 IE 可以省略。

② 单击一个带下画线的链接（可以是文字或图片，当光标移到它上面时就会变成小手状）。

（2）地址输入栏

在地址栏输入网页地址后按【Enter】键，对应的网站内容将出现，若出现了错误，很可能是输入了错误的地址，或者对应的网站已经改变或已经不存在。按【Alt+D】组合键可以定位到地址栏。

输入频道名加域名可快速定位网址，如 news.sina.com.cn、sports.sohu.com、house.sohu.com 等。

IE 有记忆功能，当输入过一次地址后，下次只要输入若干字母就可以将整串字符显示出来。单击地址栏右侧的下三角按钮，以前输入的 URL 链接就能显示出来。IE 保存的历史记录可以达到 10 多个，清除历史记录或修改注册表可以将其删除，也可以在下拉列表中对某个历史记录进行删除（把光标停留在某个地址上片刻，出现 ⊠ 图标，单击该图标即可删除）。

图 7-14　IE 11 窗口结构

（3）顶层快捷按钮

① 后退、前进按钮：后退将返回到刚才浏览过的网页。单击"后退"按钮后再单击"前进"按钮将返回当时浏览的网页。单击旁边的下三角按钮可以选择浏览过的网页。

②"刷新"按钮：若一个网页看上去不太正确或想看到一个经常更新网页（如股票信息）的最新版本，单击"刷新"按钮可强制 IE 下载最新的网站内容。

③ "停止" 按钮 ⊠：当输入了错误的网址，或者不想浏览一个网站时，可以单击 "停止" 按钮，按【Esc】键实现同样的效果。

④  搜索栏：可以选择一个搜索引擎作为默认搜索引擎，直接在编辑框中输入要搜索的关键词后按【Enter】键，自动跳转到搜索结果。可以单击右边的下三角按钮选择其他的搜索引擎，如微软的 Bing（必应）和百度。

（4）窗口控制

① 滚动条：通过【PgUp】、【PgDn】、空格键、箭头键或鼠标滑轮可以控制网页的滚动。

② 主页：可以设置启动 IE 后打开的网页，一般选择一个最常用或喜欢的网站作为主页。单击图标右侧的下三角按钮，在弹出的下拉列表中可设置或删除。

③ 状态栏：在窗口的底部，一般显示 IE 打开网页的状态，如显示等待、完成等。可以选择 "查看" → "状态栏" 命令，显示或隐藏状态栏。

（5）自动完成功能与 Cookie

当输入用户名、密码、邮箱等信息时，希望系统能够记忆，免得每次都要重新输入，这就是 IE 的自动完成功能。可以在 "Internet 选项" 对话框中对自动完成功能进行设置，如图 7-15 所示。为了安全，密码输入框不要使用自动完成功能，以免密码被盗。

设置 Cookie ————

打开 "自动完成功能" 对话框 ————

图 7-15 "Internet 属性" 对话框

Cookie 是指某些网站放置在计算机上的较小的文本文件，其中存储有关用户及用户的首选项的各种信息。根据这些信息，服务器端网站可以进行一些个性化服务，也可以收集一些用户的信息，用户的隐私存在着一定的风险。

（6）选项卡式浏览

7.0 以前版本的 IE，当打开网页窗口太多时，会把任务栏弄得很凌乱。用选项卡功能可以把众多打开的网页通过一个窗口整洁显示。

右击一个链接，在弹出的快捷菜单中可以选择在新窗口中打开或在新选项卡中打开。

① 输入一个新的 URL 后，按【Alt+Enter】组合键将打开一个新的选项卡而不是新的窗口，选择 "文件" → "新建选项卡" 命令可以打开一个空白的选项卡。

② 有"×"图标的选项卡是当前活动选项卡。

③ 按【Ctrl+F4】、【Ctrl+W】组合键、单击"×"按钮或单击鼠标中键关闭选项卡。

④ 按【Ctrl+Alt+F4】组合键关闭除当前选项卡外的所有选项卡。

⑤ 按【Ctrl+Tab】、【Ctrl+Shift+Tab】组合键可以相反的顺序浏览所有的选项卡。按【Ctrl+数字】组合键可以直接跳到此编号的选项窗口。

⑥ 所有打开的选项卡可以被收藏，以便一次性快速打开所有的窗口，这在打开某个网站的多个网页时特别有用，后面讲解如何收藏。

⑦ 关闭 IE 窗口时，可以询问是不是关闭所有的选项窗口，这可以通过设置选项卡实现。

（7）收藏夹

当感觉某些网站有可能被多次访问的时候，可以按【Ctrl+D】组合键或者在要收藏的页面上右击，在弹出的快捷菜单中选择"添加到收藏夹"命令，弹出图 7-16 所示的对话框，单击"添加"按钮即可收藏，收藏的名字可以自定义。

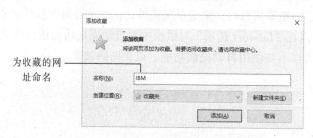

图 7-16 添加到收藏夹

添加到收藏夹后，可以单击图 7-14 中的收藏夹图标按钮（或按【Alt+C】组合键），打开收藏夹列表，找到要打开的网页。

对收藏列表可以进行删除、重命名、重排顺序等操作，固定收藏中心（使收藏中心一直显示）后在收藏列表显示的同时可以浏览网页。

（8）历史记录

登录过的网站和浏览过的网页会作为历史记录被保存下来。查看历史记录的方法是：选择"收藏中心"→"历史记录"，以前浏览过的网页按照今天、上星期等方式整齐地显示出来，这种方式可以将以前访问过但忘记了网址的 URL 显示出来。

通过"工具"→"Internet 选项"→"常规"→"浏览历史记录"→"设置"设定保存历史记录的天数，最大值为 999 天。

┌─小技巧─
│ ① 在浏览一个网站之前，先输入一个链接，让其在另外一个选项卡中打开。这样浏览已打开内容的同时，后台下载网页，实现了并行操作，提高了工作效率。
│ ② 可以将门户网站（如 http://www.kaka888.com）作为起始页以便于导航。
│ ③ 选择"工具"→"InPrivate 浏览"可以确保用户浏览网页不留痕迹，以保护用户隐私。
└─

7.4.2 电子邮件

电子邮件是 Internet 上最早的一个服务，没有纸质信件的缺点，几乎瞬间就可以和地球任何一个角落的人通信。虽然现在电子邮件受到即时聊天等网络新应用的冲击，已不再是Internet上最广泛的应用，但仍然是一个必不可少、商务交流的工具。

电子邮箱的格式：账号名+@+服务器名称。字符@读 at，也就是"在"的意思。账号名可自由命名，如 zhangwujun；服务器名称就是提供邮件服务的服务器域名，如 sina.com。一个完整邮箱名称的例子：zhangwujun@sina.com。

【案例7-1】收发电子邮件。

案例功能：申请一个免费的邮箱，然后用这个邮箱收发邮件并管理这个邮箱。

具体要求：

① 申请一个免费的搜狐邮箱。

② 登录邮箱，向好友发一封邮件并把邮件保存到草稿箱；邮件内容是从网上搜索下载的一张图片，以附件的形式发送。

③ 搜索及删除邮件。

④ 管理地址簿

知识列表：邮件服务器、附件、下载、草稿箱、地址簿。

案例操作过程：

（1）申请电子邮箱

步骤 1：登录搜狐邮箱（http://mail.sohu.com）主页，单击"现在注册"链接，打开注册页面，如图7-17所示。

图 7-17　用户注册页面

步骤 2：按照页面的输入要求，输入相应的项，若输入有错，会给出错误提示，所有数据项填写正确后，单击"完成注册"按钮，即申请成功。

（2）发送电子邮件

步骤 1：用申请成功的账号登录邮箱。登录成功后的界面如图7-18所示，界面左侧是邮箱的内容信息，包括未读邮件的数量、已发邮件、垃圾邮件等。

步骤 2：单击"写信"按钮，打开图7-19所示的界面，此时就可以给其他人发送邮件。

步骤 3：打开百度（http://www.baidu.com），搜索一张长城图片，找到图片后右击进行命名保存，如命名为 greatwall.jpg。

对邮箱进行设置，包括自动回复和转发、定时发
送、邮件过滤等。

搜索邮件内容

写新邮件

未读邮件

图 7-18　登录邮箱后的界面

秘密发送

收件人

上传附件

邮件正文

保存到
草稿箱

发送邮件

是否要求对方收
到邮件回复

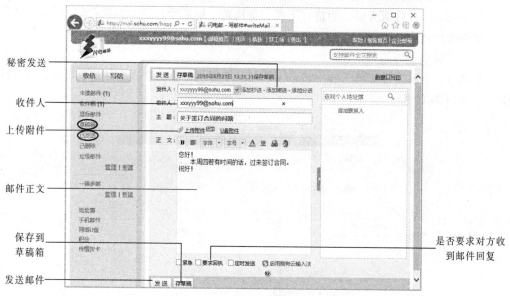

图 7-19　发送邮件

步骤 4：在图 7-19 的收件人地址栏中输入收件人的邮箱地址，若收件人是多人，每个收件人之间用逗号或分号隔开，也可以单击"添加抄送"链接加入。单击"上传附件"链接，在弹出的对话框中找到并选择 greatwall.jpg，然后单击"打开"按钮完成文件上传。

步骤 5：单击"发送"按钮，完成邮件发送，发送成功的邮件保存在"已发送"文件夹。

步骤 6：单击"存草稿"可将内容保存到草稿箱，供以后继续编辑发送邮件或单独存储一些重要信息内容，这时收件人地址可以不填或用文字内容代替。

（3）搜索、删除电子邮件

步骤 1：当邮箱内容较多时，就可以利用搜狐邮箱的搜索功能，在图 7-18 所示的搜索框中输入关键词"欢迎"可以对邮件全文进行搜索。图 7-20 所示为搜索的结果。

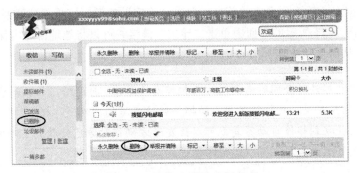

图 7-20　搜索和删除电子邮件

步骤 2：在图 7-20 中，选择邮件，然后单击下面的"永久删除"或"删除"按钮即可将邮件删除。"永久删除"彻底删除邮件且不能恢复，"删除"只是将邮件移到了"已删除"文件夹中。

步骤 3：单击左侧"已删除"，打开已删除文件夹中的邮件，这时可以选中邮件进行进一步的操作，如"永久删除"或"还原"等。

（4）管理地址簿

步骤 1：在图 7-18 所示的页面中选择"地址簿"选项，打开邮箱的通信管理页面，在此页面中可以新建联系人、删除联系人、搜索联系人、分组、按组发信等，如图 7-21 所示。

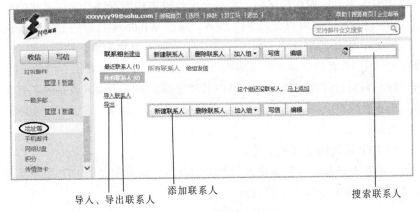

导入、导出联系人　　添加联系人　　搜索联系人

图 7-21　地址簿管理界面

步骤 2：单击"新建联系人"按钮，进入新建联系人界面，如图 7-22 所示。

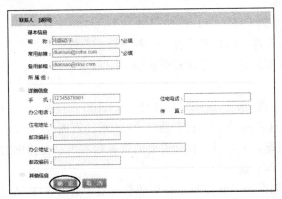

图 7-22　"新建联系人"界面

步骤 3：根据提示输入联系人的信息，单击"确定"按钮，完成新建联系人任务。

步骤 4：在图 7-21 所示的界面中单击"导出"链接，可以将地址簿导出保存，或将保存的地址簿导入，从而避免数据丢失。

> ——知识讲解——
>
> ① 用户收到邮件时会同时看到对方又把邮发给了谁、抄送给了谁，若想给某人发邮件而又避免被他人发现，就把被保密人的邮件地址填写到"暗送"栏中。
>
> ② 通过设置收到邮件自动答复，可以让发送方确信对方已经收到了邮件。
>
> ③ 通过设置黑白名单，可以进行邮件过滤，以防止信息骚扰。

7.4.3　文件传输

Internet 上的文件传输服务是基于 FTP（File Transfer Protocol，文件传输协议）的，通常被称为 FTP 服务，它是 Internet 最早提供的服务之一，比 Web 服务还早。FTP 能通过网络将文件从一台计算机传送到另一台计算机上。

FTP 不但可以从服务器下载（Download）文件，而且还可以将用户自己的文件上传（Upload）至服务器。除了 FTP 下载外，也可以直接在 IE 中进行单线程下载（基于 HTTP 协议），或者使用迅雷、网际快车一类的多线程下载客户端软件。

目前，FTP 服务主要运用在局域网，是一个单位或机构内部进行文件共享的较好方式。客户机安装了 IIS 服务后，也可以开启 FTP 服务。除了 Windows 自带的 FTP 服务软件外，还可以用第三方的 FTP 服务器端软件，如 Serv-U，它的配置更加简单，功能也更强。

FTP 服务可以用 IE 直接登录（如 ftp://ftp.tsinghua.edu.cn），或者用专门的 FTP 客户端软件，如 CuteFTP。登录过程中可能要输入用户名和密码，若不用输入就是匿名登录。匿名登录时，通常只能下载文件，而不能上传文件或删除服务器的文件。下面通过实际的案例进行下载和上传服务的讲解。

【案例 7-2】FTP 资源的下载和上传。

案例功能：FTP 上经常会有很多供人们参考的资料，获取相关的 FTP 服务器网址，并用 IE 登录，在 FTP 服务器上下载和上传资源。

具体要求：

① 登录 FTP。

② 下载选中的资源。

③ 将本地资源上传到 FTP。

知识列表：FTP 服务器、FTP 客户端、匿名登录、下载资料、上传资料。

备注信息：学生在实验时可以登录教师机的 FTP 服务。

案例操作过程：

步骤 1：假设某 FTP 服务器 IP 为 192.168.1.100，打开 IE，在地址栏中完整输入 ftp://192.168.1.100 后按【Enter】键，打开图 7-23 所示的页面。

步骤 2：FTP 可能有多级目录，找到需要的资源后右击，在弹出的快捷菜单中选择"目标另存为"命令即可实现下载。

步骤 3：选择"查看"→"在 Windows 资源管理器中打开 FTP 站点"命令，可以像操作 Windows 资源管理器一样操作 FTP 站点资源，如图 7-24 所示。

输入 FTP 地址

右击选中的
目标进行保存

图 7-23　用 IE 浏览器访问 FTP 站点

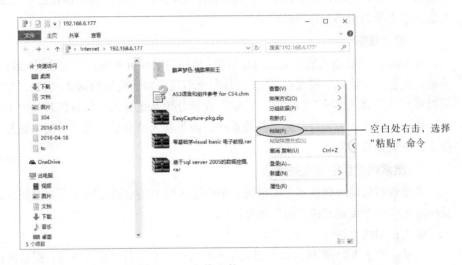

空白处右击，选择
"粘贴"命令

图 7-24　上传文件

步骤 4：上传某个文件时，先复制该文件。

步骤 5：在图 7-24 右侧窗口的空白处右击，在弹出的快捷菜单中选择"粘贴"命令，即可实现文件的上传。

步骤 6：上传完毕后的界面如图 7-25 所示。

上传的文件

图 7-25　上传文件成功后的界面

> **小提示**
> ① FTP 可直接以某个用户名登录，格式为 ftp://用户名@地址或域名（如 ftp://geng@192.168.1.100）。
> ② 通过设置 FTP 服务器的链接点数，可以限制同时登录的计算机数量。

7.4.4 搜索引擎

搜索就是"在正确的地方使用正确的工具和正确的方法寻找正确的内容"，搜索引擎正是为用户提供搜索的 Internet 工具。目前，比较常用的搜索引擎有 Google、Yahoo 和百度，对于普通人而言，学会使用其中的一个就可以了。本节以 Google 为例讲述搜索引擎的使用方法，其他搜索引擎的使用可以参照自学。

1. 基本搜索

在 Google 网页输入框中输入内容后按【Enter】键即可返回搜索的结果。最好输入关键词，若输入的是一句话则不能太长。关键词是一个不用分割而使用的词语，比如，"中央音乐学院"，可以将其拆分为"中央""音乐""学院"或拆分为其他方式。但目的若是想了解中央音乐学院，输入"中央音乐学院"是最好的选择。因为输入"音乐"或"学院"显然不能更快速地搜索到中央音乐学院。

2. 搜索内容包括多个关键词

若搜索结果同时包括多个关键词，则在输入框中用空格分隔多个关键词，表示网页结果是同时包含多个关键词的"与"操作。

输入：NBA　乔丹。

结果：关于 NBA 篮球运动员迈克尔·乔丹的网页（若只输入乔丹，则返回的结果将是任意包含乔丹的网页）。

3. 搜索结果要求不包含某些特定信息

关键词前加一个减号，表示不希望搜索结果中出现包含该关键词的网页。减号应紧靠关键词，并且减号（-）的前面应该加一个空格。

输入：北京大学-计算中心。

结果：包含"北京大学"但不包含"计算中心"的网页。

7.5　网页制作

随着网络应用的普及，网络成为一个非常重要的资源和媒介，不管是个人还是企业都可以建设自己的网站，向外界展示自己。对于个人来说，通过自己的网站可以结交更多的朋友，而企业建立了自己的网站就等于找到了企业的一个永久的广告发布平台。本节介绍 HTML 和网页制作工具 Dreamweaver 软件。

7.5.1　基本知识

在 Internet 上浏览时看到的页面称为网页，网页是互联网上的基本文档，是用 HTML 或其他语言（JavaScript、VBScript、ASP、JSP、PHP 和 XML 等）编写的文本文件，存放在 Internet

某个 Web 服务器上。通常说的网站一般是一个文件夹，其中由很多个网页文件甚至子文件夹组成。网页是网站的基本组成部分，一个小型的网站可能只包含几个网页，一个大型网站有可能包含成千上万个网页。当用户访问该网页时，存放网页的服务器把网页传送到用户计算机，通过 Web 浏览器解读并展示出来。

1. 网页分类

网页分为静态和动态两种。

① 动态网页含有程序代码，需要服务器或浏览器进行解析，然后把执行的结果以 HTML 格式返回给客户端。动态网页交互性更强，有可能会随不同客户、不同时间，返回不同的网页，并且往往有后台数据库。

② 静态网页没有程序代码，只有静态的 HTML 标记，无论何时、何地、何人，每次打开时显示的内容都是一样的。

网站设计中通常是动静结合，各取所长。由于动态网页需要用到编程技术，这里只简单讲述静态网页的设计。

2. 网页的基本构成

网页设计的主要目的是把网页包含的内容以最好的方式展现在浏览者面前，虽然 Internet 上网页风格千姿百态，但总的来说都是由一些基本元素组成。一般来说，从内容上分析，一个网页包括文字、图像、超链接、表格、动画和一些音视频元素。

7.5.2　标记语言

HTML（Hyper Text Markup Language，超文本置标语言）是目前网络上应用最为广泛的语言，也是构成网页文档的主要语言。HTML 不是编程语言，而是一种标记语言，HTML 文件其实是一个纯文本文件，不需要编译就能运行，所以 HTML 可以用各种纯文本编辑器编写，比如记事本，编写完毕后保存成以.html 或.htm 作为扩展名的文件，使用浏览器直接执行。HTML 通过标记把文字、图片、多媒体等各种网页元素组织形成网页。

1. HTML 文档结构

HTML 编写的网页文件中标签具有一定的组织结构，不同位置的标签包含了网页的不同位置的信息，不能随意颠倒，标签的包含关系也不能交叉，下面这段由 HTML 编写的网页文件代码很好地显示了 HTML 的文档结构。

```
<html>
<head>
    这是一个标题
</head>
<body>
    欢迎使用 HTML 标记语言
</body>
</html>
```

在记事本中输入上面的 HTML 代码，将它们保存为一个.html 或.htm 的文件，然后用浏览器打开该文件可以观察显示的效果。

一个完整的 HTML 文件至少包含两部分内容：头信息部分和正文部分。其中<>包围的是 HTML 的标记名称，用来控制网页中各元素的显示状态。标签是成队出现的，一对标签的前

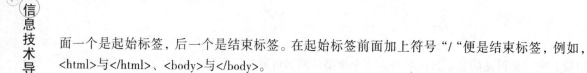

面一个是起始标签，后一个是结束标签。在起始标签前面加上符号"/"便是结束标签，例如，<html>与</html>、<body>与</body>。

2. 常用的标记

标记可以用来控制网页内的任何元素如图片和表格，只要符合语法要求即可，表7-2列出了常用的标记，读者在设计网页时可根据需要进行使用。

表 7-2　常见的 HTML 标记

标　　记	名称或意义	说　　　　明
文件标记		
<html></html>	文件宣告	创建一个 HTML 文档
<head></head>	文档头信息	设置文档头标题但它在网页中不显示
<title></title>	文档标题	在浏览器窗口标题栏显示
<body></body>	文档主体	设计文件格式及内容所在
排版标记		
<! --注解-->	注释	文件注解说明，浏览器中不显示
<p> </p>	段落标记	创建一个新的段落以便格式不同于其他段落
 	换行标记	在浏览器中重新开始一行
<div></div>/	块标记	用来排版大块段落
<hr>	水平线标记	在浏览器中显示为一个水平分割线
<center></center>	居中标记	内容水平居中
字体标记		
<u></u>	下画线	使字体加下画线
<b></b>	加黑	使字体加黑显示
<i></i>	斜体标记	使字体斜体显示
<strong></strong>	加重标记	加黑文本
<font ></font>	字体标记	设置字体名字、大小、颜色等属性
<strike></strike>	删除线标记	为字体加删除线
	上标	为字符加上标
	下标	为字符加下标
图片标记		
<img></ img >	图片标记	插入图片，参数有 width="宽",alt="说明文字",height="高",boder="边框"
超链接标记		
<a></a>	超链接	创建超文本链接
表格标记		
<table></table>	表格标记	创建一个表格，有 border、cellspacing、cellspadding 等属性
<tr></tr>	表格行标记	插入一个表格行
<td></td>	表格单元格	插入一个表格单元格
<th></th>	表格头	插入表格列头标题文字
<caption></caption>	表格标题	为表格插入一个标题

标　　记	名称或意义	说　　　　　明
特殊字符		
	空格	插入一个空格字符
&lt	"<"字符	插入一个"<"字符
&gt	">"字符	插入一个">"字符
&amp	"&"字符	插入一个"&"字符

下面举一个使用上述标记设计网页的例子。打开记事本程序，把下面代码录入后保存为一个扩展名为.htm 或.html 的文件，然后用 IE 打开，图 7-26 所示为最终的显示结果。

```
<html>
  <head>
    <title>计算机发展史</title>
  </head>
  <body>
    <h3 align=center>计算机发展史</h3>
    <hr></hr>
    <p>    1946 年 2 月 15 日，标志现代计算机诞生的 ENIAC 在
      费城公诸于世。ENIAC 代表了计算机发展史上的里程碑，它通过不同部分之间的重新接
      线编程，还拥有并行计算能力。
    <img src=1.png align=right></img></p>
    <p>    ENIAC 由美国政府和宾夕法尼亚大学合作开发，使用了
      18000 个电子管，70000 个电阻器，有 5 百万个焊接点，功率 160kW，其运算速度为每
      秒 5000 次。</p>
    <p>    第一代计算机的特点是操作指令是为特定任务而编制
      的，每种机器有各自不同的机器语言，功能受到限制，速度也慢。另一个明显特征是使用
      真空电子管和磁鼓储存数据。
  </body>
</html>
```

图 7-26　用 HTML 标记语言设计的网页

7.5.3　网页制作软件 Dreamweaver

1. Dreamweaver 简介

上一小节介绍了 HTML 的知识，在文本编辑器中，编写 HTML 完全可行，但它对设计人员的 HTML 掌握程度要求很高，而且设计效果要用浏览器打开才能看到。Dreamweaver 则是一款

可视化的网页设计软件，设计人员一般不需要采用 HTML 代码来控制网页元素，使用鼠标就能把元素放到网页中，然后在属性窗口中对元素设定属性值，非常便利。Dreamweaver 软件集网页制作和网站管理于一身，功能强大，提高了网页制作的效率，是网页制作的首选工具。虽然 Dreamweaver 可视化形式很方便，但要制作出高水平的网页，通常还要结合 HTML 代码来完成。

2. DreamweaverCC 2015 的使用

（1）Dreamweaver 的工作环境

Dreamweaver 界面由许多部分组成，如图 7-27 所示，下面分别介绍一下。

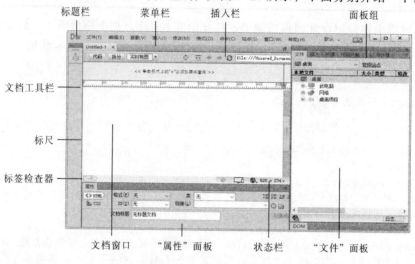

图 7-27　Dreamweaver 工作区

① 文档窗口。界面的中部大块区域是文档窗口，是设计网页的主要区域，如果把制作网页比为画画，那么文档窗口就相当于一块画布，用户在这个窗口内编辑网页元素。编辑的效果和浏览器中显示的效果近似，但也会有一些差异。

② 文档工具栏。文档工具栏位于文档窗口的上方，它的功能是对文档进行控制，最左边的 3 个按钮经常使用，作用是切换文档窗口的视图方式。网页制作时有 3 种文档视图方式：代码、拆分和设计。单击"代码"按钮，文档窗口中只显示 HTML 代码；单击"拆分"按钮，文档窗口分为上下两部分，上面显示 HTML 代码，下面显示页面效果；单击"实时视图"按钮，文档窗口中只显示页面效果，用户可以通过插入元素、编辑属性等进行可视化编辑。当然，不管是代码视图编辑还是设计视图编辑，另一种视图内容都会相应变化。文档工具栏可以通过"查看"→"工具栏"→"文档"菜单命令打开或关闭。

③ 插入栏。插入栏用来向页面中插入元素，功能和"插入"菜单对应，通常在"设计"视图下使用。插入栏可以插入很多对象，这些对象包括常用、布局、表单、文本、收藏夹等多个类别，单击类别右边的下三角按钮进行类别切换。

④ "属性"面板。"属性"面板位于文档窗口下方，是很常用的一个面板，用来显示页面中被选中对象的属性，对象不同，"属性"面板中的内容也不一样。

⑤ "文件"面板。"文件"面板用来显示网站的所有文件和文件夹，可以在面板中新建文件或文件夹，也可以进行删除、重命名等操作。当然，Dreamweaver 中还包含其他一些面板，比如 CSS、历史记录、框架等，所有面板都可以通过"窗口"菜单关闭或打开。

（2）创建和管理本地站点

熟悉了 Dreamweaver 的操作界面以后，就可以使用它来制作网站。网站也称为站点，是网页的一个集合，在 Dreamweaver 中要对网站内的各个网页进行编辑和管理，首先要创建一个站点，然后才能在站点下创建和设计各个网页。

通常情况下，网站制作者都是在本机上先制作好网站，然后上传到网络服务器上，所以在本机上创建的站点称为"本地站点"。相对地，上传到服务器上的站点称为"远程站点"。

选择"站点"→"管理站点"命令，弹出"管理站点"对话框，然后单击"新建站点"按钮（见图 7-28），弹出图 7-29 所示的站点设置对话框，为站点起一个名字，再单击左边的选项卡，分别设置服务器、版本控制等内容，如图 7-30 所示。

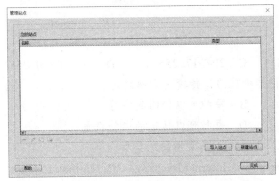

图 7-28　管理站点

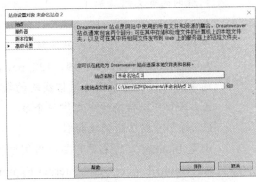

图 7-29　定义站点名称

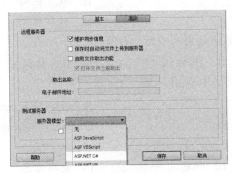

图 7-30　选择服务器技术

（3）添加页面内容

制作网页的过程就是向文档内添加网页元素的过程，并对它们进行编辑排版。Dreamweaver 中添加页面元素可以采用 HTML 代码方式，但通常采用更简单的可视化操作完成。当然，页面的完美控制通常还要结合 HTML 来进行。

要添加的内容主要有文字、图像、表格、超链接、层、框架、多媒体资源等。

小结

本章介绍了网络和互联网的基础知识及应用，学完后应达到如下学习目标：

① 掌握计算机网络的定义、分类和协议的概念，了解网络的发展、功能和体系结构。

② 掌握网络的拓扑结构，了解网络的硬件和软件组成。

第 7 章　网络应用基础

③ 了解 Internet 的产生、发展、特点和体系结构，掌握 TCP/IP、IP 地址和域名。

④ 了解 Internet 的接入技术，掌握 Internet 的常用服务。

⑤ 了解网页制作的软件。

习题

一、选择题

1. (　　　) 是对中心结点依赖最大的网络结构。

　　A. 星形结构　　　　B. 网状结构　　　　C. 总线结构　　　　D. 环形结构

2. 广域网的英文缩写是 (　　　)。

　　A. MAN　　　　　　B. WAN　　　　　　C. LAN　　　　　　D. Internet

3. 下列 (　　　) 是错误的 IP 地址。

　　A. 158.26.0.123　　B. 191.122.65.234　　C. 204.17.255.1　　D. 192.168.0.258

4. 通常可用传输速率描述通信线路的数据传输能力，传输速率指的是 (　　　)。

　　A. 每秒可以传输的中文字符个数　　　　B. 每秒可以传输的字符个数

　　C. 每秒可以传输的比特数　　　　　　　D. 每秒可以传输的文件数量

5. 浏览 Internet 上的主页需要使用浏览器，(　　　) 是常用的浏览器。

　　A. Hotmail　　　　B. Internet Explorer　　C. Internet Exchange　　D. Outlook Express

6. 在 Internet 域名系统中，ac 表示 (　　　)。

　　A. 公司或商务组织　　　　　　　　　　B. 教育机构

　　C. 政府机构　　　　　　　　　　　　　D. 科研机构

7. 目前在 Internet 上普遍使用的网络协议是 (　　　)。

　　A. TCP 协议　　　　B. IP 协议　　　　　C. IPX 协议　　　　D. TCP/IP 协议

8. (　　　) 是一个错误的 E-mail 地址。

　　A. 123@qq.com　　　　　　　　　　　B. tom+163.com

　　C. mike.li@sina.com　　　　　　　　　D. jack-88@yahoo.com

9. FTP 服务可以用来 (　　　)。

　　A. 收发电子邮件　　B. 传输文件　　　　C. 发布信息　　　　D. 检索网络信息

10. www.sohu.com 是一个网站的 (　　　)。

　　A. IP 地址　　　　　B. 通信地址　　　　C. 域名　　　　　　D. 网络协议

二、简答题

1. 什么是 Internet？

2. 简述 IP 地址和 DNS 的概念及其作用。

3. 如何禁止垃圾邮件的骚扰？

4. 如何让发邮件方知道对方已经收到了邮件？

5. FTP 下载和 IE 直接下载及迅雷软件的下载有何区别？

6. 在 IE 中如何删除浏览历史记录？

7. 如何在 Google 中搜索包含"篮球"但不包含"足球"的网页？

8. 简述静态网页和动态网页的区别。

第8章
➡ 大数据及其处理技术

现在的互联网数据非常庞大，不是一台或几台计算机使用传统算法就能处理的。例如，对搜索引擎厂商来说，若用传统方法，下载一个网页需要一秒，下载 100 亿个网页需要 317 年，如果下载 5 000 亿个网页则需要 16 000 年左右，是人类有文字记载历史的三倍时间，而目前的互联网至少有上万亿网页，这个数量还在以指数级的速度递增，显然无法用常规手段来下载网页。类似的，每天亚马逊将产生 6.3 百万笔订单；每个月网民被移动互联网使用者发送和接收的数据高达 1.3 EB；Google 上每天需要处理 24 PB 的数据，这些庞大的数据量需要采用非常规手段加以解决。

根据 IDC（互联网数据中心）监测，人类产生的数据量正在呈指数级增长，大约每两年翻一番，这个速度在 2020 年之前会继续保持下去。这意味着人类在最近两年产生的数据量相当于之前产生的全部数据量。大量新数据源的出现则导致了非结构化、半结构化数据爆发式的增长，这些由我们创造的信息背后产生的这些数据早已经远远超越了目前人力所能处理的范畴。

因此，大数据时代正在来临。大数据时代不但数据量大，而且更重要的是需要研究并行处理的算法、机器学习、数据挖掘的算法来处理这些大数据。就 Google 来讲，其发明的 MapReduce 工具，再结合上百万台服务器集群，能够在数小时内把互联网的网页重新索引一遍，真正让用户实现了即时搜索，而这在 MapReduce 出现以前是不可想象的事情。

一般达到 P 级别的数据才叫大数据，对于数据存储单位大小的理解可以参看表 8-1。

表 8-1　理解数据的存储单位

单　位	英文标识	大　小	含义和例子
位	b（bit）	1 或 0	计算机用二进制存储和处理数据，二进制的一位只能是 1 或 0，这是存储信息的逻辑单元
字节	B（Byte）	8 位	为了方便，计算机实际处理数据时的最小单位是字节，存储一个英文字母需要一个字节
千字节	KB	1024 字节（2^{10}）	存储一页纸上的文字大约是 5 KB
兆字节	MB	1024 千字节（2^{20}）	一首 MP3 大约 4 MB
吉字节	GB	1024 兆字节（2^{30}）	一部电影大约 1 GB
太字节	TB	1024 吉字节（2^{40}）	美国国会图书馆印刷版图书大约 15 TB
拍字节	PB	1024 太字节（2^{50}）	美国邮政局每年处理的信件大约为 5 PB，Google 每小时处理的数据为 1 PB
艾字节	EB	1024 拍字节（2^{60}）	相当于 13 亿中国人手一本 500 页图书的信息量
泽字节	ZB	1024 艾字节（2^{70}）	截至 2010 年，人类拥有信息总量大约 1.2 ZB
尧字节	YB	1024 泽字节（2^{80}）	超出想象，难以描述

8.1 大数据概述

最早从 20 世纪 90 年代开始，数据仓库之父 Bill Inmon 就经常提及 Big Data 这个词汇。大数据的概念则是在 2011 年 5 月举办的以"云计算相遇大数据"为主题的 EMC World 2011 会议中，由全球最大的外置存储硬盘供应商 EMC 公司正式提出。

8.1.1 大数据定义

说到大数据，人们可能更熟悉"数据"这个词。就"大数据"和"数据"两个概念的区别来说，传统概念上的数据很大程度上指的就是数字，比如人口、流量、坐标等；而大数据包含了更多类型的信息，如通话音频、视频记录、博客的文字、图片内容、商品的介绍、销售信息等。"数据"的内容是结构化的，"大数据"则包括了结构化数据、半结构化数据、非结构化数据。

对于结构化数据，可以按一定的规律展开数据分析。例如，通过某一函数计算来年人口增长情况；而对于半结构化、非结构化数据，是很难从中分析总结出规律的。只有通过综合各个方面的信息进行模拟和推演，以分析形式评估条件、预测应答结果，并计算它们的概率，才能通过大数据分析找到最优结果。

因此，可以这样定义大数据：

大数据，是指无法在可承受的时间范围内用常规软件工具进行捕捉、管理和处理的数据集合，是需要最新处理模式才能具有更强的决策力、洞察发现力和流程优化能力来适应海量、高增长率和多样化的信息资产。

大数据在领域上可以划分为大数据技术、大数据工程、大数据科学和大数据应用，其中大数据工程是指大数据的规划建设运营管理的系统工程；大数据科学则是关注大数据网络发展和运营过程中发现和验证大数据的规律及其与自然和社会活动之间的关系。当下最受重视的是大数据技术和大数据应用。

1. 大数据的特点

相比普通数据，大数据有两个最显著的特征。从数据属性上来说，大数据包含了非常复杂繁多的种类，包括结构化数据、半结构化数据、非结构化数据；从数据关联上看，数据之间频繁交互，大数据只有通过展开大规模数据分析并与业务实时结合进行数据挖掘才能得到充分利用。

除此之外，大数据还有价值密度低、处理高速化的特点，业界将这四点归纳为 4 个"V"，分别是：

① Volume：非结构化数据体量巨大。从 TB 级别跃升到 PB 级别、E 级别甚至更大。

② Variety 数据类型繁多，无模式或者模式不明显，如文本、视频、音频、图文、机器数据。

③ Value 价值密度低，包含大量低相关度信息。以图片搜索为例，成千上万的图片中可能只有几张合乎用户的需要。

④ Velocity 处理速度快，实时分析而非批量式分析。这一点也是大数据与传统的数据挖掘技术本质上的不同。

2. 大数据的核心

大数据的核心是预测，它通常被视为人工智能的一部分，或者更确切地说，被视为一种机器学习。这种学习是将算法运用到海量的数据上来预测事件发生的可能性，而不是要教机器人像人一样去思考。随着数据越来越丰富，通过记录找到最佳预测和模式后可以对系统进一步改进。

2016 年 3 月，在举世瞩目的围棋人机大战中，Google 公司的 Alpha Go 机器人战胜韩国九段李世石。Google 预测：在不远的将来，很多靠人脑判断力的领域都会被计算机系统所改变和取代。

3. 大数据的价值

如果将数据比作铁矿，按照性质可以分成富铁矿、贫铁矿、肥煤、高硫铁矿等种类，而露天铁矿、深层铁矿的挖掘成本又各不相同。与此类似，大数据并不仅仅在于"大"，而更在于"有用"。价值含量、挖掘成本比单纯的数量更为重要。

大数据的战略意义不仅仅在于掌握庞大的数据信息，更在于对这些有价值的信息进行专业化处理，通过数据共享、交叉复用后获取最大的数据价值。正如将大数据看成矿产，那么矿业实现盈利的重点在于提高对铁矿的冶炼——也就是数据原材料的加工，实现增值。

对大量消费者提供产品或服务的企业，可以利用大数据进行精准营销；做小而精模式的企业可以利用大数据做服务转型；面临互联网压力之下必须转型的传统企业更需要与时俱进充分利用大数据的价值，如何利用这些大规模数据成为赢得竞争的关键。

搜索公司利用搜索用户的行为大数据预测用户的潜在点击行为，零售行业利用大数据实现销售利润的最大化，NBA 利用大数据分析排兵布阵，足球数据分析可以预测出世界杯的归属，等等，所有这些都体现出数据的价值。

8.1.2 云计算

提起大数据，就不能不提云计算（Cloud Computing）。云计算的模式是业务模式，它的本质是一种数据处理技术。数据作为资产，云则为数据资产提供存储、访问和计算服务。

云计算为大数据提供了弹性可拓展的基础设备，是产生大数据的平台之一。自 2013 年开始，大数据技术已开始和云计算技术紧密结合，预计未来两者关系将更为密切。除此之外，物联网、移动互联网等新兴计算形态，也将一齐助力大数据革命，让大数据营销发挥出更大的影响力。

云计算的一个关键问题是如何把一个非常大的计算问题，自动分解到许多计算能力不是很强的计算机上共同完成。

1. 云计算的概念

云，是对网络、互联网的一种比喻说法。过去在图中往往用云来表示电信网，后来也用来表示互联网和底层基础设施的抽象。

对云计算的定义有多种说法，现阶段广为接受的是美国国家标准与技术研究院（NIST）的定义：云计算，是一种提供对虚拟化的、动态易扩展资源的网络访问服务的模式，这种访问是可用的、便捷的、按需的、按使用量付费的。这种资源只需投入很少的管理工作，或与服务供应商进行很少的交互就能快速提供。

第 8 章　大数据及其处理技术

云计算更偏重海量存储和计算，以及提供云服务、运行云应用。云计算甚至可以让用户体验每秒 10 万亿次的运算能力，拥有这强大的计算能力可以模拟核实验、预测气候变化和市场发展趋势。用户通过计算机、手机等方式接入数据中心，按自己的需求进行运算。图 8-1 所示为云计算的示意图，个人终端可以接入网络，从而享受云计算提供的各种服务，这种服务按需去取。

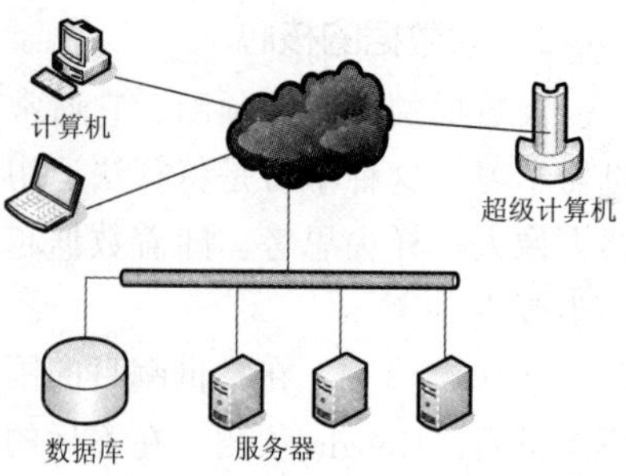

图 8-1　云计算示意图

挖掘价值性信息和预测性分析，为国家、企业、个人提供决策和服务，是大数据核心议题，也是云计算的最终方向

2. 云计算的演化

云计算主要经历了 4 个阶段才发展到现在这样比较成熟的水平，按历史时间依次是电厂模式、效用计算、网格计算和云计算，如图 8-2 所示。

（1）电厂模式阶段

电厂模式让用户使用起来更方便，且无须维护和购买任何发电设备。利用电厂的规模效应，还大大降低了电力的价格。

（2）效用计算阶段

20 世纪 60 年代，计算机远不如今天这样普及，计算设备价格高昂稀缺，远非普通企业、学校和科研机构所能承受，因此很多人产生了共享计算资源的想法。

1961 年，人工智能之父麦卡锡在一次会议上借鉴了电厂模式提出了效用计算的概念，目的是将分散在各地的服务器、存储系统以及应用程序统一整合并共享，让用户能够像把电器接上电网就能立即使用一样来方便地使用计算机资源，最后根据计算使用量来计费。只不过由于当时信息产业还处于发展初期，很多如互联网这样的强大的技术还未诞生，这个一直为人称道的想法最终依然未能推广开。

图 8-2　云计算的演化图

（3）网格计算阶段

网格计算研究如何把一个需要巨量计算能力才能解决的大问题分成许多小的部分，再将这些部分分配给更多低性能的计算机来处理，最后把这些计算结果综合起来解决一开始的大问题。遗憾的是，由于网格计算在商业模式、技术和安全性方面的缺陷，使其没有在工程界和商业界取得预期的成功。

（4）云计算阶段

云计算的核心与效用计算和网格计算的思路非常类似，同样希望能像使用电力那样方便、廉价地调用计算资源。与前者不同的是，云计算近年来在技术方面已基本成熟，同时更是有了一定规模的需求。

3. 云计算的特征

互联网上的云计算服务特征与自然界的云、水循环有着一定的相似性，因此云是一个很贴切的比喻。

云计算常与网格计算、效用计算、自主计算相混淆。事实上，许多云计算部署依赖于计算机集群（但与网格的组成、体系结构、目的、工作方式大相径庭），也吸收了自主计算和效用计算的特点。

根据美国国家标准和技术研究院的定义，云计算服务应当具备如下特征：

① 随需自助服务。

② 随时随地用任何网络设备访问。

③ 多人共享资源池。

④ 快速重新部署灵活度。

⑤ 可被监控与量测的任务。

⑥ 基于虚拟化技术快速部署资源或获得服务。

⑦ 减少用户终端的处理负担。

⑧ 降低了用户对 IT 专业知识的依赖。

4. 云服务

云服务指可以拿来作为服务提供使用的云计算产品，分为基础设施级服务（IaaS）、平台级服务（PaaS）和软件级服务（SaaS）三类。常用的服务包括云主机、云空间、云开发、云测试和综合类产品等。云服务的背后是大量用网络连接的计算资源统一管理和调度，构成一个计算资源池向用户按需服务。用户通过网络以按需、易扩展的方式获得所需资源和服务。

云服务类似家中的水龙头，需要水时就打开，需要时就关闭，自来水公司根据水流量来计费。很多互联网公司提供云服务，如亚马逊、Google、VMware 等。

8.1.3　普适计算

实际上云计算只是普适计算的一个子概念，普适计算包括的内容和含义比云计算更广泛。人类设想通过在日常环境中广泛部署小的计算设备，实现能够在任何时间任何地点获取并处理信息，计算和环境融为一体，也就是人类的第三波计算浪潮。

普适计算最早起源于 1988 年美国施乐公司 Xerox PARC 实验室的一系列研究计划。1991年，Xerox PARC 研究中心的 Mark Weiser 在 *Scientific American* 杂志上发表的讨论 21 世纪计算机的文章里正式提出了普适计算（Ubiquitous Computing）的概念。

之后的 1999 年，IBM 也提出普适计算为无所不在的、随时随地可以进行计算的一种方式，特别强调计算资源普存于环境当中，人们可以随时随地获得需要的信息和服务。

图 8-3 所示为普适计算的发展历程示意图。

1. 普适计算的定义

普适计算又称普存计算、普及计算（英文中叫作 Pervasive Computing 或者 Ubiquitous Computing），这一概念强调和环境融为一体的计算，而计算机本身则从人们的视线里消失。在普适计算的模式下，人们能够在任何时间、任何地点、以任何方式进行信息的获取与处理。

相对于物联网的概念，普适计算更偏向于技术方面，而前者则偏向应用方面。

普适计算的目的是建立一个拥有丰富的计算和通信能力的环境，是信息空间与物理空间的融合。在这个融合空间中人们可以随时随地、透明地获得数字化服务。在普适计算环境下，整个世界是一个网络的世界，数不清的为不同目的服务的计算和通信设备都连接在网络中，在不同的服务环境中自由移动，如图 8-4 所示。

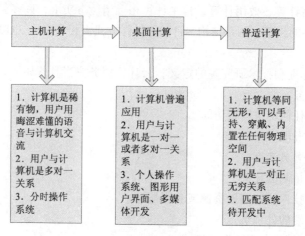

图 8-3　普适计算发展历程

"随时随地"，指人们可以在工作、生活的现场就可以获得服务，而不需要离开这个现场而去端坐在一个专门的计算机面前，即像空气一样无所不在。

相对随时随地特性，透明是普适计算更本质的要求，是同桌面计算模式最本质的区别。"透明"，指获得这种服务不需要花费很多注意力，即这种服务的访问方式是十分自然的甚至是用户本身注意不到的，即所谓蕴涵式的交互（Implicit Interaction）。

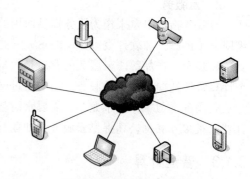

图 8-4　普适计算示意图

2. 普适计算的特点

作为网络计算的自然延伸，普适计算使得个人计算机和其他小巧的智能设备都可以融合进环境，大大降低设备使用的复杂程度。这就使得用户的精力从如何操作工具上转移到如何更好地完成任务上，方便人们即时地获得信息并采取行动，让人们的生活更轻松、更有效率。

普适计算的核心思想是日常生活的物理环境中广泛分布存在着小型、低成本、网络化的处理设备。在这种情况下计算机将彻底退居到"幕后"以至于用户感觉不到它们的存在；计算设备将以更方便、更人性化的交互方式进行人机交互，而非仅仅依赖命令行或者图形界面。

从总体上来看，普适计算有如下 5 个典型特征：

（1）普适

计算和通信能力无所不在，用户可以随时随地以各种接入手段获得计算服务。

（2）透明

对于用户而言计算过程是不可见的，用户只需要关注任务本身及结果。

（3）动态

用户和计算设备均处于自由移动的状态，随着用户和设备的加入、退出，运算空间也处于动态变化之中。

（4）自适应

计算和通信服务可以感知和预测用户的需求和运行条件，提供充分的灵活性和自主性。

（5）恒定

系统在开启后再也不会死机或者需要重启，某些计算模块可能会因为需要升级或维护等原因发生变动，但整个系统永远是可用的。

普适计算的计算设备的尺寸将缩小到毫米甚至纳米级。因此，普适计算涉及包括移动通信技术、小型计算设备制造技术、小型计算设备上的操作系统技术及软件技术在内的信息技术。

目前，IBM 已将普适计算确定为电子商务之后的又一重大发展战略，并开始了端到端解决方案的技术研发。IBM 认为，实现普适计算的基本条件是计算设备越来越小，方便人们随时随地佩带和使用。在计算设备无时不在、无所不在的条件下，普适计算才有可能实现。

3. 普适计算体系结构

普适计算体系结构主要包括计算设备、网络、中间件、人机交互 4 个方面。

（1）计算设备

普适计算环境中融合进了数量巨大的计算设备，这些设备总类、性能不一而足，从高性能的个人计算机、手机到低级的相机、电视机、打印机都有。理想状态下，普适计算应该尽可能多地将周围所有的具有计算功能的设备纳入体系中，充分发挥计算作用。

因此在硬件或接入层次上，未来需要制定标准，让各自带有计算能力的设备具备融入普适计算环境的能力。

（2）网络

网络尤其是无线网络是沟通计算设备的血脉，也是普适计算的重要基础设施。随着普适计算设备的数量和质量的增长，普适计算对网络提出了更高的要求。除了扩展基本结构以适应需要之外，全球化网络也必须更新换代以完成普适计算设备到现实空间的融合。

（3）中间件

中间件的目的是统一协调多个计算设备、进程和实体间的相互协作，高效利用这些资源为普适计算服务。普适计算中间件应从用户的角度出发协调网络内核和用户行为间的交互，并且保持用户在泛化计算空间的自然感。

（4）人机交互

普适计算使计算和通信能力无处不在地融合在人们生活和工作的现实环境中，人机交互通道更加多样化和透明化。因此，普适计算将困难、烦琐的显式交互转变为更自然的蕴涵式交互。在这种交互模式中用户不必自带辅助设备，通过语音、手势等自然行为就能获得计算服务。同时环境也可以主动地观察用户、推断其意图并提供合适的服务。

4. 普适计算的应用

讨论到普适计算应用的时候，和云计算概念相比，可以发现两者非常相似。实际上，云计算就是普适计算的一种具体应用。只不过云计算作为早期应用不能完全体现出普适的特点，云计算的结点更偏向专门的计算设备，而且没有"随时随地"的要求。未来，普适计算会在环保、医疗、交通等广泛领域普及并发挥巨大作用。

智能空间是普适计算的重要应用，如读者耳熟能详的智能家居、智能办公室、智能教室，未来这些应用将极大改变人们的生活方式，让家务更方便、工作和学习更高效。

第 8 章 大数据及其处理技术

普适计算的另一个应用领域是普遍信息访问，"随时随地"的特点使用户能够在任何时间和地点获取信息。由于普适计算系统中的信息设备可随身携带，因此当这样的设备进入到新环境中时，它能自动地搜索环境中可用的资源和服务，并与之进行交互，给用户提供方便的服务。

普适计算最重要的应用方向就是各类信息终端产品。IBM公司最早提出普适计算的应用概念时目标就是发展更具实用意义的各类信息终端产品，从而真正实现电子商务向信息终端产品的延伸。

8.1.4 大数据应用

随着大数据的应用越来越广泛，应用的行业也越来越多，人们每天都可以看到大数据的一些新奇的应用，从而帮助人们从中获取到真正有用的价值。很多组织或者个人都会受到大数据的分析影响，下面就是一些大数据在关键领域的应用。

1. 理解客户、满足客户服务需求

通过大数据分析可以让商家更好地了解客户的喜好和倾向性，这是大数据应用中最广为人知的领域。企业经常在社交网站上收集数据，社交网站上的数据样本丰富，而且具有实时性和代表性，通过建立出数据模型进行预测和分析能更全面地了解用户需求。

通过大数据的分析，网络售货商可以更好地预测出下一季度的销量，淘宝店铺则能更加精准地预测某些服装的销售淡季，报刊出版社能更好地分析出读者感兴趣的文章类型。

2. 改善安全和执法

大数据现在已经广泛应用到安全执法的过程当中。美国国家安全部门利用大数据防范恐怖袭击，甚至监控人们的日常生活。而在中国，警察也开始应用大数据工具识别和追踪罪犯。

3. 物流流程优化

大数据也更多地帮助业务流程的优化。可以通过利用天气预报、社交媒体数据挖掘出有价值的信息，使得原料、产品供应链以及货物配送路线得到优化。通过GPS定位追踪货物和送货车，外加利用实时交通路线数据可以制定更加优化的送货路线。

4. 提高医疗水平

医疗行业早就遇到了海量数据和非结构化数据的挑战，而近年来很多国家都在积极推进医疗信息化发展，这使得很多医疗机构有资金来做大数据分析。

面对新型禽流感病毒，我们能够运用大数据的快速分析计算能力在几分钟内得到病毒的构造和特性，并迅速制定出最新的治疗方案、开发针对性的疫苗。同时可以让医疗工作者更好地预测疾病的爆发、扩散形势、分析易感染人群。利用大数据技术，可以存储分析所有病人的临床数据，为进一步提高治理水平发挥了重要作用。

5. 金融交易

大数据在金融行业主要是应用在金融交易方面，尤其是对数据敏感的高频交易（HFT）。现在很多股权的交易决定都是利用大数据算法进行的，通过分析网站新闻和社交媒体可以在几秒内决定是买入还是卖出，大大提高了盈利的几率。

以上5个领域是大数据应用最常见的领域，随着大数据的应用越来越普及，还有更多新的领域、新的大数据应用加入进来。

8.2　大数据处理技术

经过前面大数据知识的学习，可以想象大数据的巨量性意味着巨大的工作量，需要分析系统进行实时处理的数据越来越多。大数据的复杂性，则意味着用以往针对结构化数据的分析模式已经力不从心，因此需要针对多元数据重新构建一套行之有效的分析理论和处理模型。本节重点介绍的就是近些年新发展出的数据处理技术和工具。

8.2.1　数据挖掘与信息获取

数据挖掘（Data Mining）是数据库知识发现（Knowledge-Discovery in Databases，KDD）中的一个步骤。

1. 数据挖掘的概念

数据挖掘是一种通过分析每个数据，从大量数据中寻找、总结规律的技术。数据挖掘能够从大量的数据中通过算法自动搜索隐藏于其中模式的过程，也被视作是数据模型的发现过程。

与联机分析处理（OLAP）不同的是，数据挖掘本质上是一个归纳的过程，在数据库中自己总结、生成模型，而不是用来验证某个预先假定的模型的正确性。

举个例子，一个用数据挖掘工具的分析师试图寻找导致某些大型洄游性鱼类濒危的原因。数据挖掘工具可能帮他找到过渡捕捞、水体污染等因素，此外还可能发现其他隐藏着的从来没有发现过或考虑过的其他因素，比如机动船只的影响、水坝改变了繁殖水域的水温导致鱼卵无法正常孵化。

2. 数据挖掘的演化

数据挖掘分为以下 4 个发展阶段：

第一阶段是电子邮件阶段。这个阶段是从 20 世纪 70 年代开始，通信量以每年几倍的速度增长。

第二阶段是信息发布阶段。这一阶段从 1995 年起，以 Web 技术为代表的信息发布系统爆炸式地成长起来，成为目前 Internet 的主要应用。

第三阶段是诞生不久的电子商务（Electronic Commerce，EC）阶段。前美国总统克林顿 1997 年底在加拿大温哥华举行的第五次亚太经合组织非正式首脑会议（APEC 会议）上提出敦促各国共同促进电子商务发展的议案引起了全球关注，IBM、HP 和 Sun 等国际著名的信息技术厂商宣布 1998 年为电子商务年。之所以把 EC 列为一个划时代的事物，是因为因特网的最终主要商业用途就是电子商务，而未来的商业信息同样离不开因特网。

第四阶段是全程电子商务阶段。随着 SaaS（Software as a Service）软件服务模式的出现，软件纷纷登录互联网，延长了电子商务链条，形成了当下最新的"全程电子商务"概念模式。

3. 数据挖掘的用途

数据挖掘有以下 7 种不同的分析方法，其中有分类、估计、预测 3 种直接数据挖掘分析方法和相关性分组或关联规则、聚类、描述和可视化、复杂数据类型挖掘 4 种间接数据挖掘分析方法。

（1）分类

首先从数据中选出已经分好类的训练集，在该训练集上运用数据挖掘分类的技术，建立分类（Classification）模型，对于没有分类的数据进行分类。

（2）估计

估计（Estimation）与分类类似，区别在于分类描述的是离散型变量的输出，而估值处理连续值的输出；分类的类别数目是预先设定好的，而估值的量是预先不能确定的。估值可以作为分类的前一步工作，根据给定的一些输入数据通过估值，得到未知的连续变量的值，再进行分类。

例如，根据区域内所有红外自动照相机记录的野生动物数目，估计保护区内的野生动物种群、密度情况。

（3）预测

通常预测（Prediction）是通过分类或估值起作用，也就是说，通过分类或估值得出模型，该模型用于对未知变量的预测。预言其目的是对未来未知变量的预测，这种预测是需要时间来验证的，即必须经过一定时间后，才知道预言的准确程度。

例如，根据某种水果的近期全国产量统计，预测接下来一段时间内的价格波动情况。

（4）相关性分组或关联规则

相关性分组或关联规则（Affinity Grouping or Association Rules）决定随之发生的相关事情有哪些。例如，购买自行车的客户接下来往往也会购买一个打气筒。

（5）聚类

聚类（Clustering）是对记录分组，把相似的记录放在同一个聚集里。聚类和分类的不同之处在于是聚集不依赖于预先设定好的类，不需要训练集。例如，某些特定小说爱好者的聚集可能预示了发现一个特定的书迷群体。

（6）描述和可视化

描述和可视化（Description and Visualization）是数据挖掘的结果，是对数据挖掘结果的表示方式。一般只是指数据可视化工具，包含报表工具和商业智能分析产品（BI）的统称。

（7）复杂数据类型挖掘

复杂数据类型挖掘主要是针对文本（如 text 文本、Word 文本、Pdf 文档等）、Web 数据（Web 文本、图片等）、多媒体数据（音视频、图像等）、时间序列数据（如股票数据、生物医学数据、经济数据等）的挖掘。

此类挖掘的数据比较复杂，不像数据库数据那样有严格的数据格式，大部分是无结构、半结构化的数据，数据的维度较高，有的随着时间的进展产生大量不同的数据。

主要的应用有搜索引擎、信息检索、信息抽取、图像检索、语音识别、Web 结构挖掘、用户行为挖掘、股票预测、DNA 数据挖掘等。

4. **数据挖掘过程**

目前对于数据挖掘的过程有着各种不同的划分，总体上可以将其分成 4 个步骤。各步骤的大体内容如下：

（1）任务规划阶段

数据挖掘是为了找出人们需要的内容，因此一开始就要明确任务需求。认清数据挖掘的目的是数据挖掘的重要一步，挖掘的最后结构是不可预测的，但要探索的问题应是有预见的。

（2）数据准备阶段

这一步要做的首先是数据收集，搜索所有与业务对象有关的内部和外部数据信息，并根据数据挖掘任务的具体要求确定所涉及的目标数据，从相关数据源中抽取与挖掘任务相关的对象并整合成数据集。

然后是数据预处理，通常要完成遗漏数据处理、数据净化、数据类型转换等工作，将数据转换成一个针对挖掘算法建立的分析模型以提高挖掘效率。

准备与规划工作占据了数据挖掘的大部分时间，很多专家认为在整个数据挖掘流程中，花费在数据预处理阶段的时间和精力达到 80%之多。

（3）规律寻找阶段

根据任务需求和已有方法选择挖掘算法实施挖掘，寻找数据集包含的规律。

（4）结果分析和展示阶段

研究数据的质量，为进一步分析做准备，并确定将要进行的挖掘操作的类型，以便于用户理解的形式对挖掘出的结果进行可视化展示，同时分析并评估挖掘结果是否有意义，是否完成了预定任务目标。

整个数据挖掘工作是一个不断反馈修正的过程。一旦用户在挖掘过程中发现因为所选择的数据或使用的挖掘方法不合适而无法获得期望结果，则需要重复进行挖掘过程，甚至需要从头开始。

8.2.2　大数据处理工具 MapReduce 与 Hadoop

为了应对大规模数据处理的难题，MapReduce 和 Hadoop 开源编程工具应运而生。由于易用性和良好的可扩展性，它们得到了 IT 界的广泛支持。MapReduce 是 Google 公司推出的云计算模型，Hadoop 则是用 Java 开源实现了 MapReduce 的所有功能。

1. MapReduce

MapReduce 是 Google 公司推出的一个大数据处理的利器，它是在总结大量应用共同特点的基础上抽象出来的分布式并行计算框架。MapReduce 编程模型是一种处理大量半结构化数据集（大于 1 TB）的编程模型。

所谓编程模型，是一种处理并结构化特定问题的方式。例如，关系数据库中使用 SQL 这样的集合语言执行查询，在语句中直接说明想要的结果，并提交给数据库系统进行计算。在得到结果前不用管查询语句的具体实现过程。

源自函数式编程语言和矢量编程语言思想的"Map（分解）"和"Reduce（合并）"概念是编程模型的主要思想，极大方便了未掌握分布式并行编程技能的编程人员将自己的程序在分布式系统上运行。当前的软件实现是指定一个 Map()函数，用来把一组键值对映射成一组新的键值对，指定并发的 Reduce()函数，用来保证所有映射的键值对中的每一个共享相同的键组。

MapReduce 提供了以下 4 个主要功能：

（1）数据划分和计算任务调度

系统自动将一个作业（Job）待处理的大数据划分为很多个数据块，为每个计算任务（Task）分配一个小数据块，并调度相应计算结点来处理。作业和任务调度功能主要负责分配和调度计算结点，同时要负责 Map 结点执行过程中的同步控制和监控所有结点的执行状态。

（2）数据/代码互定位

所谓本地化数据处理即让一个计算结点尽可能处理其本地磁盘上所分布存储的数据，这可以很大程度上减少数据通信量，实现了代码向数据的迁移；如果本地化数据处理无法顺利进行，就要尽可能从数据所在的本地机架上寻找其他可替代结点，并将数据从网络上传送给它，这就是数据向代码迁移。

（3）系统优化

中间结果数据进入 Reduce 结点前会进行一定程度的合并处理；这也意味着一个 Reduce 结点所处理的数据可能会来源于多个不同的 Map 结点，和数据/代码互定位一样，这种做法是为了减少数据通信开销。

为了避免 Reduce 计算阶段发生数据相关性错误，Map 结点输出的中间结果需使用一定的策略进行适当的划分处理，确保具有相关性的数据会被发送到同一个 Reduce 结点；此外，系统还进行一些对计算性能优化处理，例如选最快完成的任务作为结果、对最慢的计算任务采用多备份方式执行等。

（4）出错检测和恢复

在用低端商用服务器构成的大规模 MapReduce 计算集群中，结点软硬件不时会发生故障，因此系统需要用多备份冗余存储机制提高数据存储的可靠性，并能及时检测和恢复出错的数据。此外，MapReduce 必须具备检测并隔离故障结点的能力，并及时调度分配新的结点接替完成故障结点的计算任务。

2. 实现机制

MapReduce 采用主/从结构，如图 8-5 所示，由一个相当于服务器的 JobTracker（Master）主控结点和若干个执行任务的 TaskTracker（Slave）从属结点组成，同一物理机器上只运行一个 TaskTracker 进程。在 MapReduce 模式中，用户的一个作业将输入数据分割成若干独立数据块，由 Map 任务并行处理。框架会对 Map 的输出结果进行排序和汇总，然后输出给 Reduce 任务，输入/输出的结果

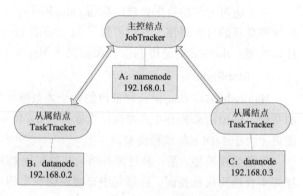

图 8-5　MapReduce 集群环境配置

存储在分布式文件系统（Hadoop Distributed Flie System，HDFS）中。主控结点负责调度所有的任务并监控它们的执行、重新运行失败的任务，而从属结点则负责执行被指派的 Map 任务和 Reduce 任务。

MapReduce 将复杂的运行在大规模集群上的并行计算过程抽象成 Map 和 Reduce 两个函数，并将大数据集分解成许多小数据集，分配给单个结点一对一处理，生成中间结果。这些中间结果又会经过大量结点的合并，每个 Reduce 任务都会得到一个最终结果。

Google 自从发明了 MapReduce 工具后，其索引更新网页的速度大大加快，达到了分钟级别。MapReduce 尤其在矩阵运算方面（矩阵相乘），只要增加服务器的数量就可以提高运算的速度，这也是能从 Google 即时搜索信息的原因所在。

3. Hadoop

Google 大数据处理方案除了 MapReduce 外还包括谷歌分布文件系统（Google File System，GFS）、分布式数据库 Bigtable。在 Google 公开发表了这些成果后，Hadoop 实际上是一个 Java 开源的针对 Google 大数据处理方案的一个替代品。

Hadoop 是由 Apache 基金会所开发的分布式系统基础框架，擅长存储大量的半结构化的

数据集。在 Hadoop 下数据可以随机存放，单个磁盘的损毁并不会带来数据丢失。除此之外，Hadoop 也非常擅长分布式计算——快速地跨多台机器处理大型数据集合。

利用 Hadoop，用户可以在不了解分布式底层细节的情况下，开发分布式程序。充分利用集群的威力进行高速运算和存储。

Hadoop 是一个实现了 MapReduce 模式的分布式并行编程框架。Hadoop 框架最核心的设计就是实现了一个 HDFS 系统，外加前面介绍的 MapReduce 编程模型和分布式数据库 HBase。MapReduce 编程模型用作计算，HDFS 则用来存储海量的数据。

HDFS 有高容错性的特点，并且设计用来部署在低廉的硬件上；而且它提供高吞吐量来访问应用程序的数据，非常适合那些有着超大数据集的应用程序。基于 Hadoop，用户可编写处理海量数据的分布式并行程序，并将其运行于由成百上千个结点组成的大规模计算机集群上。

作为新兴的大数据平台，Hadoop 设计之初的目标就定位于高可靠性、高可拓展性、高容错性和高效性。正是这些设计上与生俱来的优点，才使得 Hadoop 一出现就受到众多大公司的青睐，同时也引起了研究界的普遍关注。到目前为止，Hadoop 技术在互联网领域已经广泛应用，包括几大知名 IT 公司，作为其云计算环境中的重要基础软件。

例如，百度用 Hadoop 处理每周 200TB 的数据，从而进行搜索日志分析和网页数据挖掘工作；中国移动研究院基于 Hadoop 开发了"大云"（Big Cloud）系统，不但用于相关数据分析，还对外提供服务；淘宝的 Hadoop 系统用于存储并处理电子商务交易的相关数据。国内的高校和科研院所基于 Hadoop 在数据存储、资源管理、作业调度、性能优化、系统高可用性和安全性方面进行研究，相关研究成果多以开源形式贡献给 Hadoop 社区。

若要投身大数据的工作，Hadoop 和 MapReuce 是必须要学会的工具。

小结

本章主要介绍了大数据、新一代数据处理方式及工具，需要实现以下目标：
① 掌握大数据的概念和基本特征，了解大数据的价值和应用。
② 掌握云数据的概念，了解云计算的演化和特征。
③ 掌握普适计算的定义与核心思想，了解其特点和体系结构。
④ 掌握数据挖掘的概念和流程，了解其发展历史和应用。
⑤ 了解 MapReduce 和 Hadoop 工具。

习题

一、选择题

1. _____是当前大数据最受重视的领域。

    A. 大数据工程   B. 大数据科学

    C. 大数据工程与应用   D. 大数据技术与应用

2. 大数据技术的战略意义不在于掌握庞大的数据信息，而在于对这些含有意义的数据进行_____。

    A. 标准化   B. 专业化处理   C. 迅速处理   D. 内容处理

3. 以下不属于云计算特点的是_____。

A. 超大规模　　　　B. 虚拟化　　　　　C. 私有化　　　　　D. 高可靠性

4. 云计算是对_____的发展应用。

A. 并行计算　　　　B. 网格计算　　　　C. 分布式计算　　　D. 以上都是

5. 数据挖掘的英文缩写是_____。

A. DM　　　　　　B. KDD　　　　　　C. EC　　　　　　　D. OLAP

6. 普适计算的特点是_____。

A. 高速

C. 高效率

B. 无处不在

D. 可以处理复杂类型数据

二、简答题

1. 什么是大数据，它有哪些特点？

2. 云计算和普适计算有什么区别和联系？

3. 举出几个普适计算的应用例子。

4. 数据挖掘的流程是什么？

5. 数据挖掘有哪些方法？

6. MapReduce 和 Hadoop 的关系是什么？

第9章

➡ 信息安全

与信息时刻相伴的就是信息安全问题，尤其是信息爆炸时代的来临，信息安全问题越来越突出。信息安全事件也逐年增加，造成越来越大的破坏和损失。信息安全事件轻则使个人隐私泄露，重则使金钱财务受到损失。信息安全对经济发展、社会稳定乃至国家安全的巨大影响力使得人们不得不纷纷加大对信息安全保障的重视程度。

本章将要介绍的是信息安全的基础知识，以及信息安全在多个领域内的应用。

9.1　信息安全概述

信息需要得到保护，从狭义上来说信息安全指具体的信息技术体系或某一特定信息系统的安全；从广义上来说，信息安全指一个国家的社会信息化状态不受外来的威胁和伤害，一个国家的信息技术体系不受外来的威胁和侵害。

9.1.1　信息安全的定义

信息安全的定义有很多种，ISO（国际标准化组织）对于信息安全的定义：为数据处理系统建立和采用的技术、管理上的安全保护，为的是保护计算机硬件、软件、数据不因偶然和恶意的原因而遭到破坏、更改和泄露。本书采用的是 ISO 的定义。

以上定义中计算机硬件可以看作是物理层面，软件可以看作是运行层面，剩下的就是数据层面；如果从信息安全的属性上理解，其中与破坏相关的就是可用性，与更改相关的是完整性，与泄露相关的是机密性。

信息安全有以下 5 个基本要素：

① 完整性：确保信息不被未经授权的对象篡改，保证真实的信息无失真地到达接收方。

② 机密性：确保机密信息不会暴露给未授权的实体或进程或被其使用。

③ 可用性：信息能为得到授权的实体所用，防止由于计算机病毒或其他人为因素造成的系统故障或被对手利用，信息系统能按要求完成规定的功能。

④ 可审查性：对出现的安全问题提供调查的依据和手段并可追踪到唯一的行为实体。

⑤ 可控性：信息系统不会被非授权使用，信息的流动可以被选择性阻断。

9.1.2　信息安全的威胁来源

信息安全的威胁可能导致信息安全事故和信息资产损失。由于信息应用广泛、传播途径众多，受到的威胁来源也很多。这些威胁主要来自技术安全风险、人为恶意攻击、安全管理缺陷等方面。从具体内容上来说，有以下几种常见的类型：

1. 外部攻击

非法入侵他人计算机的电脑高手称为黑客，黑客大多采用假冒攻击方式，通过欺骗通信系统（或用户）达到非法用户冒充成为合法用户，或者以特权小的用户冒充为特权大的用户的目的。

此外，拒绝服务攻击也比较常见，攻击者对目标服务器、网络甚至终端发送大量无用的包进行干扰，使得合法用户的正常服务被迟滞甚至阻碍。

通过后门（或称陷阱门）入侵是一种比较特殊的方式，后门是在某个系统或某个部件中预先设置的秘密入口，使得在输入特定命令时可以违反安全策略获得访问权。

2. 内部攻击

在一个公司或单位内部，未经许可使用计算机和网络资源、擅自扩大权限或越权访问信息、用户对自己曾经发布过的某个请求抵赖，都属于来自内部的攻击。

3. 病毒和木马

计算机病毒是一组能破坏数据和计算机功能、影响计算机正常使用的指令或代码。计算机病毒能像生物病毒一样自我复制并传染，计算机病毒不是单独存在的一个文件，只能寄生在宿主程序上一起活动。

传染（复制）、破坏、寄生是计算机病毒最显著的三大特征。

计算机病毒的生命周期分为潜伏阶段、传染阶段、触发阶段、发作阶段。病毒在发作后会有意想不到的危害，有的会删除计算机里的程序或数据，有的会占用资源影响系统性能，也有的危害相对较小，只是显示一些干扰性信息。

病毒种类繁多，比较有代表性的类型有利用 Word 和其他办公软件特点感染文档的宏病毒、利用电子邮件特点在网络传播的电子邮件病毒、通过大量自我复制并在网络上跨平台快速传播副本的蠕虫病毒。

木马是一种黑客程序，它的内部有不为人知的隐蔽代码，当这段程序被执行时，会危害信息安全。木马在计算机中悄悄执行非授权功能，数据在不知情的情况下被窃取，有的木马甚至会破坏文件。

和病毒不同的是木马一般不具有感染性和复制性，主要是伪装成正常文件依靠黑客进行传播。

4. 数据丢失

数据可能会因各自偶然或者有意的方式被泄露出去，例如敏感信息在存储介质中或者传输途中丢失、通信过程被监听、重要安全物品被盗、拥有权限的内部人员违反保密规定泄露给他人等。

9.1.3 信息安全保障体系

随着信息化的发展，对信息资源的依赖程度越来越大，在缺少信息系统支持的情况下很多政府或企业的业务和职能几乎无法正常开展。从这方面来看，信息系统比传统的实物资产更加脆弱，因而更需要加以妥善保护。

基于政府和企业的信息系统面临着巨大风险和挑战，用户、厂商和标准化组织一直都在努力寻求一种可以有效保障信息系统全面安全的完善体系，信息安全保障体系应运而生。信息安全保障关注的是信息系统整个生命周期的防御和恢复。

信息安全保障系统的主要目的是通过综合有效地建设信息安全管理体系、信息安全技术体系以及信息安全运维体系，让信息系统面临的风险能够达到一个可以控制的标准，进而保障信息系统的运行效率。

信息安全保障对象是信息和信息系统；关注局域计算环境、边界与外部连接、网络基础设施；以保护、检测、反应、恢复4个工作环节形成支撑条件，构筑纵深防御体系。

一个完整的信息安全保障体系应该是人、管理和安全技术实施的结合，三者缺一不可。信息安全保障体系建设需要从这3个层面提供为保证其信息安全所需要的安全对策、机制和措施，强调在一个安全体系中进行多层保护。

与传统的信息安全相比，信息安全保障的概念更为宽泛，它有如下5个方面的特点：

① 信息安全保障强调检测响应，是一种动态保护概念。

② 关注全局、系统性防范功能，是一种系统保护的观念。

③ 注重使用、管理、规程、操作等方面，是一种保证条件的观念。

④ 对信息系统进行全生命周期的保护，具有长期性。

⑤ 要求实现风险管控的目标而非彻底消除风险，体现了安全经济学观念。

总之，信息安全保障体系不仅仅是将信息安全技术产品和设备堆砌到信息系统建设里，而是综合考虑技术、管理、工程、人员等各方面要素，保障信息系统业务和使命安全。

除了防止信息泄露、修改、破坏之外，信息安全保障还应做到检测入侵行为，计划和部署针对入侵行为的防御措施，采用安全措施和容错机制，确保在遭受攻击的情况下的机密性、完整性、可用性、不可否认性、可认证性，并能修复信息和系统所遭受的破坏。

9.2　信息安全技术

在技术层面保障信息安全需要从3个方面着手，首先是利用加密和隐藏技术保护数据本身，其次是保护如网络这样的数据传播的载体，最后是保护数据存储。以下内容就是围绕这3个环节展开的。

9.2.1　密码学与密码技术

密码的使用历史源远流长，相传古罗马名将恺撒（Julius Caesar）为了防止敌人截获情报，就用密码传送情报。凯撒的做法很简单，就是对二十几个罗马字母建立一个对应表（密码本），如A对应B、B对应E、C对应A等，比如收到一个消息ABKTBP，在敌人看来是毫无意义的字，通过密码本破解出来就是CAESAR一词。因此，密码学是一门古老的科学。

密码学研究的是如何隐秘传递信息的技术科学，密码学的基本内容有两大基本内容，分别是编制密码和破译密码。其中，用于编制密码以实现通信保密的，称为密码编码学；用于破译密码以获取通信内容的，称为密码分析学。

密码技术的基本思想是将机密信息进行处理，使得只有指定对象才能解读，未授权者不能解读其真正含义。这种处理过程就是通过（加密）密钥对信息进行一组可逆的数字变换，将明文伪装成密文，这个伪装的过程被称为加密。与之对应，使用（解密）密钥将密文逆变换后去除伪装还原成可读的明文的过程就是解密。

由于数据以密文形式存储或传输，即使因为某种原因被泄露出去，未授权者也不易解读，这就达到了保密目的。

一个完整的密码系统如图 9-1 所示，由以下五个部分构成：

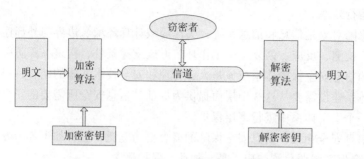

图 9-1　密码系统

① 明文空间：它是所有明文的集合。

② 密文空间：它是所有密文的集合。

③ 密钥空间：它是所有密钥的集合，具体又分加密密钥和解密密钥。

● 加密算法：它是一组由明文到密文的加密变换；

● 解密算法：它是一组由密文到明文的解密变换。

1. 密码编码学

密码编码学的目标是在保证接受对象能顺利解读信息的情况下，让信息对非授权对象是不可读的。围绕这个目标，人们设计了很多种加密方法。其中最简单、典型的加密方法被后人称为古典密码，比如置换密码、代替密码等；到了近现代，随着计算机的应用和技术的革新，以现代数学为基础，发展出了用电子计算机实现加密、解密的现代密码体制。

以下介绍几种具有代表性的密码：

（1）置换密码

置换密码变换了明文中字母的顺序，字母本身不变。最简单的处理方法就是将明文中的字母顺序颠倒，然后切割成固定长度的字母分组。

（2）代替密码

代替密码的做法是根据预设的密文字母表，将明文中的字母或字母组置换成密文中的字母或者字母组。字母或者字母组的内容改变，但相对位置不会变。根据密文字母数目的不同又可以进一步划分成单代替密码、多代替密码、多名代替密码。

（3）序列密码

序列密码也称为密钥流密码，它是对称密码算法的一种。序列密码体制是用伪随机序列作为密钥序列的加密体制，将明文看作连续比特流 $x_1x_2x_3$……并使用密钥序列 $k_1k_2k_3$……对应加密。

序列密码具有实现简单、便于硬件实施、加解密处理速度快、没有或只有有限的错误传播等特点，因此在实际应用中特别是在专用或机密机构中保持着优势，典型的应用领域包括无线通信、外交通信。

（4）分组密码

分组密码是将明文划分成固定长度为 n 的数据组，每组分别在密钥的控制下变换成等长的密文数字序列，解密时也按同样的分组进行。分组密码算法的重要特点是，当给定一个密钥后，若明文分组相同，则变换出的密文分组也相同。由于分组密码不需要同步，故而在分组交换网领域有着广泛的应用。

2. 密码分析学

传统密码分析技术主要是基于穷尽搜索，面对现代的复杂加密方式需要太多时间。现代密码分析技术包括差分密码分析技术、线性密码分析技术、密钥相关的密码分析技术，大大提升了破译速度。即便如此，破译依然是一项缓慢的工作。

新一代密码分析技术主要是基于物理特征进行分析，包括电压分析技术、故障分析技术、入侵分析技术、时间分析技术、简单的电流分析技术、差分电流分析技术、电辐射分析技术、高阶差分分析技术、海明差分分析技术。这些技术可以让破译人员在获得密码算法运行载体的情况下快速获取密钥，从而破译整个密码系统。

9.2.2 信息隐藏技术

随着网络与信息化的高速发展，如何保护通过 Internet 发布的作品、重要信息及网络贸易等信息资产受到高度关注。为了应对这种情况，科技工作者发展出信息隐藏技术作为隐蔽通信、知识产权保护的主要手段。

信息隐藏是把机密信息隐藏在大量信息中不让其他人发觉的一种保密方法。这种技术的实现原理是利用载体信息的冗余性将秘密信息隐藏在普通信息之中，在发布普通信息的时候将秘密信息混入其中一起发布出去，避免引起外界关注，这样就让秘密信息具备了更好的隐蔽性和安全性。

信息隐藏技术和加密技术是信息安全的两个主要分支，二者在信息安全中相异而又互补。

信息隐藏技术与传统的信息加密技术的区别在于：信息隐藏是以隐藏秘密信息本身的存在为目标，未被授权者无法判断接触的信息中是否包含了机密内容；而传统加密技术让机密内容变得无法识别，但非授权者能够意识到有保密信息的存在。

信息隐藏的主要方法有隐写术、数字水印技术、可视密码、潜信道、隐匿协议等，以下介绍的是其中主要的 3 种。

1. 隐写术

隐写术（Steganography）就是将秘密信息隐藏到看上去普通的信息（如数字图像）中进行传送。当前很多隐写方法是基于文本及其语言的隐写术，主要有使用信号的色度隐藏信息、利用高空间频率的图像数据隐藏信息、在数字图像的像素亮度的统计模型上隐藏信息、采用最低有效位方法将信息隐藏在宿主信号中等。同加密相比，隐写术的缺点是需要额外地付出来隐藏相对较少的信息，因此应用的信息规模不宜太大。

2. 数字水印技术

数字水印技术（Digital Watermark）是在不影响原载体的使用价值、不容易被人的感官觉察或注意到的前提下，将一些标识信息（数字水印）直接嵌入诸如多媒体、文档、软件等数字载体中。目前主要有两类数字水印：空间数字水印和频率数字水印。

空间数字水印的典型代表是最低有效位（LSB）算法，通过调整显示数字图像的颜色或颜色分量的位平面，用图像中感知较弱的像素来编制水印的信息。

频率数字水印的典型代表是扩展频谱算法，原理是通过时频分析，根据扩展频谱特性在数字图像的频域上选择视觉最敏感的部分进行修改，使算法变换系数隐含数字水印的信息。

3. 可视密码技术

可视密码技术（Visual Cryptography）是由科学家 Naor 和 Adi Shamir 于 1994 年首次提出，其主要特点是依靠人的视觉即可将秘密图像辨别出来，不需要任何复杂的密码学计算。

具体做法是将图像分解成 m 张子图像，任取其中 n 张以上的子图像叠加在一起，不需要额外设备和辅助运算就能还原出隐藏在其中的秘密信息。如果叠加的子图像数目达不到 n 张，则无法还原。

9.2.3 网络安全技术

网络安全是指信息网络的硬件、软件及其系统中的数据受到保护，不因偶然的或者恶意的原因而遭到破坏、更改、泄露，让系统处于连续可靠正常地运行，信息服务不中断的环境里。

为了保护网络信息的安全可靠，除了运用管理和法律手段外更需要依靠技术方法来实现。网络安全控制技术目前有：防火墙技术、加密技术、用户识别技术、访问控制技术、网络反病毒技术、网络安全漏洞扫描技术、入侵检测技术、统一威胁安全管理技术等。

1. 防火墙

防火墙本质上是一种隔离技术，流入流出的所有网络通信和数据包均要经过此防火墙。如图 9-2 所示，防火墙是一个由软件和硬件设备组合而成、位于计算机和它所连接的网络、内部网和外部网之间、专用网与公共网之间的界面上构造的保护屏障。防火墙在内外之间建立起一个安全网关（Security Gateway），从而保护内部网免遭入侵。防火墙主要是由服务访问规则、验证工具、包过滤和应用网关 4 个部分组成。

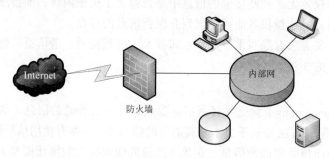

图 9-2　防火墙系统

2. 虚拟专用网

虚拟专用网（Virtual Private Network，VPN）指的是以开放的公用网络作为基本传输载体，通过加密和验证网络流量方式保护在公共网络上传输的私有信息不会被窃取和篡改，从而向最终用户提供类似于私有网络（Private Network）功能的网络服务技术。

3. 用户识别技术

顾名思义，用户识别技术目的就是为了判断访问者是否属于系统的合法用户，拒绝非法用户的访问。用户识别和验证也是一种基本的安全技术，目前一般采取基于对称加密或者公开密钥加密的方法，用高强度密码技术进行身份验证。

4. 访问控制技术

访问控制是根据用户的访问权限向不同用户提供不同的信息资源。访问控制是保证系统保密性、完整性、可用性和合法使用性的重要基础，是网络安全防范和资源保护的关键策略之一。和用户识别技术一样，访问控制技术是最基础、最常见的网络安全保护措施。

5. 入侵检测技术

入侵行为主要是指针对系统资源的非授权使用，它可能会导致系统破坏和数据丢失、系统拒绝合法用户的服务等后果。入侵分为外部入侵和内部入侵，后者允许有限访问系统资源。入侵检测是一种增强系统安全的有效技术，其目的在于检测出系统中违背系统安全性规则或者威胁到系统安全的活动。检测时通过对系统中用户行为或者系统行为的可疑程度进行评估，以此鉴别系统中行为是否正常，从而帮助系统管理员进行安全管理或对系统所受到的攻击采取相应对策。

6. 漏洞扫描技术

漏洞扫描系统是一种自动检测远程或本地主机安全性弱点的程序。通过漏洞扫描，系统管理员能够发现所维护的 Web 服务器的各种 TCP 端口的分配、提供的服务、Web 服务版本和这些服务及软件呈现在互联网上的安全漏洞。这样一来就能预知主体受攻击的可能性以及具体的攻击行为和后果，评估安全风险，及时修补漏洞。

9.2.4 数据安全

数据安全保护是信息系统内重要数据的最后一道安全防护屏障，如果网络层、应用层和服务器层的安全防护被破坏，只要针对数据的安全防护措施还有效，就不至于泄露敏感数据。用户可以选择使用数据加密、数据防泄露、数据删除、数据备份等措施保护敏感数据的安全。

1. 数据加密

在存储重要文件的时候，加密是一种基本的保护措施，用户可以选择使用硬盘分区加密和文件加密的方式保护敏感数据。

2. 数据泄密防护

数据泄密防护（Data Leakage Prevention）又称数据丢失防护（Data Loss Prevention, DLP）。数据泄密防护是一种通过技术手段，防止企业的指定数据或信息资产在违反安全策略规定的情况下流失的策略，是目前国际上最主流的信息安全和数据防护手段。

3. 数据删除

很多用户在误删计算机文件后寻找过恢复文件的方法，也确实能找到恢复的软件。所以，在删除计算机系统或者其他存储系统内的数据后，依然有被恢复和读取的可能。假如需要淘汰陈旧的电子设备，必然不希望让机密信息被别人恢复和读取。电子文件粉碎删除技术就是为了防止这种数据恶意恢复情况的发生。

常用的电子文件粉碎删除方式有两种：一种是多次复写技术，采用专门的工具对原文件存储位置进行多次重复读/写操作，以达到擦除原有存储数据并消除磁性记忆的目的；另一种更彻底的方式是消磁技术，用于消除硬盘盘片磁性记忆数据。采用硬消磁技术消磁后的硬盘将彻底报废，存储的数据也不能再被读取。

4. 数据备份

数据备份是容灾的基础，是指为防止系统出现操作失误或系统故障导致数据丢失，而将全部或部分数据集合从应用主机的硬盘或阵列复制到其他的存储介质的过程。

传统的数据备份主要是采用内置或外置的磁带机进行冷备份，但是这种方式只能防止操作失误等人为故障，而且其恢复时间也很长。网络备份是新兴的数据备份技术，一般通过专业的数据存储管理软件结合相应的硬件和存储设备来实现。随着数据的海量增加和技术的进步，不少企业开始采用网络备份。

由于计算机系统存储的数据可能因为系统故障、攻击、意外灾害等原因而损坏，有必要养成定期备份数据的习惯，以便恢复。

9.3 信息安全应用

由于信息技术本身的应用面就已经非常广泛，为了实施有效保护，信息安全应用也涉及了很多领域。从公民个人用电子邮件通过网络交流、到网络商业活动、甚至政务处理都无法漠视安全防护问题。

9.3.1 安全 E-mail

电子邮件提供了一种方便快捷的信息交流方式，而不论双方使用的是何种操作系统和通信协议。在带给人们便利的同时，电子邮件也带来了诸如垃圾邮件、带毒邮件、邮件被监听等安全问题，其认证和保密的需求日益增长。随着安全电子邮件技术的发展，电子邮件所遭遇的安全问题正在被逐步化解。

安全电子邮件是指收发信双方都拥有电子邮件数字证书的前提下，发件人通过收件人的数字证书对邮件加密。如此一来，只有收件人才能阅读加密的邮件，在网络上传递的电子邮件信息不会被人窃取。即使邮件被截留或发错对象，对方也无法看到邮件内容，这就大大保证了用户之间通信的安全性。

安全电子邮件技术是在 3 个层次实现的：

1. 端到端的安全电子邮件技术

端到端的安全电子邮件技术是为了保证邮件从发出到被接收的整个过程中内容不发生变化，并且不可否认。PGP 和 S/MIME 是目前两种成熟的端到端安全电子邮件标准。

PGP 协议（Pretty Good Privacy）可以在电子邮件和文件存储应用中提供保密和认证服务。PGP 技术通过使用单向散列算法对邮件内容进行签名以保证信件内容无法被修改，通过使用公钥和私钥技术保证邮件内容保密且不可抵赖。

多用途网际邮件扩充协议（Secure/Multipurpose Internet Mail Extensions，S/MIME）是在 RSA 公钥加密体系的基础上加强了互联网电子邮件格式标准 MIME 的安全性。同 PGP 一样，S/MIME 也是利用单向散列算法，区别在于 PGP 更偏向于为个人用户提供邮件安全性保护，而后者偏向于作为商业和团体的工业标准。

2. 传输层的安全电子邮件技术

电子邮件包括信头和信体，通常情况下由于邮件传输中寻址和路由的需要，必须保证信头不变，只需要对信体进行加密和签名。在某些要求对信头进行加密传输的应用环境下就需要传输层的技术来实现。

目前主要有两种方式能够实现电子邮件在传输过程中的安全：一种是利用简单邮件传输协议 SMTP（Simple Mail Transfer Protocol）和邮箱协议 POP（Post Office Protocol）；另一种是利用 VPN 或者其他 IP 通道技术。

SMTP 协议是一组用于源地址到目标地址传送邮件的规则，它可以帮助每台计算机在发送或中转信件时找到下一个目的地。通过 SMTP 协议所指定的服务器，就可以把电子邮件送达收信人的服务器上。

POP 邮局协议用于接收邮件。它采用的是客户端/服务器工作模式，服务器作为电子邮件的存储区相当于邮局，用户通过 POP 协议连接对应的服务器并下载自己的邮件。

SSL SMTP 和 SSL POP 即在安全套接层 SSL 所建立的安全传输通道上运行 SMTP 和 POP 协议，除此之外又对这两种协议做了一定的扩展，以便更好地支持加密认证和传输。

此外，基于 VPN 和 IP 通道技术、封装所有的 TCP/IP 服务，也是实现安全电子邮件传输的一种方法。

3. 邮件服务器的安全与可靠性

建立一个安全的电子邮件系统，除了依靠安全标准还不够，邮件服务器本身的安全性也需要关注。

针对邮件服务器的攻击可分为网络入侵和服务破坏两种。对于网络入侵的防范，主要靠设计之初构筑严密的防御，并且及时修补漏洞。对于防范服务破坏，用户可以从防止内部、外部攻击以及防止中继攻击上考虑，例如设置接受黑名单、设置服务连接限制等。

9.3.2　安全 Web

随着一系列新型的互联网产品的诞生，企业信息化的过程中各种应用都架设在 Web 平台上，基于 Web 环境的互联网应用越来越广泛。Web 业务的迅速发展也引来黑客的强烈关注。攻击者利用网站操作系统的漏洞争夺 Web 服务器控制权窃取数据、篡改网页内容、甚至植入木马威胁访客安全。

例如，使用普通的 HTTP 协议登录 Web，用户的一些诸如密码一类的信息会保存在用户本地没有加密的 Cookie 文件中，黑客通过读取 Cookie 文件就会发现用户的隐私信息。这使得越来越多的用户关注应用层的安全问题，努力建立安全 Web 环境。

保障 Web 安全性的方法有安全套接层（SSL）和安全电子交易协议（SET）。

1. 安全套接层

安全套接层（Secure Socket Layer，SSL）是一种由 Netscape 公司开发的网络安全协议，其目的是在通信双方间建立一个传输层上的安全通道，为通信双方提供安全可靠的通信协议服务。

SSL 协议使用一个经过通信双方协商确定的加密算法和密钥，对不同的安全级别应用都可找到不同的加密算法。尽管 SSL 协议为监听者提供了很多明文，但由于采用的 RSA 交换密钥具有较好的密钥保护性能，以及频繁更换密钥的特点，因此对监听和中间人攻击都具有较高的防范性。SSL 协议的缺点是无法阻止数据流量式攻击。此外，SSL 协议还使用消息认证码以保障数据完整性。

第9章　信息安全

HTTPS 就是在 SSL 的基础上实现的完全 HTTP 传输协议,例如对 Cookie 文件进行了加密,使用户数据更加安全,如工商银行的登录网址为 https: //www.jcbc.com.cn。

2. 安全电子交易协议

安全电子交易协议 (Secure Electronic Transaction,SET)是为了保障基于信用卡在线支付安全进行的电子商务安全协议,它是由 VISA 和 Master Card 两大信用卡公司联合多个科研机构于 1997 年 6 月联合推出的电子支付模型规范。

SET 使用多种密钥技术来达到安全交易的要求,其中对称密钥技术、公钥加密技术和 Hash 算法是其核心。综合应用以上 3 种技术进一步产生了数字签名、数字信封、数字证书等加密与认证技术。通过这些技术手段,解决了困扰电子商务发展的安全问题。

由于 SET 提供了消费者、商家和银行之间的身份认证,确保了支付命令的机密性、交易数据的安全性、完整性以及交易的不可否认性,尤其是具有保护消费者隐私等优点。因此近几年来,它成为了信用卡/借记卡网上交易的国际安全标准。

9.3.3 电子商务与电子政务

1. 电子商务

电子商务是一种新兴的商务模式,通常是指买卖双方在开放网络环境下,通过因特网的基于浏览器/服务器应用方式,无须面对面就能开展各种商贸活动。这其中包括商户之间的网上交易、组建虚拟企业、售前售后服务和相关的最常见的网上购物等。

国际商会的定义:电子商务是指实现整个贸易过程中各阶段的贸易活动的电子化。

电子商务是涵盖了交换数据、获自动捕获数据等多种技术的集合体。

在当今经济开放的社会形势下,电子商务具有广阔的市场和较好的商机,但面临的安全问题也很严峻。电子商务面临了如下安全威胁。

(1)贸易信息保密

电子商务中交易双方的商务信息必须得到妥善保护,若是银行账号、联系方式、个人身份信息被泄露出去,就有被盗用的风险。商业机密被竞争对手获悉也会影响后续发展。

(2)交易真实性

由于电子商务是在虚拟的网络平台上展开而非面对面,这就带来了交易双方身份以及交易内容的不确定性。不法分子可能会冒用他人身份进行交易,或者制造虚假的交易内容。电子商务方便了贸易的同时也为欺诈提供了可乘之机。

(3)网络威胁

电子商务离不开网络,因此还会面对来自网络安全的威胁。除了传输信息有被截取、篡改的风险,存储重要商务数据、资料的计算机中也有被入侵、破坏的风险。相比传统商贸,电子商务在这方面无疑更为脆弱。

2. 电子政务

电子政务是提高政府管理、公共服务和应急能力的重要举措,有利于带动整个国民经济和社会信息化的发展。

电子政务是利用现代信息技术对政府进行信息化改造,将政府的经济管理、市场监管、社会管理和公共服务四大职能进行电子化、网络化,以提高政府部门行政水平的技术。

政府作为国家管理部门在网络上开展电子政务，有助于政府管理的现代化，实现政府办公电子化、自动化、网络化。电子政务技术可以让政府机关的各种数据、文件、档案、社会经济数据都以数字形式存储于网络服务器中，通过计算机检索机制快速查询。此外，也有助于信息采集和实时发布、政府办公自动化、构建与民间的对话平台。

就信息安全方面而言，电子政务系统最需要防范的是频繁的攻击行为和不法分子对数据的非法访问、窃取企图。为此，还需要借助技术手段严密保护。

9.3.4　网上银行

最早的网上银行出现于 20 世纪末的美国。从 1995 年开始，网上银行伴随着互联网的发展在全世界逐渐普及。

网上银行系统是一种让商业银行等金融机构通过以互联网为主的公众网络基础设施，向其客户提供各种金融业务服务的重要信息系统。网上银行将传统的银行业务同互联网等资源和技术相结合，是商业银行等金融机构在网络经济的环境下开拓新业务、改善服务质量的重要举措，大大提高了商业银行等金融机构的社会经济效益。

由于网上银行业务实现的方式和媒介是互联网，在为客户提供支付便利的同时也存在着难以避免的安全隐患。开放式的互联网一方面方便了用户的自由使用，另一方面也让不法分子可以利用网络进行欺诈，或者对交易活动进行攻击。近些年来，网上银行无论是覆盖范围还是交易额度都在大幅度增加，网上银行的安全，尤其是支付安全的问题亟待解决。

网上银行面对的安全威胁有虚假网址访问欺骗、键盘输入记录风险、篡改签名数据等手段。为了应对这些威胁，网上银行系统发展出了下述安全机制来抵御攻击。

1. 识别虚假网站

在互联网时代，虚假网站、钓鱼网站比比皆是，对此如果仅仅依靠网络管理和网上银行自身的安全措施显然是不够的。特别是对于本身并没有很强的攻击性，但是人们一旦陷入其中就容易上当受骗的虚假网站和钓鱼网站来说，更需要广大用户自身有足够的辨识力，才能够有效地避免可以避免的损失。最简单也最直接的办法就是用户自设定或者由安全系统辅助识别设定网站黑白名单。

2. 抵抗部分键盘记录的设计

针对攻击者利用植入客户端的木马程序记录用户键盘输入内容的攻击方式，网络安全工作者可以设置与之相配合的驱动程序，利用派遣函数解决这个问题。例如，用户在登录时随机生成与用户按键程序关联的扫描码并传送到网上银行的 ActiveX 控件上，再由网上银行驱动程序加以翻译，得到最终的用户和密码信息。此外，网上银行还可以预设密码，验证交易请求是否出自用户本意。

3. 抵抗交易劫持

为了防范交易劫持的攻击模式，网上银行加入了人工干预措施。有的网银安全机制要求用户在输入密码时使用软键盘，或者在客户端安装防木马的安全控件后才允许登录。有的在线交易系统在确认信息中加入了多因子认证技术，比如将交易密码设置成电子密码卡、手机动态密码一类的动态密码。

作为传统银行业务的发展和延伸，网上银行业务在互联网时代无疑有着强大的生命力和发展前景。在享受网上银行所带来的便利的同时也要对安全问题有足够的警惕。如果安全防范意识与安全技术保障都能生效，网上银行的安全保障才真正可靠。

9.3.5 数字版权

随着全球信息化进程的推进以及信息技术向文化领域的延伸，数字出版产业的发展势头十分强劲。有预测数据显示，到 2020 年我国网络出版的销售额将占到出版产业的 50%，预计到 2030 年，将有 90%的图书拥有网络版本。实体出版物对应了版权，同样，数字出版物也涉及数字版权。

数字版权，是指各类出版物和资料的网络出版权，也就是通过数字媒体传播的权利，包括制作和发行电子书刊、手机出版物的版权。通常来说，出版社都具有该社所出版实体书刊的数字版权，少数有转授权，即可以将该数字出版权授予第三方使用。

作为目前对网络中传播的数字作品进行版权保护的主要手段，美国出版商协会对数字版权管理（Digital Right Management，DRM）的定义是："在数字内容交易过程中对知识产权进行保护的技术、工具和处理过程"。

DRM 的保护对象分为两类：一类是针对 PDF、CHM、Word 一类的文档；另一类是针对多媒体版权的保护，例如视频、音频、流媒体文件。

DRM 采用了包括数据加密、数字水印、数字签名等技术手段在内的一整套信息安全解决方案，主要通过对数字内容进行加密和附加使用规则的方式对保护数字内容，这些使用规则可以用来断定用户是否符合播放要求。在保证具有合法权限的用户正常使用数字媒体信息的同时保护好版权，并在版权受到侵害时能够鉴别数字信息的版权归属及版权信息的真伪。

数字版权管理一般具有以下六大功能：

① 数字媒体加密：对数字媒体原始内容打包加密，以方便进行安全可靠的网络传输。

② 阻止非法内容注册：阻止非法数字媒体通过合法注册途径进入网络流通领域。

③ 用户环境检测：检测用户主机环境，为进入用户合法性认证做准备。

④ 用户行为监控：监控用户对保护对象的操作，阻止非法操作。

⑤ 认证机制：鉴别合法用户，并设定该用户对数字媒体的操作权限。

⑥ 付费机制和存储管理：包括数字媒体本身及打包文件、元数据（密钥、许可证）和其他数据信息（例如数字水印和指纹信息）的存储管理。

目前，如果仅仅依靠技术手段，数字版权远不能得到有效的保护，毕竟日常生活中没什么能阻止人们在网络上复制和传播电影、音乐、电子书。

DRM 技术无疑是一种可以为数字媒体的版权提供足够安全保障的技术，但是它要求将用户的解密密钥同本地计算机硬件相结合，用户只能在特定地点、特定计算机上才能得到所订购的服务，这种方式的不足之处是非常明显的。

随着计算机网络的不断发展，传统基于 C/S 模式的 DRM 技术在面临不同的网络模式时需要给出不同的解决方案来实现合理的移植，这也是 DRM 技术有待进一步研究和探索的课题。而更新的数字版权保护技术也有待科研机构的研发。

9.4 典型信息安全案例

9.4.1 案例 1 泄露密码

甲和乙曾是恋人关系，分手多年后又一次相聚。甲趁乙熟睡之际，打开乙的手机，利用乙的生日数字输入密码打开了手机，使用微信软件向自己的微信账号转账 5 000 元，然后删掉了微信转账记录。数月后乙发现自己的卡上丢失 5 000 元，遂向警方报案。警方经过侦察后将甲抓获归案，甲如实供述了自己的犯罪事实，检方以盗窃罪向人民法院提起了公诉。

在本案例中，乙设计的手机密码过于简单或有明显特征（如生日等特征），给犯罪分子以可乘之机。类似的银行卡的密码过于简单、PC 缺省 Administraor 账号密码为空的漏洞等都会给个人信息安全留下隐患。

9.4.2　案例 2　钓鱼网站

某明星 A 在淘宝网站购物后不久，就遇到自称是淘宝网站工作人员打来的电话，说是购物不成功，需要将购物款退回到 A 的银行账号，并告诉了 A 钓鱼网站的网址，让 A 自行操作输入了银行的卡号和密码。犯罪分子截获了 A 的银行卡和密码后克隆了银行卡，将 A 银行卡内的余额悉数取走。

类似的案例还有购车退税、机票改签、用户在选秀节目中奖等，最终目的是让用户登录钓鱼网站暴露出用户机密信息。更有甚者，冒充国家工作人员，以保护受害者财产为名，强迫受害人将账号内的钱转账到犯罪分子设立的账户内。

9.4.3　案例 3　下载不明软件

2008 年 9 月，一个陌生人通过 QQ 向夏某销售了一款名叫"狙击手"的黑客软件。之后，夏某找了一个色情网站，将"狙击手"软件伪装成一个压缩文件，起了一个色情名称，如果有人点击该文件进行下载，软件便能侵入对方计算机。只要对方上网，他就可以进行操控。

夏某将黑客软件伪装好后，很快便有 5 人进行了下载，其中 4 人 IP 地址显示是在网吧，他没理会，只留意了来自家里的那个。通过操控"狙击手"软件，夏某从对方计算机上获取了约 40 GB 的隐私视频。

观察视频后夏某惊讶地发现，视频中的人像极了某电视台主持人。于是，他便起了用这些视频敲诈勒索的想法。2008 年底，夏某用从主持人计算机上获取的手机号，将一张隐私视频截图通过彩信发给了主持人，向主持人索要 80 万元。一番讨价还价之后，主持人让他去梅地亚中心交易，但由于害怕，夏某没敢去，事情暂时搁置。

2009 年 8 月，夏某再次向主持人实施敲诈，并于 8 月 8 日将三张主持人半裸的视频截图传到了互联网上，以示威胁。双方谈好 26 万元的价格后，主持人报警，8 月 12 日，夏某在家中被捕。

类似的，黑客还可以通过邮件发送下载链接，用户一旦点击，计算机就处在不安全的境地。另外，用户计算机中共享文件夹的内容也容易被网上不法人员窃取。

9.4.4　案例 4　信息暴露

犯罪分子甲从网上获取了某大学的校友通讯录，知道了通讯录中的乙目前定居在加拿大，遂以乙的名义向通讯录中其他同学群发邮件。声称其由于在加拿大不方便回国内交某网站的域名代理服务费，请接收邮件的同学代缴，回国后再偿还。果然，多名同学上当受骗，纷纷向甲指定的账号转账人民币 500 元。

社交网站给人们提供极大便利的同时，也给信息安全埋下了隐患，若将通讯录这些看似不是隐私的信息暴露在网上，有可能造成意想不到的损失。

类似的案例还有、泄露身份证、电话号码，亲戚朋友关系等，犯罪分子利用获取的这些信息，会对被害人进行诈骗勒索。

9.4.5 案例5 系统漏洞

张某、王某和陈某一起到中国银行象山支行丹峰分理处办理业务。张某出示了一个贷记卡账号，拿出5万元现金，要求存入账户。柜台人员将钱存入后，要求张某签字确认时，张某偷偷给在异地的许某（另案处理）打了个电话。一分多钟后，张某突然对柜台人员说，钱存错账户了，要求柜台人员把钱转入另一个账户。柜台人员应他的要求，把钱转到了张某的另一个账户。

但这一分多钟里，发生了什么事情呢？

首先当张某第一次把5万元存入时，身在异地的许某，立刻就通过POS机，把这笔钱刷走49 980元。可是，POS机的这笔刷卡交易信息，却要一两分钟之后才能从银联系统反馈到银行。柜台人员还蒙在鼓里，不知道张某账户上刚存入的5万元其实已经没有了，于是将这已经不存在的"5万元"再次转存到张某的另一账户，这5万元随即又被取现。

这样一来，这伙人就赚到了5万元。此后，他们利用相同手段又干了3次，从一家银行套走13万余元。

本案例中，犯罪分子利用了数据库系统的漏洞，即某个数据项在被存取操作时，直到完成之前，必须被锁定，也就是说不能被其他用户使用，否则就不能保证数据的完整性，才发生了上述金融诈骗的事件。

本案例和普通人关系不大，主要警示开发人员，树立起漏洞（Bug）意识，确保开发的产品是安全合格的，避免被违法人员所利用，一旦发现了漏洞，应该开发补丁程序，消除漏洞。

9.4.6 案例6 破译密码

2007年，随着电视剧《暗算》的热播，反映谍战的影视作品层出不穷，其核心内容无外乎情报的窃取和保密。敌我双方，一旦发生情报泄露，不管是谁，都是承担不起的重责。

例如，第二次世界大战期间德国人不相信他们将近1亿亿种不同输出的恩尼格玛密码机能够被破译，这也违反了密码学中任何密码都可以被破译的原则（任何密码都可以被破译，只是破译的时间有长短，当破译时间过长，如50年时便失去了破译的意义）。而德国恰恰遇到了计算机科学之父图灵，图灵发明的高速运转的解码器（也称超级机密，见图9-3）破译了人工破译不了的德国密码机，也注定了德国失败的命运。

图9-3 超级机密

9.5 确保个人信息安全的措施

从前面的论述，尤其是一些信息安全的案例中，我们知道了信息安全的重要性。具体到日常生活中，我们应该采取以下措施才能尽量避免信息安全事件发生在自己身上。

① 安装杀毒软件、防火墙软件并定期更新这些软件。

② 密码不要有规律，要大小写字母和数字相结合，并定期更换密码。

③ 重要数据需要备份，确保鸡蛋不要装在一个篮子里。

④ 警惕钓鱼网站。

⑤ 遵纪守法，不要贪图不正当的利益。

⑥ 在牵扯到金钱交易时，要通过多种途径确保交易的正当性。

⑦ 对操作系统的漏洞要及时打补丁，可借助软件管家等工具实现。

⑧ 对不明来历和可疑的邮件不要打开。

⑨ 不要登录色情、赌博等不法网站。

⑩ 下载的软件要经过杀毒再进行安装。

⑪ 随时关注信息安全，做到警钟长鸣，时刻警惕。

小结

本章重点介绍了信息安全的概念、信息安全的威胁来源、信息安全保护技术，还介绍了信息安全的多方面应用，列举了众多的信息安全案例。在完成本章的学习后读者应达到以下学习目标：

① 掌握信息安全的定义，掌握信息安全面对的不同威胁。

② 掌握密码破译和密码分析的概念，了解其原理和分类。

③ 掌握网络安全技术，了解信息隐藏技术。

④ 了解信息安全在电子邮件、Web、网银、数字版权方面的应用。

⑤ 掌握信息安全的知识，确保个人信息和财产的安全。

习题

一、选择题

1. 以下_____不属于信息安全的基本要素。

　　A. 完整性　　　　　B. 保密性　　　　　C. 实时性　　　　　D. 可用性

2. 下列攻击形式，不属于主动攻击的是_____。

　　A. 伪造　　　　　　B. 篡改　　　　　　C. 监听　　　　　　D. 拒绝服务

3. 关于密码学的讨论中，下列_____是不正确的。

　　A. 密码学是研究与信息安全的技术　　　B. 完善的密码是无法破译的

　　C. 密码并不是提供安全的单一的手段　　D. 密码学的分支是密码编码学和分析学

4. 一般而言，Internet 防火墙建立在一个网络的_____。

　　A. 主机和内网之间　　　　　　　　　　B. 内网与外网的结合处

　　C. 每个子网的内部　　　　　　　　　　D. 内部子网之间传送信息的中枢

5. 下列属于邮件传输协议的是_____。

　　A. TCP　　　　　　B. PGP　　　　　　C. SET　　　　　　D. SSL

6. 计算机病毒的特点是_____。

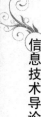

A. 潜伏性   B. 传染性   C. 隐蔽性   D. 以上全是

二、简答题

1. 信息隐藏技术有哪些手段？
2. 信息安全有哪些基本要素？
3. 列举出几种典型的密码。
4. 哪些技术可以保护网络安全？
5. 什么是计算机病毒，它有哪些特点？
6. 简要介绍电子邮件中应用的协议？
7. 数字版权技术有哪些功能？
8. 举出几种不同的信息安全威胁来源。

→ Excel 常用函数

序 号	函 数 名	功　　　能
1	ABS	求出参数的绝对值
2	AND	"与"运算，返回逻辑值，仅当有参数的结果均为逻辑"真（TRUE）"时返回逻辑"真（TRUE）"，反之返回逻辑"假（FALSE）"
3	AVERAGE	求出所有参数的算术平均值
4	COLUMN	显示所引用单元格的列标号值
5	CONCATENATE	将多个字符文本或单元格中的数据连接在一起，显示在一个单元格中
6	COUNTIF	统计某个单元格区域中符合指定条件的单元格数目
7	DATE	给出指定数值的日期
8	DATEDIF	计算返回两个日期参数的差值
9	DAY	计算参数中指定日期或引用单元格中的日期天数
10	DCOUNT	返回数据库或列表的列中满足指定条件并且包含数字的单元格数目
11	FREQUENCY	以一列垂直数组返回某个区域中数据的频率分布
12	IF	根据对指定条件的逻辑判断的真假结果，返回相对应条件触发的计算结果
13	INDEX	返回列表或数组中的元素值，此元素由行序号和列序号的索引值进行确定
14	INT	将数值向下取整为最接近的整数
15	ISERROR	用于测试函数式返回的数值是否有错。如果有错，该函数返回 TRUE，反之返回 FALSE
16	LEFT	从一个文本字符串的第一个字符开始，截取指定数目的字符
17	LEN	统计文本字符串中字符数目
18	MATCH	返回在指定方式下与指定数值匹配的数组中元素的相应位置
19	MAX	求出一组数中的最大值
20	MID	从一个文本字符串的指定位置开始，截取指定数目的字符
21	MIN	求出一组数中的最小值
22	MOD	求出两数相除的余数
23	MONTH	求出指定日期或引用单元格中的日期的月份
24	NOW	给出当前系统日期和时间
25	OR	仅当所有参数值均为逻辑"假（FALSE）"时返回结果逻辑"假（FALSE）"，否则都返回逻辑"真（TRUE）"
26	RANK	返回某一数值在一列数值中的相对于其他数值的排位
27	RIGHT	从一个文本字符串的最后一个字符开始，截取指定数目的字符
28	SUBTOTAL	返回列表或数据库中的分类汇总

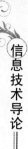

序　号	函　数　名	功　　　　能
29	SUM	求出一组数值的和
30	SUMIF	计算符合指定条件的单元格区域内的数值和
31	TEXT	根据指定的数值格式将相应的数字转换为文本形式
32	TODAY	给出系统日期
33	VALUE	将一个代表数值的文本型字符串转换为数值型
34	VLOOKUP	在数据表的首列查找指定的数值，并由此返回数据表当前行中指定列处的数值
35	WEEKDAY	给出指定日期对应的星期数

附录 B

➡ 教学安排参照表

章　节	教　学　内　容	理　论　学　时	实　践　学　时	总　学　时
第 1 章	计算机与信息社会	4		4
第 2 章	数制与信息编码	4	2	6
第 3 章	计算机系统组成	2	2	4
第 4 章	程序设计与算法	4	2	6
第 5 章	办公自动化——Microsoft Office	2	14	16
第 6 章	多媒体应用基础	2	6	8
第 7 章	网络应用基础	2	6	8
第 8 章	大数据及其处理技术	4	1	5
第 9 章	信息安全	4	1	5
总计				62

参 考 文 献

[1] 张超，李舫，毕洪山，等. 计算机导论[M]. 北京：清华大学出版社，2015.

[2] 张超，李舫，毕洪山，等. 计算机导论实验指导[M]. 北京：清华大学出版社，2015.

[3] 李凤霞，陈宇峰，史树敏. 大学计算机[M]. 北京：高等教育出版社，2015.

[4] 李凤霞. 大学计算机实验[M]. 北京：高等教育出版社，2015.

[5] [日] 矢泽久雄. 计算机是怎样跑起来的[M]. 北京：人民邮电出版社，2015.

[6] 陈德裕. 计算机导论. 技术篇[M]. 北京：清华大学出版社，2015.

[7] 唐良荣，唐建湘，范丰仙，等. 计算机导论：计算思维和应用技术[M]. 北京：清华大学出版社，2015.

[8] [美] PARSONS J J. 计算机文化[M].13 版. 北京：机械工业出版社，2012.

[9] [美] FOROUZAN B. 计算机科学导论（原书第 3 版）[M]. 北京：机械工业出版社，2015.

[10] 大学计算机基础教育改革理论研究与课程方案项目课题组. 大学计算机基础教育改革理论研究与课程方案[M]. 北京：中国铁道出版社，2014.

[11] 百度百科. 算法 [EB/OL]. [2016-06-29]http://baike.baidu.com/link? url=EdylTNXUOkUy EHbCkRi98HYVgEPtk4aj1mC3TZKUujtp5lNNkepDhVs_0fdZiWzGrVy1rxuoCOgRdxg0YDPnnK.

[12] 菜鸟教程. 学习 Python3[EB/OL]. [2016-06-29].http://www.runoob.com/python3/python3-tutorial.html.

[13] 辛运帏. 普适计算的现状与趋势[M]. 天津：人民邮电出版社，2011.

[14] 张德丰. 大数据走向云计算[M]. 北京：人民邮电出版社，2014.

[15] 耿增民. Internet 应用基础[M]. 北京：人民邮电出版社，2011.

[16] STALLINGS W. 密码编码学与网络安全[M]. 北京：电子工业出版社，2009.

[17] 祁亨年. 计算机导论[M]. 北京：清华大学出版社，2003.

[18] 吴世忠，李斌，张晓菲，等. 信息安全保障导论[M]. 北京：机械工业出版社，2014.

[19] 张巨俭，等.大学计算机基础与实践[M]. 北京：中国铁道出版社，2011.

[20] 卢虹冰，等. 大学计算机基础：医学计算技术基础[M]. 北京：高等教育出版社，2014.

[21] 龚声蓉，等. 多媒体技术应用[M]. 北京：人民邮电出版社，2008.

[22] 容旺乔. 多媒体互动艺术设计[M]. 北京：高等教育出版社，2005.

[23] 耿增民，等.Flash CS6 计算机动画设计教程[M]. 北京：中国铁道出版社，2014.

[24] 张鸿志. 服装 CAD 原理与应用[M]. 北京：人民邮电出版社，2011.

[25] 赵晓霞. 时装画电脑表现技法[M]. 北京：中国青年出版社，2012.

[26] 战德臣，等. 大学计算机：计算思维导论[M]. 北京：电子工业出版社，2014.

[27] [美] PARSONS J J, OJA D. 计算机文化[M]. 吕云翔，傅尔也，译. 北京：机械工业出版社，2014.

[28] 杨振山，等. 大学计算机基础[M]. 北京：高等教育出版社，2012.

[29] 吴军. 文明之光[M]. 北京：人民邮电出版社，2015.

[30] 吴军. 浪潮之巅[M]. 北京：电子工业出版社，2011.

[31] 涂子沛. 大数据[M]. 桂林：广西师范大学出版社，2013.